Martin Seibert / Sebastian Preuss / Matthias Rauer

Enterprise Wikis

Die erfolgreiche Einführung und Nutzung von Wikis in Unternehmen

GABLER

Bibliografische Information der Deutschen Nationalbibliothek
Die Deutsche Nationalbibliothek verzeichnet diese Publikation in der
Deutschen Nationalbibliografie; detaillierte bibliografische Daten sind im Internet über
<http://dnb.d-nb.de> abrufbar.

1. Auflage 2011

Alle Rechte vorbehalten
© Gabler Verlag | Springer Fachmedien Wiesbaden GmbH 2011

Lektorat: Maria Akhavan

Gabler Verlag ist eine Marke von Springer Fachmedien.
Springer Fachmedien ist Teil der Fachverlagsgruppe Springer Science+Business Media.
www.gabler.de

Umschlaggestaltung: KünkelLopka Medienentwicklung, Heidelberg
Druck und buchbinderische Verarbeitung: AZ Druck und Datentechnik
Gedruckt auf säurefreiem und chlorfrei gebleichtem Papier
Printed in Germany

ISBN 978-3-8349-2827-6

Martin Seibert / Sebastian Preuss / Matthias Rauer

Enterprise Wikis

Vorwort

Höchstwahrscheinlich haben Sie dieses Buch online gekauft. Stellen wir uns dennoch einfach vor, dass Sie in diesem Augenblick in einer Buchhandlung stehen, in diesem Titel blättern und vom Vorwort eine Entscheidungshilfe erwarten, ob Sie das Buch kaufen sollen oder nicht. Wie es sich für seriöse Berater gehört, möchten wir Ihnen helfen zu entscheiden, ob Ihre Investition sinnvoll sein würde oder nicht. Durchdenken Sie einfach mal die folgenden zehn Fragen:

- Ist es in Ihrem Unternehmen einfach, Informationen bei Bedarf schnell aufzufinden?

- Stehen neue Informationen in Ihrem Intranet kurzfristig zur Verfügung?

- Gibt es in Ihrem Intranet viele redaktionelle Änderungen?

- Können Ihre Führungskräfte und Projektleiter ihre E-Mail-Postfächer relativ rasch aufarbeiten?

- Sind nicht relevante E-Mails über Verteiler in Ihrem Unternehmen eher selten?

- Sind Ihre Meetings kurz und effektiv und haben geringe Vor- und Nachbereitungszeiten?

- Verlaufen Projektübergaben in Ihrem Unternehmen immer reibungslos, da alle relevanten Informationen zentral verfügbar sind?

- Können sich in Ihrem Intranet alle Projektbeteiligten sofort über Änderungen und den aktuellen Projektstand informieren?

- Sind neue Mitarbeiter in Ihrem Unternehmen ohne große Vorlaufzeit produktiv einsetzbar?

- Stellen Ihre Mitarbeiter ihr Wissen anderen Kollegen gerne und bereitwillig zur Verfügung?

Und? Wie viele Fragen mussten Sie mit Nein beantworten? Wenn Sie das Gefühl haben, dass es zu viele sind, sollten Sie den Kauf dieses Buches ernsthaft erwägen, falls Sie womöglich tatsächlich im Buchladen stehen. Es soll Sie nämlich dabei unterstützen, diese Neins nach und nach durch Jas zu ersetzen.

Firmenwikis sind in aller Munde. Die Analysten von Gartner sehen Wikis längst auf dem besten Weg, sich auf breiter Ebene durchzusetzen und produktiv genutzt zu werden, wie dem *Hype Cycle*, dem bekannten Prognose-Tool, zu entnehmen ist (vgl. http://seibert.biz/hypecycle).

Im vorliegenden Buch begleiten wir ein exemplarisches Unternehmen, nennen wir es die Capitol AG, mitsamt einiger prototypischer Mitarbeiter bei der Einführung eines Enterprise Wikis – von A bis Z. Zunächst hat unser Unternehmen kein Wiki und deshalb Probleme in der Unternehmenskommunikation, von denen es teilweise gar nicht weiß, *dass* es sie hat. Diese Probleme diagnostizieren und beschreiben wir und zeigen, was sich durch die Einführung eines Firmenwikis positiv verändern kann und auch welcher (sinnvolle!) Wandel kultureller und organisatorischer Natur mit der Etablierung der Wiki-Philosophie einhergehen muss.

Anschließend machen wir unser Unternehmen mit den technischen Grundlagen vertraut: Wir erläutern, wie ein Wiki funktioniert, welche technologischen Herausforderungen sich ergeben und was bei der Auswahl und Einrichtung einer Wiki-Anwendung zu beachten ist, ehe wir uns daran machen, das Wiki endlich einzuführen. In diesem Zusammenhang besprechen wir systematisch die organisatorischen und sozialen Herausforderungen, die dieses Projekt mit sich bringt.

Einige Zeit nach dem Rollout werden wir unser Unternehmen dann besuchen und uns den Stand der Dinge ansehen: Wie hat sich das Wiki entwickelt und wie könnte es sich entwickelt haben? Was ist nicht optimal gelaufen und welche Probleme im laufenden Betrieb behindern das Wiki? Wie lässt sich ein bestehendes Firmenwiki, das vor sich hin schlummert und unter Akzeptanzproblemen leidet, doch noch ankurbeln? Und welche Optimierungsmöglichkeiten gibt es für ein Wiki, das die Mitarbeiter bereits gut angenommen haben?

Wir verfolgen mit diesem Buch nicht nur das Ziel, Sie mit dem Wiki-Konzept vertraut zu machen und Entscheidern Argumente an die Hand zu geben, um ein Wiki-Projekt intern durchzusetzen. Wir bieten Ihnen vielmehr eine Begleitung durch das gesamte Projekt an: von der Problemdefinition und der Evaluierung über den Rollout und die Mitarbeiteraktivierung bis hin zur Optimierung und der produktiven und effizienten Nutzung Ihres Wikis. Viele Unternehmen, die Wikis grundsätzlich toll finden, unterschätzen nämlich gerade die Vielschichtigkeit und Komplexität, vor die sie bei einer Wiki-Einführung gestellt werden.

Ja, Sie können mit einem Wiki schnell viel Fahrt aufnehmen und lästige Hindernisse wie die E-Mail-Flut, lange Suchzeiten, Redundanzen, mangelhafte Transparenz und unzureichende Abstimmung und Information wirkungsvoll aus dem Weg räumen. Doch das schaffen nur erfolgreiche Firmenwikis. Es ist ungleich schwerer, nach ein oder zwei Fehlversuchen mit einem schlecht bedienbaren Wiki und mangelhafter Vorbereitung die ursprünglich positiv gestimmten Mitarbeiter noch einmal zu begeistern. Wir wollen Ihnen dabei helfen, nicht in diese Situation zu kommen.

Enterprise Wikis erhebt nicht den Anspruch eines stringenten Fach- oder gar Lehrbuchs. Wir möchten das Thema Firmenwikis nicht aus der Sicht von Software-Entwicklern, Kommunikationswissenschaftlern, Soziologen oder Betriebswirten diskutieren, sondern aus der Erste-Hand-Perspektive von Beratern, die Dutzende Firmenwiki-Projekte durchgeführt haben und natürlich auch selbst täglich mit Wikis arbeiten. Das Buch beruht also weitgehend auf empirischen Erkenntnissen: Seit Jahren unterstützen wir Unternehmen bei der Wiki-Einführung und beraten Firmen im Hinblick auf die Wiki-Akzeptanz und individuelle Wiki-Lösungen – vom Dienstleister mit 25 Mitarbeitern bis hin zu weltweit agierenden

Konzernen. Aus diesem Erfahrungsschatz schöpfen wir, denn in erster Linie interessiert Unternehmen im Zuge der Wiki-Einführung unserer Erfahrung nach die Praxisrelevanz und weniger der theoretische Überbau. Es geht eben um Jas statt Neins.

Wir kennen Stolperfallen sowie politische Konstellationen, die ein Wiki (und damit Kommunikation und Produktivität) behindern. Wir wissen, welche Mitarbeiter das Wiki in der Regel positiv aufnehmen und welche Kollegen es häufig ablehnen und warum. Wir können Empfehlungen geben, wie Sie Skepsis, die Angst, Wissen zu teilen, und weitere technologische, kulturelle und organisatorische Hindernisse überwinden, und bieten Ihnen Strategien und Lösungsmöglichkeiten an. Die Maßnahmen, die wir vorschlagen, sind allerdings keine Selbstläufer und Auf-Knopfdruck-Lösungen: Eine erfolgreiche Wiki-Einführung ist etwas Hemdsärmeliges und Schweißtreibendes. Aber das Schwitzen lohnt sich.

Wiki-Software nennen wir in diesem Buch allerdings bewusst nicht beim Namen. Nicht etwa um einem Vorwurf der Schleichwerbung vorzubeugen – den würden wir in Kauf nehmen, denn tolle Produkte sollen auch ruhig beim Namen genannt werden. Doch so zuverlässig, wie gerade die sehr dynamischen Open-Source-Communities sehr leistungsfähige Wiki-Lösungen hervorbringen, so unvorhersehbar sind auch die Entwicklungen in diesem Bereich. Wir möchten schlicht vermeiden, von Software zu sprechen, die es im nächsten Monat vielleicht schon nicht mehr gibt, weil eine Community sich aufgespalten hat, ein Open-Source-Projekt eingestellt worden ist oder man einer Software über Nacht einen neuen Namen verliehen hat. Wenn Sie den ergänzenden Video-Links in diesem Buch folgen, finden Sie die relevanten Produkte und Hersteller sowie Open-Source-Communities ganz schnell.

Viele der im Buch enthaltenen Abschnitte sind als Fachartikel oder als interne Wiki-Dokumente zu ganz unterschiedlichen Anlässen entstanden. Es funktioniert deshalb nicht nur am Stück, sondern auch als eine Art Popcorntüte: Greifen Sie hinein, finden Sie mal ein kleineres, mal ein größeres Korn. Jedes ist anders, aber alle bringen etwas und schmecken gut – jedenfalls den meisten Leuten. Auch ein Firmenwiki schmeckt nicht allen. Warum das so ist und wie Sie es schmackhaft machen, erfahren Sie in diesem Buch.

Natürlich sind wir auf Ihr Lob, Ihre Kritik, Ihre Anmerkungen und Ihre Ergänzungen gespannt. Falls Sie uns Feedback geben möchten, wenden Sie sich bitte an den Verlag oder direkt an **wikibuch@seibert-media.net**.

Martin Seibert, Sebastian Preuss und Matthias Rauer

Wiesbaden im Juni 2011

Exkurs

Wiki-Personas geben Ihren Zielgruppen im Unternehmen Gesichter

Bevor wir unser Unternehmen, die Capitol AG, bei der Einführung eines Firmenwikis begleiten, müssen wir uns in gebotener Ausführlichkeit dem dramatischen Personal widmen: In diesem Abschnitt finden Sie Kurzporträts und sogar Fotos von Mitarbeitern unserer Capitol AG. Quittieren Sie diese Ankündigung womöglich gerade mit einem Stirnrunzeln? Fragen Sie sich, was es Ihnen bringen soll, sich durchzulesen, was Leute mit seltsamen Namen in einem hypothetischen Unternehmen tun? Bitte nicht zu voreilig weiterblättern, denn die Projekterfahrung lehrt: Es bringt Ihnen eine ganze Menge.

In jedem Unternehmen sind die Mitarbeiter unterschiedlich. Kein Projektteam gleicht dem anderen. Jeder Kollege hat Stärken und Schwächen. Und doch stoßen wir in Projekten immer wieder auf Gemeinsamkeiten und typische Eigenschaften, die Mitarbeiter teilen. Diese Gemeinsamkeiten lassen sich zu Archetypen verdichten – sogenannten Personas.

Diese Personas begegnen uns in ganz ähnlichen Ausprägungen immer wieder in Unternehmen, mit denen wir Firmenwikis einführen. Und genau diese Personas werden uns auch durch dieses Buch begleiten. Sie werden Gedanken kommentieren, Fragen aufwerfen und Einwände vorbringen – so, wie wir es im Tagesgeschäft erleben.

In Projekten haben wir die Erfahrung gemacht, dass es Kunden beim Durcharbeiten unserer Wiki-Personas wie Schuppen von den Augen gefallen ist: „Ja! Genau diesen Typen haben wir tatsächlich im Unternehmen." Wir glauben, dass Sie ähnliche Situationen erleben werden wie die, die wir beschreiben.

Ein Firmenwiki lebt davon, dass Ihre Mitarbeiter sich an ihm beteiligen. Wenn Sie das Dramatis Personae (und vor allem die Sichtweisen prototypischer Protagonisten auf Ihr Wiki-Projekt) nicht kennen und nicht wissen, wie Sie Widerstände überwinden und wirksame Überzeugungsarbeit leisten, wird auch die Wiki-Einführung möglicherweise zum Drama. Allerdings nicht zu einer Komödie. Deshalb ist es gut zu wissen, wie einzelne Personas ticken und was sie bewegt. Für die Capitol AG, unser prototypisches Unternehmen, stellen wir Ihnen diese Mitarbeiter vor:

- **Ernst Entscheider,** Vorstand mit umfassender Entscheidungskompetenz

- **Norman Netzaffin,** Manager mit Führungsverantwortung im Unternehmen

- **Gerd Gebichnichther,** skeptischer Bereichsleiter mit Entscheidungskompetenz

- **Marc Microsoft,** Leiter der IT-Abteilung

- **Günter Gewerkschaft,** hauptamtlicher Betriebsrat

■   **Nina Nochniegemacht,** Teamassistentin

■   **Gustav Gabelstapler,** gewerblicher Arbeiter

Bevor Sie diese beispielhaften Mitarbeiter etwas näher kennenlernen: Gewiss, sie sind teilweise einseitig und stark übertrieben gezeichnet. So berät sich beispielsweise der ebenso
begeisterungsfähige wie etwas naive Norman Netzaffin, der rasch in die Rolle des Wiki-
Antreibers schlüpfen wird, wirklich zu jedem Detail mit Experten, anstatt auf eigene Faust
zu recherchieren und Lösungen zu erarbeiten. So ist der IT-Leiter ein verbohrter Technolo-
gie-Blockierer. Das ist natürlich alles andere als typisch. Häufig ist die IT-Abteilung sogar
eine treibende Kraft bei der Wiki-Einführung. Aber wenn sie das Wiki nicht unterstützt,
wird's manchmal richtig schwer. Und dann werden unsere Vorschläge auch gebraucht.
Deswegen ist unser IT-Mann eben etwas bösartig. Auch unser Wikiphobiker Gerd
Gebichnichther ist kein sehr kooperativer (und wohl auch kein sehr sympathischer) Kollege. Doch seinen Vorbehalten begegnen Sie bei der Etablierung Ihres Wikis wahrscheinlich
ebenfalls.

Eigentlich sind noch viel mehr Personas für eine gute Konzeption nötig. Gerade wenn Sie
Anwendungsfälle durchspielen, werden Sie bestimmte Mitarbeitergruppen modellieren
wollen, um zu prüfen, ob Sie diesen mit dem Wiki einen hohen Nutzen bieten können. Hier
haben wir einfach einige herausgegriffen, die im Rahmen eines Wiki-Projekts besondere
Herausforderungen darstellen. Paul Programmierer, Silvio Serververwaltung und Alex
Alles-Ausprobier überzeugen Sie mit den Argumenten, mit denen Sie Norman Netzaffin
überzeugen. Daher werden diese Kollegen hier nicht separat aufgeführt.

Die folgenden Wiki-Personas werden wir im Buch immer wieder aufgreifen und die beschriebenen Sachverhalte aus deren Sicht kommentieren. Das wird Ihnen helfen, bestimmten Auffassungen und Vorbehalten im Tagesgeschäft zu begegnen.

Ernst Entscheider:
Vorstand oder Bereichsleiter mit umfassender Entscheidungskompetenz

Ernst Entscheider ist ein erfolgreicher Manager und schon Jahrzehnte bei der Capitol AG. Er wägt die Interessen der Mitarbeiter ab und trifft Entscheidungen, die langfristig die richtigen Impulse setzen. Mit Strohfeuern kann man ihn nicht begeistern. Der Begriff Firmenwiki sagt Ernst ohne Erklärung gar nichts. Bei Wikipedia ist er natürlich schon gelandet, aber warum die Capitol AG ein digitales Lexikon benötigen sollte, ist ihm schleierhaft. Bekäme Ernst eine Einladung zu einer Sitzung über Firmenwikis, würde er nicht zwingend teilnehmen. Er konzentriert sich auf wichtige Entscheidungen. Diese Wikis werden schon zu ihm kommen, wenn sie tatsächlich wichtig sein sollten. Wenn es ein eingeführtes Firmenwiki im Unternehmen gäbe und er genau wüsste, dass es etwas bringt, hätte Ernst nichts dagegen. Im Gegenteil: Kommunikation im Unternehmen ist das A und O.

Norman Netzaffin:
Jungmanager mit Führungsverantwortung im Unternehmen

Norman ist seit sechs Jahren im Unternehmen und gilt als „High Potential". Im Geschäftsleben ist Norman „always on". Mithilfe von E-Mails organisiert er seine ganze Abteilung und bleibt mit den Kunden in Kontakt. Norman weiß gar nicht, was er machen würde, wenn es keine E-Mails gäbe. Was wirklich nervt, ist, dass Norman täglich etwa drei bis vier Stunden mit seinen E-Mails zubringt. Manchmal geht er zum Mittagessen und hat bislang nur E-Mails beantwortet und auf diesem Wege Arbeitsanweisungen verschickt. Da muss es doch etwas Besseres geben! Von Firmenwikis hat Norman bereits von Kollegen gehört. Er hat auch längst gemerkt, dass Diskussionen per E-Mail nicht wirklich gut funktionieren und dass viele Kollegen und Kunden bei Weitem nicht so gut mit ihren E-Mails umgehen können wie er. Dass man mit einem erfolgreichen Firmenwiki die E-Mail-Flut eindämmen kann, findet Norman wirklich spannend. Wie das funktionieren soll, hat er sich bisher noch nicht erklären lassen. Wenn es eine Präsentation zum Thema Wikis im Unternehmen gäbe, würde Norman auf jeden Fall dabei sein. Warum nicht auch Wikis wie Wikipedia im Unternehmen?

Gerd Gebichnichther:
Skeptischer Bereichsleiter mit Entscheidungskompetenz

Gerd ist schon lange im Unternehmen und hat ein ausgeprägtes Hierarchie-Denken. Von Zusammenarbeit und Gleichberechtigung ist er überhaupt nicht überzeugt. Vielmehr sind klare Anweisungen und striktes Regiment Tugenden. Computer findet Gerd gut. Das Internet allerdings ist eher dubios und voller Scharlatane: Es sind genug Blasen geplatzt; die echte Wirtschaft findet in der realen Welt und Auge in Auge statt. Gerd ist der Überzeugung, dass die Mitarbeiter mit einem Firmenwiki ihre Zeit vergeuden würden. Und vor allem: „Wo kämen wir denn da hin, wenn jeder ändern könnte, was ich vorgegeben habe?" Er findet es nicht sinnvoll, mit 100 Leuten ein Konzept zu erarbeiten, das sowieso zwei Leute umsetzen müssen. Außerdem seien die Mitarbeiter eh schon ausgelastet. Ein Wiki ist für ihn idealistischer Selbstverwirklichungsquatsch von den neumodischen Internet-Spinnern: „Die produzieren nur heiße Luft, überziehen alle Budgets und sprengen die Zeitpläne." Er scheut zudem die viel zu hohen Kosten für ein solches „Spielzeug".

Marc Microsoft:
IT-Leiter

Marc ist Leiter der IT-Abteilung der Capitol AG und verfolgt eine strikte „Microsoft-Strategie", wie er es nennt. Er hat nämlich erkannt, dass sich viele IT-Probleme in Luft auflösen, wenn man nur auf eine einzige Plattform setzt. Und das machen Konzerne nun mal so. In anderen Unternehmen wird auf Lotus Notes oder SAP gesetzt. Das ist auch okay. Aber Marc mag eben Microsoft. Die Idee mit dem Wiki schmeckt ihm gar nicht, denn das kommt ja nicht von Microsoft und ist ein Fremdkörper im System. Microsoft bietet doch auch ein Produkt, bei dem es irgendwo in der Funktionsleiste ein Feature „Wiki" gibt. Das reicht. Ein zusätzlicher „Alien", der nicht in die Microsoft-Strategie passt, ist für ihn kein Diskussionsthema. Das wird Marc nicht unterstützen.

Günter Gewerkschaft:
Hauptamtlicher Betriebsrat

Günter ist für die Belange der Mitarbeiter verantwortlich. Die Geschäftsführung hat in seinen Augen schon so einiges geleistet und meint Entscheidungen sicherlich nicht böse. Aber die betriebswirtschaftliche Optimierung lässt den Menschen im Unternehmen häufig zu kurz kommen. Die Mitarbeiter können sich selbst nicht verteidigen oder die Konsequenzen nicht abschätzen. Dabei hilft Günter ihnen und sorgt dafür, dass sie vom Unternehmen nicht ausgenutzt werden. Wichtig ist, dass die Privatsphäre der Mitarbeiter geschützt wird. Die fortschreitende Digitalisierung von Prozessen und Kommunikation bewertet Günter negativ. Das Zwischenmenschliche kommt einfach zu kurz. Das Intranet sorgt vor allem dafür, dass die Mitarbeiter überwacht und auf Zahlen reduziert werden. Ein Wiki ist für ihn etwas ganz Neues. Das System will er erst mal verstehen. Grundsätzlich findet er die Vorstellung gut, dass alle Mitarbeiter alles sehen und verändern können. Bedenklich findet er jedoch, dass das Wiki ein Kontrollinstrument werden kann.

Nina Nochniegemacht:
Teamassistentin

Nina ist kaufmännische Angestellte und hat einen PC-Arbeitsplatz. Sie besitzt Routine im Arbeitsalltag und ist zufrieden mit ihrer Stelle und Position im Unternehmen. Sie zieht den persönlichen Kontakt digitalen Kommunikationskanälen vor. Wenn sich im Unternehmen Veränderungen ergeben, sieht Nina diese skeptisch und kann mit ihrer Erfahrung schon zu Beginn sagen, was vermutlich alles schiefgehen wird. Nina arbeitet seit Jahren mit dem Intranet. Das ist zwar suboptimal und wenig informativ, aber kalkulierbar. Von einem Firmenwiki hat sie noch nie etwas gehört und der Software-Typ Wiki sagt ihr gar nichts. Eigentlich will sie davon auch nichts wissen: „Was soll ein Wikipedia bei uns im Unternehmen?" Sie sieht sehr viel Arbeit auf sich zukommen, wenn ein neues System eingeführt wird, denn ihre Abteilung muss solche Systeme immer pflegen. Beim aktuellen Intranet war das aus ihrer Sicht eine große Herausforderung. Sie weiß allerdings, dass sie selbst keinen Einfluss darauf hat, ob das System eingeführt wird oder nicht.

Gustav Gabelstapler:
Gewerblicher Arbeiter

Gustav Gabelstapler ist seit elf Jahren als gewerblicher Mitarbeiter im Lager der Capitol AG beschäftigt. Sein Kontakt mit Rechnern im Rahmen des Jobs beschränkt sich darauf, Liefer- und Bestellscheine auszudrucken und zu bearbeiten. Inventuren führen Gustav und seine Kollegen mit Handscannern durch, in die Auswertung sind die Lageristen nicht eingebunden. Ansonsten hat Gustav von Dingen wie dem Intranet eigentlich noch nichts mitbekommen. Zu Hause hat er einen Computer, an dem er abends immer mal wieder für ein, zwei Stunden zur Entspannung im Internet surft, Videos anschaut und an Gewinnspielen teilnimmt. Von einem Firmenwiki hat er noch nichts gehört und er kann sich auch nicht vorstellen, was er mit diesen Systemen anstellen könnte, die höchstwahrscheinlich da oben in den Büros zum Einsatz kommen, und was ihm das bringen sollte.

Also: Warum Wiki-Personas?

Nun kennen Sie einige prototypische Mitarbeiter. Einige von ihnen (bzw. deren Auffassungen) werden Ihnen höchstwahrscheinlich bei der Wiki-Einführung begegnen. Oder erkennen Sie einige Kollegen in Grundzügen sogar wieder? Ob und wie diese Kollegen mit dem Wiki arbeiten werden und was Sie gegen Ressentiments und Ablehnung unternehmen können, beschreiben wir in späteren Abschnitten und vervollständigen damit unsere Personas.

Und diese Wiki-Personas können vielfältig eingesetzt werden:

1. **Überzeugungsarbeit:** Sie überzeugen damit Ihre Entscheider davon, dass ein Wiki vielen Personengruppen im Unternehmen einen Mehrwert bieten kann.

2. **Wiki-Konzeption:** Die Personas sind die Grundlage Ihrer Wiki-Konzeption. Damit finden Sie heraus, wie das Wiki ausgestaltet werden muss.

3. **Politische und technische Einordnung:** Personas helfen Ihnen dabei, dafür zu sorgen, dass das Wiki einen sinnvollen Platz im Unternehmen einnimmt und weder andere wichtige Systeme gefährdet oder torpediert noch einfach so brachliegt.

4. **Rekrutierung der Pilotgruppe:** Wenn Sie Ihren Wiki-Launch oder -Relaunch planen, dann ist eine Pilotgruppe eminent wichtig. Personas helfen Ihnen dabei herauszufinden, wer in der Pilotgruppe teilnehmen sollte oder sogar muss.

5. **Rollout-Strategie und -Taktik:** Personas zeigen Ihnen, wann das Firmenwiki bei wem wie eingeführt werden muss.

Video: http://seibert.biz/persona

Begleiten wir nun Vorstand Ernst Entscheider zunächst bei einer Fahrt übers Land und denken darüber nach, was Einkäufe beim Bio-Bauern und Unternehmenskommunikation sowie Intranet-Nutzung miteinander zu tun haben.

Inhalt

Vorwort 5

Exkurs 9

Teil 1 Unternehmenskommunikation: Wie ein Wiki Unternehmen verändert 25

1 Hofläden, Supermärkte und Firmenwikis: Bitte klingeln und Herzlich willkommen 27

1.1 Bitte klingeln heißt es auch in vielen Intranets 27

1.2 Was offene Türen und eine Kasse des Vertrauens bewirken 28

1.3 Die Vorteile überwiegen die Risiken 29

1.4 Worauf basiert das Miteinander? 29

1.5 Im Firmenwiki stiehlt niemand Kartoffeln 31

1.6 Vertrauen und Offenheit zahlen sich aus 31

2 Warum der Siegeszug der E-Mail zu weit gegangen ist 33

2.1 E-Mail: Segen für Unternehmen 33

2.2 Falsche Anwendung von E-Mails: Fluch für Unternehmen 34

2.3 E-Mail-Flut und Produktivität 34

3 E-Mail-Missbrauch: Der E-Mail-Anhang ist oft die falsche Anwendung von Technologie 37

3.1 Effizienzgewinn durch die Nutzung eines zentralen Systems 37

3.2 Organische Inhalte statt „toter" Anhänge 38

3.3 Intern keine Anhänge, in der Kundenkommunikation geht es selten anders 39

4 Ein Arbeitstag ohne (und mit) Wiki 41

4.1 Unorganisierte Projektübergaben 41

4.2 Unproduktive neue Mitarbeiter 43

4.3 Ineffiziente Meetings 44

4.4 Träge Intranets 46

4.5 Ineffiziente Kundenkommunikation 48

5 Ein Meeting zur Wiki-Philosophie 54

6 Unternehmen und die Akzeptanz neuer Technologien: Eine Kategorisierung 57

6.1 Innovationsfreundlichkeit nach dem Crossing-the-Chasm-Modell 57

6.2 Social Media ist in der Early Majority angekommen 58

6.3 Es ist Zeit, auf Social Media zu setzen 59

7   **Wer nutzt Wikis und warum und was bringen Wikis konkret?** 61
7.1   Wie verbreitet sind Wikis in großen Unternehmen? 61
7.2   Gründe für die Wiki-Einführung und Motivation für die weitere Nutzung 62
7.3   Konkreter Nutzen von Firmenwikis 63

8   **Was ein Wiki alles bewirken kann** 64
8.1   Transparenz schaffen 64
8.2   Aktuelle Informationen zentral verfügbar 64
8.3   Bessere Zusammenarbeit 65
8.4   Mehr Effizienz 65
8.5   Glaubwürdige Informationen 65
8.6   Mehrwert durch Nutzungsfreude 65

9   **111 Gründe für ein Firmenwiki** 67

Teil 2:   **Technologische Aspekte der Wiki-Einführung und eine**
          skeptische IT-Abteilung 75

1   **Wie ein Wiki eigentlich funktioniert: Prinzip und**
         Hardware-Anforderungen 77

2   **Grundsätzliche technologische Aspekte** 80
2.1   Auswahl der richtigen Wiki-Software 80
2.2   Betrieb des Systems 81
2.3   Technische Infrastruktur im Unternehmen 81
2.4   Integration und Single-Sign-on 82
2.5   Stellung der Wiki-Software gegenüber anderen Systemen 83

3   **Eine Brandrede von IT-Chef Marc Microsoft** 84

4   **Marc Microsoft muss das Intranet nicht über Bord werfen** 87
4.1   Die Rolle eines Wikis 87
4.2   Die Tücken eines erfolgreichen Wikis: Redundanz und Gnadenlosigkeit 89
4.3   Wie sollte man reagieren? 89
4.4   Ist das Wiki also wichtiger als die anderen Systeme? 89
4.5   Wikis ergänzen bestehende Anwendungen 90
4.6   Sicherheitsprobleme im Firmenwiki? 90

5   **Politische Unterstützung in Grundsatzfragen** 92

6   **Entscheidende Fragen bei der Evaluation von Wiki-Software** 94
6.1   Open-Source-Software oder kommerzielles Firmenwiki? 95
6.2   Preis? 95

6.3   Existiert eine aktive Community? 95
6.4   Handelt es sich bei dem Wiki um eine anerkannte Lösung? 95
6.5   Verwendete Technologie? 96
6.6   Funktionalitäten des Systems? 96
6.7   Usability und Design? 96
6.8   Anspruch an das Projekt? 96
6.9   Migrierbarkeit der Daten? 97
6.10   Bietet das Wiki eine einfache Systemadministration? 97
6.11   Sind hochwertige Plugins verfügbar? 97

7   **Wiki-Plugins: Welche Erweiterungen sind wichtig?** **98**
7.1   Office-Plugin 98
7.2   WebDAV-Plugin 99
7.3   Widget-Plugin 99
7.4   Datenbank-Plugin 99
7.5   Tag-Management-Plugin 99
7.6   Metadaten-Plugin 100
7.7   Dynamische Aufgabenlisten 100
7.8   Workflow-Plugin 100
7.9   Gallery-Plugin 101
7.10   Chart-Plugin 101
7.11   Dateien per Drag & Drop ins Wiki hochladen 101

8   **Das Wiki im Käfig** **102**

9   **Administrationskonzept** **105**

10   **Die Nutzerperspektive im Auge behalten** **107**

11   **Tipp: Wann sind Software-Updates sinnvoll?** **109**
11.1   Funktionalitäten: Was bringt das Update? 109
11.2   Große Releases: Auf den ersten Patch warten? 109
11.3   Aufwand: Wie hoch sind die technischen Anforderungen? 110
11.4   Kosten: Rechtfertigt der Nutzen sie? 110
11.5   Updates: Option oder Pflicht? 111
11.6   Faustregel: Spätestens nach drei Auslassungen nachziehen 111

Teil 3: **Organisatorische und kulturelle Aspekte** **113**

1   **Die fünf Stufen des Adoptionsprozesses** **117**

2   **Ein Pilotprojekt als Pflichtprogramm** **119**
2.1   (Schein-)Gegenargument 1: Geld 120

2.2   (Schein-)Gegenargument 2: Zeit 121
2.3   (Schein-)Gegenargument 3: Überschätzung 122

3   Der Wiki-Prophet 123
3.1   Ohne Wiki-Prophet oder Unterstützung von oben kein Wiki-Erfolg 123
3.2   Wichtige Eigenschaften 124
3.3   Aktivitäten des Wiki-Propheten 124

4   Wiki-Steuerungskreis und Wiki-Charta-Gruppe 126

5   Die Pilotgruppe 127
5.1   Größe der Pilotgruppe 127
5.2   Funktion der Pilotgruppe 128
5.3   Struktur der Pilotgruppe 130
5.4   Ablauf der Pilotphase 131

6   Das Management (Strong Backing from the Top) 132
6.1   Einführungsstrategie: Von unten, von oben oder zweigleisig? 133
6.2   Unternehmen machen Social-Media-Projekte zur Chefsache 133
6.3   Unternehmensführung ist treibende Kraft für Enterprise 2.0 134
6.4   Art der Zustimmung 135
6.5   Angst vor Ablehnung 135
6.6   Grundlagen für eine Zustimmung 136

7   Der Betriebsrat (Wie man Ängste zerstreut) 138
7.1   Das Wiki nicht als Instrument zur Leistungsmessung missverstehen 138
7.2   Unbegründet: Angst vor Mitarbeiterüberwachung per Wiki 139
7.3   Eigene Inhalte kommunizieren und Unternehmenskultur positiv beeinflussen 139
7.4   Datenschutz sicherstellen 139
7.5   Verantwortung wahrnehmen: Wiki-Einführung als taktisches Mittel 140

8   Use-Cases: Was mit dem Wiki anfangen? 142

9   Das Erste Gebot: Teilen macht Spaß 144
9.1   Grundregeln, die das Teilen angenehm machen 145
9.2   Hemmschwellen entgegenwirken 147
9.3   Strong Backing from the Top fördert den Spaß am Teilen 147

10   Die Informationsarchitektur 149
10.1   Strukturelle Planung 149
10.2   Voll entwickelte versus organisch entstehende Struktur 149
10.3   Grobe Planung genügt 150

11	**Nutzungsrichtlinien: Eine prototypische Wiki-Charta**	**152**
11.1	Zusammenfassung der Wiki-Charta	152
11.2	Was macht man mit einem Wiki eigentlich?	153
11.3	Konkrete Anwendungsfälle	154
11.4	Was machen wir mit einem Wiki nicht?	154
11.5	Aktive Kommunikation mit Push und Pull	154
11.6	Abgrenzungskriterien in der Systemlandschaft	155
11.7	Regeln für die Eingrenzung oder Ausgrenzung von Anwendungsfällen	155
12	**Rückblick: Warum wir der Capitol AG ein professionelles Design angeboten haben**	**157**
12.1	Schlechte Integration behindert die Mitarbeiteraktivierung	158
12.2	Design-Anpassung heißt auch Usability-Optimierung	159
12.3	Professionelle Druck- und Exportfunktion spart Zeit	160
12.4	Joy of Use und damit Wiki-Akzeptanz steigern	160
12.5	Relevanz des Wikis untermauern	161
12.6	Argumente für ein professionelles Wiki-Design	162
13	**Wissensaustausch (Arbeitskreise und Erfahrungsaustausch)**	**163**
13.1	Vorbehalte gegen den Arbeitskreis	164
13.2	Inhalte des Arbeitskreises	165
14	**Wissenseinkauf**	**166**
15	**Feedbackschleifen (Wiki-Einführung als iterativer Prozess)**	**168**
15.1	Wiki-Gardening (Ordnung halten und darüber sprechen)	171
15.2	Der Garten Firmenwiki wuchert zu: Ein Gärtner schafft Ordnung	171
15.3	Tolle Idee: Selten umgesetzt	173
15.4	Wer kann Gärtner werden?	174
16	**Budget (Warum weniger nötig ist)**	**176**
17	**Rollout: Lobbyarbeit**	**179**
18	**Rollout: Identifikation weiterer Use-Cases**	**182**
18.1	Informationsangebote machen	182
18.2	E-Mail-Anhänge analysieren	183
18.3	Aufgaben in E-Mails analysieren	184
18.4	Hindernisse bei der E-Mail-Analyse	185

Teil 4:   Wiki-Nutzung ankurbeln.. **187**

1   Unternehmenspraxis: Welche Probleme treten bei der Wiki-Nutzung auf? ... **189**
1.1   Lessons Learned 190
1.2   Wiki-Nutzen entfaltet sich langfristig, Wikis haben einen hohen ROI 191

2   Best Practice: Per Scheunenbau inhaltliche Grundgerüste erstellen **192**
2.1   Umzusetzende Inhalte priorisieren 192
2.2   Viele Dokumente mithilfe von Vorlagen erstellen 193
2.3   Je mehr angefangene Seiten, desto besser! 193

3   Kleine Maßnahmen mit großem Effekt **195**
3.1   Wiki-Merchandising 196
3.2   Aufsteller und Aufkleber 196
3.3   Hall of Fame und Incentivierung durch Aufmerksamkeit 197
3.4   Messestand 198
3.5   Individuelle Werbe- und Plakatkampagnen 198
3.6   Namensgebung 200
3.7   Anstrengen und am Ball bleiben! 200

4   Warum die Angst, Wissen zu teilen, unbegründet ist **202**
4.1   Warum haben Mitarbeiter Bedenken, ihr Wissen zu teilen? 202
4.2   Missverständnis: Informationen versus Wissensanwendung 203
4.3   Das Wiki-Dashboard gibt Mitarbeitern etwas zurück 203
4.4   Weniger interne Fachfragen führen zu mehr Produktivität 204

5   Der Umgang mit Wiki-Gegnern **205**
5.1   Konfrontation mit dem Wiki 205
5.2   Konfrontation mit Personas 205
5.3   Rezepte gegen Wiki-Zweifler 207

6   Überzeugungsstrategien, um Wiki-Zweifel zu zerstreuen **208**
6.1   Strategien, die zu allen Wiki-Zweiflern passen 208
6.2   Was Sie nicht tun dürfen 209
6.3   So überzeugen Sie Marc Microsoft und Gerd Gebichnichther 209
6.4   So bearbeiten Sie Bernd Blockierer 210

7   Texterstellung: Warum Mitarbeiter immer noch die E-Mail nutzen **212**
7.1   Gründe von Mitarbeitern für das Erstellen und Versenden von Texten
          per E-Mail 213
7.2   Nachteile der Texterstellung per E-Mail 213
7.3   Vorteile der Wiki-Nutzung 214

8   Gewerbliche Mitarbeiter einbinden **216**

9	**Wiki-Chaos**	**219**
9.1	Neue Wiki-Dokumente richtig anlegen: Wo und wie einsortieren?	219
9.2	Probleme mit der Einordnung und Auffindbarkeit von Dokumenten	219
9.3	Die optimale Organisation des Wissens	220
9.4	Wie kann man das Wiki-Chaos vermeiden?	220
9.5	Qualität statt Quantität?	221
9.6	Einheitliche Aufbereitung aller Dokumente ist unmöglich	222
9.7	Die Existenz von Inhalten ist wichtig, nicht die Form	222
10	**Scheinriesen bekämpfen?**	**223**
10.1	Vandalismus	223
10.2	Edit Wars	224
10.3	Fehler macht niemand absichtlich	225
10.4	Restriktionen torpedieren die Mitarbeiteraktivierung	225
11	**Schulungen: Kultur, nicht Funktionen vermitteln**	**227**
11.1	Szenario 1	227
11.2	Szenario 2	228
11.3	Tutorials und Anleitungen sind hilfreich	229
12	**Kommunikation kanalisieren**	**231**
12.1	Welche Informationen gehören in welchen Kanal?	232
12.2	Und welche Informationen gehören nun ins Firmenwiki?	235
12.3	Informationen für Mitarbeiter	235
12.4	Informationen zu Prozessen	236
12.5	Informationen über das und vom Unternehmen	236
12.6	Produkt- und Leistungsinformationen	237
12.7	Verbotsschilder aufstellen!	238
13	**Bad Stories**	**239**
13.1	Mangelnde Mitarbeiteraktivierung	239
13.2	Keine Identifikation	239
13.3	Software-Lösungen, die nicht die Unternehmensbedürfnisse abdecken	239
13.4	Festhalten an der falschen Software	240
13.5	Bürokratische Hürden und Vorbehalte	240
13.6	Sicherheitsaktionismus	241
13.7	Standard-Rollout	241
13.8	Keine Schulungsressourcen und falsche Prioritäten bei der Schulung	241
13.9	Nicht auffindbares Wissen	242
13.10	Fehlende Geduld	242
14	**66 Anwendungsfälle für ein Firmenwiki**	**243**
15	**Schluss: Eine gute Nachricht**	**255**

Sachregister 257
Die Autoren 261

Teil 1
Unternehmenskommunikation:
Wie ein Wiki Unternehmen verändert

1 Hofläden, Supermärkte und Firmenwikis: Bitte klingeln und Herzlich willkommen

Ernst Entscheider, Vorstandsmitglied der Capitol AG, ist mit dem Auto unterwegs, er kommt von einem gelungenen Termin mit einem wichtigen Partner und durchquert zum Feierabend recht gemütlich eine ländliche Gegend. Bei der Fahrt durch ein beschauliches Dorf kommt er an einem hübschen Bauernhof vorbei und beschließt, kurz anzuhalten. Draußen stehen die bekannten Tafeln mit Kreideaufschriften wie *Blumen*, *Kartoffeln*, *Süße Äpfel*, *Süßmost*, *Pflaumen* und *Zwiebeln*. Die Aufschriften mit kräftigem Strich sehen neu und akkurat aus und haben offenbar nicht bereits Wochen bei Wind und Wetter im Freien hinter sich. Sehr einladend. Leider ist aber das Tor zum Hof verschlossen, am Zaun ist ein Schild mit der Aufforderung angebracht, bitte zu klingeln.

Das ist ein großes Problem: Möchte ein Kunde etwas kaufen, muss er eine Klingel betätigen, jemand wird öffnen und ihn wahrscheinlich fragen, was er gerne hätte, oder ihn in einen kleinen Verkaufsraum im Haus führen. Was Ernst Entscheider daran stört und davon abhält, hier zu klingeln, ist die sehr hohe Verbindlichkeit: Angenommen, der Blumenstrauß, den der Bauer ihm zeigt, bietet einen recht ernüchternden Anblick, und er will ihn eigentlich gar nicht haben – gewissermaßen ist er trotzdem „gezwungen zu kaufen".

Er würde also anhalten, läuten, seinen Wunsch vortragen und den Bauern dazu bewegen, ihm seine Produkte zu zeigen, ohne zu wissen, ob die angebotenen Waren überhaupt seinen Vorstellungen entsprechen. Dadurch würde Ernst Entscheider sich in der Pflicht fühlen und am Ende die Blumen oder Äpfel vermutlich trotz seiner Bedenken kaufen. Kurz: Die „Transaktionskosten" sind ihm zu hoch und er fährt weiter.

Anders stellt sich die Situation im Supermarkt dar: Er kann hineingehen, sich alle Waren in Ruhe anschauen und das Geschäft wieder verlassen, ohne etwas zu erwerben. Diese Handlung ist anonym, die Türen stehen in beide Richtungen offen. Das Geschäft mit dem Bauern indes wäre, wie beschrieben, alles andere als anonym und vor allem nicht gerade unkompliziert.

1.1 Bitte klingeln heißt es auch in vielen Intranets

Natürlich betreibt die Capitol AG ein Intranet. Und in den letzten Jahren hat Ernst Entscheider das Budget für das Intranet verdoppelt: Kommunikation im Unternehmen kann nicht hoch genug eingeschätzt werden. Doch Ernst Entscheider selbst hat das System nur bei der Einführungspräsentation gesehen und sich seitdem nur wenige Male eingeloggt. Zu den aktiven Nutzern gehört er nicht.

Was ihm nicht bewusst ist: Auch in vielen Intranets heißt es: „Bitte klingeln!" Einem Mitarbeiter, der eine Änderung oder eine Aktualisierung vornehmen und sein Wissen zentral speichern möchte, gelingt dies leider selten sofort und auf effiziente Weise: Vielleicht muss er sich an die IT-Abteilung wenden, um Zugriffsrechte zu erhalten, vielleicht muss er seine Änderung zusammen mit der Bitte um Einstellung einem Redakteur per E-Mail schicken, vielleicht landet die Änderung auch erst einmal auf dem Stapel „Inhalte für die nächste Aktualisierung" und fängt eine Weile Staub.

Zunächst ist die Tür also geschlossen. Ebenso wie der Bauer höchstwahrscheinlich nicht über zu hohen Kundenandrang klagen muss, aktualisiert und erweitert kaum jemand die Inhalte im Intranet der Capitol AG.

Während der Bauer Ersteres womöglich verkraften kann, da er – um die Geschichte weiterzudenken – seinen Umsatz vor allem durch Lieferungen an einen Großhändler generiert, ist ein Intranet, in dem Informationen veralten und das niemand nutzt, verschwendetes Geld. Wie kann man das ändern?

1.2   Was offene Türen und eine Kasse des Vertrauens bewirken

Nehmen wir nun an, der Hofumsatz ist dem Bauern plötzlich gar nicht mehr egal, denn sein großer Kunde hat sich für einen anderen Lieferanten von Bio-Produkten entschieden: Es ist also höchste Zeit, den Direktverkauf anzukurbeln.

Eine Möglichkeit bestünde darin, die Tür grundsätzlich zu öffnen und die Bitte-klingeln-Tafel durch ein Herzlich-willkommen-Schild zu ersetzen. Mit einem Schlag würden die Transaktionskosten für potenzielle Kunden sinken. Die Tür generell aufzusperren und allen Mitarbeitern Zugang zu gewähren, wäre auch im Intranet ein richtiger erster Schritt.

Der Bauer hätte noch eine zweite Möglichkeit, die auf den ersten Blick deutlich radikaler erscheint. Er könnte seine Äpfel, Kartoffeln, Zwiebeln, Sträuße und Mostflaschen auf einem Tisch vor der Tür aufbauen, Preisschilder danebenstellen und eine blecherne Kasse des Vertrauens an einen Zaunpfahl nageln.

Wie dramatisch sich die Situation für Ernst Entscheider damit ändern würde! Er könnte anhalten, sich die Waren ansehen, einen Sack Kartoffeln oder eben einen Korb Äpfel nehmen, den ausgezeichneten Betrag in die Box werfen und weiterfahren, ohne dem Bauern zu begegnen. Ebenso könnte er aber auch wieder einsteigen und seine Fahrt fortsetzen, ohne etwas zu kaufen und ohne schlechtes Gewissen. Seine Transaktionskosten wären in diesem Fall sogar noch geringer als im Supermarkt, wo er sich einen Einkaufswagen nehmen, sich an der Kasse anstellen, seine Waren auf das Band legen muss etc. Beim Bauern dagegen wäre die Transaktion allein ihm, dem Kunden, überlassen.

Abbildung 1   Träge Intranets, in denen Informationen durch Flaschenhälse gepresst
werden, versus Wissenssammlung unter Beteiligung vieler Mitarbeiter
im Wiki

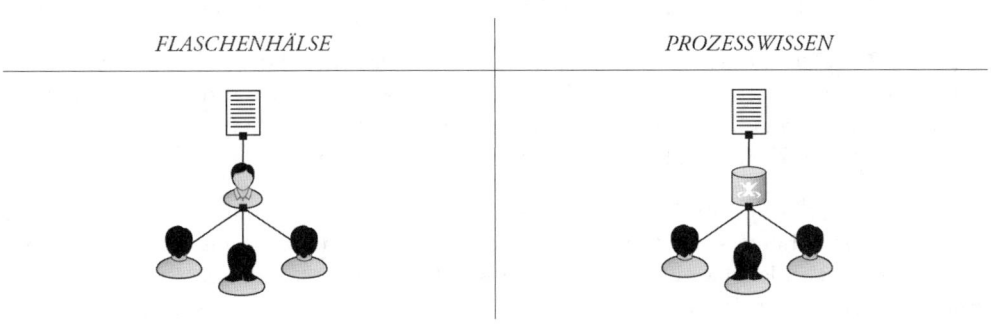

FLASCHENHÄLSE   PROZESSWISSEN

1.3   Die Vorteile überwiegen die Risiken

Damit sind wir jedoch bei der Kehrseite der Medaille: Der Bauer befürchtet nämlich, wahrscheinlich nicht unbegründet, dass Leute sich Waren einladen und auf Nimmerwiedersehen verschwinden könnten, ohne dafür zu bezahlen. Vielleicht wird dieser Fall tatsächlich ab und zu eintreten und der Bauer höchstens einen Manschettenknopf (und keine Münzen) in seiner Kasse vorfinden.

Doch Gefahren dieser Art bestehen auch im Supermarkt, denken wir an Kreditkartenmissbrauch, denken wir an eine gestohlene EC-Karte und die Zahlung per Karte und Unterschrift oder schlichten Diebstahl. Auch hier bleibt der Supermarkt auf seiner Forderung sitzen, auch für den Supermarkt besteht das Risiko von Rücklastschriften.

Dennoch sollte der Bauer sich für diesen Schritt entscheiden: Denn trotz der Gefahr, hin und wieder übers Ohr gehauen zu werden, sind wir fest davon überzeugt, dass sein Umsatz deutlich steigen und sich seine Entscheidung langfristig lohnen wird.

1.4   Worauf basiert das Miteinander?

Die Entscheidung des Bauern, seine Waren vor die Tür zu stellen und eine Kasse des Vertrauens zu installieren, ist vergleichbar mit dem Wechsel von einem klassischen Intranet zu einem Unternehmenswiki. Dieser Begriff sagt Ernst Entscheider zunächst nicht viel. Er bedeutet, dass das Bitte-klingeln-Schild abmontiert und durch ein Herzlich-willkommen-Banner ersetzt, die Tür aufgesperrt und die Einladung zur Mitwirkung ausgesprochen wird.

In einem Wiki kann jeder Mitarbeiter mitarbeiten: Jedes Dokument kann jeder Kollege, der Zugang zum entsprechenden Wiki-Bereich hat, verändern. Das Unternehmen, das ein Wiki einführt, gibt damit sowohl Mitarbeitern als auch Kunden (die z. B. über ein Extranet auf Wiki-Basis integriert sind) einen hohen Vertrauensvorschuss bzw. sehr viel Macht über die „Transaktion", um beim Beispiel des Einkaufs beim Bauern oder im Supermarkt zu bleiben.

Wie der Hofladen mit der Kasse des Vertrauens verfolgt ein Wiki einen sehr offenen Ansatz. Letztlich gelangen wir damit auch zu der Frage, wie Menschen funktionieren, die sich auch unser Bauer stellt, der sein Geschäftskonzept durchdenkt: Basiert das Miteinander auf Solidarität und Ehrlichkeit oder auf Kontrolle und Misstrauen?

Abteilungsleiter Gerd Gebichnichther wäre in dieser Hinsicht pessimistisch, er würde dem Bauern davon abraten, seine Äpfel und Kartoffeln vor die Tür zu stellen und abzuwarten, ob die Leute bezahlen. Gerd Gebichnichther würde davon ausgehen, dass der Bauer seine Waren ungewollt verschenkt, dass die Leute den Kofferraum füllen und sich aus dem Staub machen, ohne die Kasse des Vertrauens eines Blickes zu würdigen. Als Optimisten vertrauen wir hingegen darauf, dass die Kunden die Waren, die sie mitnehmen, auch bezahlen und das Vertrauen nicht missbrauchen werden.

Abbildung 2   Konzeptionelle Unterschiede zwischen klassischen Intranets und Firmenwikis

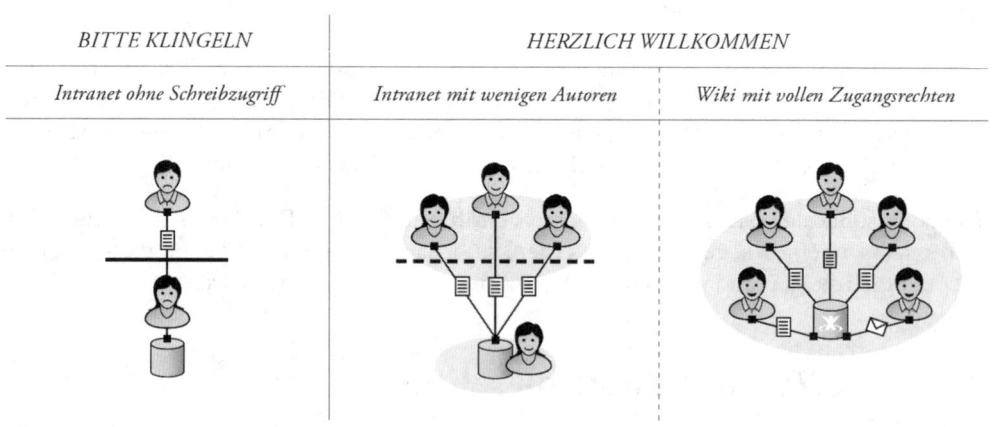

Zugegeben: Im Falle des Bauern sind Sorgenfalten eher angebracht als bei einem Unternehmen, das mit einem Wiki eine Kultur der Offenheit schafft. Gerade haben wir bewusst Äpfel mit Birnen verglichen.

1.5   Im Firmenwiki stiehlt niemand Kartoffeln

Der erste entscheidende Unterschied besteht darin, dass nicht einfach ein Internet-Nutzer im Firmenwiki vorbeikommen und dort Schaden anrichten kann. Auf das Wiki haben ausschließlich autorisierte Mitarbeiter bzw. Kunden Zugriff. Der zweite Unterschied ergibt sich aus der Natur eines Wikis: Im Unternehmenswiki gibt es keine Anonymität.

Das System verzeichnet jede Aktivität, ein professionelles Wiki-System hält fest, wann und an welchem Ort es welche Modifikation durch wen gegeben hat. Haben Sie ein Thema abonniert, werden Sie per E-Mail oder RSS automatisch über Änderungen informiert. (Die News-Indizierung per RSS eignet sich ausgezeichnet dazu, zahlreiche Informationsquellen im Auge zu behalten, ohne Links manuell aufrufen zu müssen. Die abonnierten Seiten werden via RSS auf Aktualisierungen durchsucht und in Kurzform automatisch in den Browser bzw. in einen Reader auf das Endgerät geladen.)

Fakt ist: Wenn jemand (im übertragenen Sinne) einen Kartoffelsack einfach mitnimmt, erfahren Sie das. Insofern ist das Wiki der offene Verkaufsstand des Bauern mit Überwachungskameras. (Aus diesem Grund ist es beispielsweise sinnlos, als Unternehmen darüber nachzudenken, ein Wiki „abzusperren" und etwa dem Gros der Nutzer keine Schreibrechte einzuräumen. Damit würde lediglich das klassische, weitgehend statische Intranet-Portal kopiert und das Wiki-Konzept käme nicht zur Entfaltung.)

1.6   Vertrauen und Offenheit zahlen sich aus

Der Wikipedia-Gründer Jimmy Wales wurde einmal gefragt, welche Entwicklung seine Idee hinter sich hätte. Konzeptionell, so Wales darauf, sei der Wikipedia-Vorläufer Nupedia mit einem ziemlich seltsamen Restaurant vergleichbar gewesen:

In einem Restaurant nutzen Gäste Messer, um ihre Speisen mundgerecht zu portionieren. Der Restaurantleitung indes ist dies nicht geheuer: Sie befürchtet, dass Gäste, die unbeaufsichtigt mit Messern hantieren, zwangsläufig aufeinander losgehen und sich verletzen; so sei der Mensch eben und es bedürfe drastischer Beschränkungen. Folglich wird jeder Tisch auf „todsichere" Weise von allen anderen abgeschirmt und mit Gittern gesichert: In ihren Käfigen können Gäste dann essen und Messer benutzen, ohne anderen Leuten gefährlich zu werden.

Die Auswirkungen lassen nicht allzu lange auf sich warten und trotz der hervorragenden Karte ist das Restaurant bald verwaist – Käfige sind unromantisch und sorgen auch in jeder anderen Hinsicht für Abschreckung.

So charakterisiert Jimmy Wales Nupedia und begründet anhand dieses gescheiterten Konzepts das radikale Umdenken, das Wikipedia schließlich so erfolgreich gemacht hat: Jeder kann mitmachen, alle sind willkommen.

Im Gegensatz zum Vorläufer-Projekt basiert Wikipedia nicht auf Misstrauen, sondern auf Vertrauen in das Gute im Nutzer, und ist deshalb eine so beispiellose Erfolgsgeschichte.

    Video: http://seibert.biz/wikipedia

Dies ist der Kern des Wiki-Konzepts. Und während der Bauer trotz allen Mutes und trotz aller Innovationskraft verständlicherweise einige Zweifel an der Kultur der Offenheit hegen mag und mit sich ringen muss, hat das Unternehmen, das über eine Wiki-Einführung nachdenkt, keine zwielichtigen Umtriebe zu befürchten: Es kann nur gewinnen und wird von den Vorteilen einer „lebenden", aktuellen, organisch wachsenden Wissensbasis im Intranet profitieren, in der eine unglaubliche Vielzahl von Prozessen abgebildet werden kann.

2 Warum der Siegeszug der E-Mail zu weit gegangen ist

Norman Netzaffin steht von seinem Schreibtisch auf und pustet kurz durch. Was er an diesem Montag bis zum Mittag erledigt hat? Ein paar kurze Telefonate mit Kunden geführt, einige Arbeitszeitbuchungen für Projekte kontrolliert. Ansonsten? Arbeitsanweisungen an Mitarbeiter verschickt und E-Mails bearbeitet, und der Posteingang ist noch längst nicht bei Null. Auf dem Weg in Richtung Kantine denkt er nach.

Ihm ist völlig klar, dass die E-Mail die (geschäftliche) Kommunikation so stark verändert hat wie keine zweite Kommunikationsform in den letzten Jahrzehnten. Es ist unbestritten, dass ihr eine dramatische Modernisierung und Beschleunigung, eine schnellere und unkompliziertere Kommunikation als je zuvor zu verdanken ist.

 Video: http://seibert.biz/email

2.1 E-Mail: Segen für Unternehmen

Norman Netzaffin versucht kurz, sich vorzustellen, wie er ohne E-Mails kommunizieren würde:

- Er würde den Großteil des Tages telefonieren.

- Er würde stundenlang mit persönlichen Gesprächen und in Meetings verbringen.

- Er würde täglich Dutzende oder Hunderte Faxe lesen und schreiben.

- Dokumente würden sich in Briefumschlägen in der Ablage stapeln, die klassische Portokasse wäre ein Muss.

Natürlich telefonieren viele Menschen notgedrungen heute noch häufig geschäftlich und verbringen reichlich Zeit in Meetings, so auch Norman. Doch um das Kommunikationspensum, das er heute dank der E-Mail täglich leistet, mithilfe von Telefon, persönlichen Gesprächen, Fax und Briefen abzubilden, würde auch ein sehr langer Arbeitstag ganz sicher nicht ausreichen, von produktiver Arbeit ganz zu schweigen.

2.2   Falsche Anwendung von E-Mails: Fluch für Unternehmen

Wir haben also zum Glück die E-Mail. Alles ist gut? Ganz und gar nicht, denn Norman ist überzeugt: Der Siegeszug der E-Mail ist viel zu weit gegangen.

Wir sehen uns nämlich einer offenkundigen Diskrepanz gegenüber: Die E-Mail wird missbraucht, es wird versucht, Dinge mit ihr abzubilden, die auf andere Art und Weise (und mit anderen Technologien) viel besser und sinnvoller abgebildet werden können. Die Frage lautet also: Wofür ist die E-Mail gemacht und wofür wird sie genutzt?

Die Grundfunktion einer E-Mail besteht darin, Textinformationen zu versenden. Das funktioniert prima. E-Mails können Dateien hinzugefügt werden. Auch das ist mitunter sinnvoll – der Rechner des Empfängers muss diese natürlich verarbeiten können.

Doch schon die HTML-E-Mail kann als eine Form des „Missbrauchs" gewertet werden: Nicht jeder Anwender kann sie problemlos ansehen, die HTML-Darstellung ist kein unmittelbarer Dienst eines Mail-Programms, zusätzlich sind Browser-Komponenten erforderlich. Dies aber nur am Rande – das HMTL-Format ist in erster Linie unter Marketing- und auch Usability-Aspekten zu betrachten. An dieser Stelle soll indes die Produktivität von Mitarbeitern im Mittelpunkt stehen.

Unserer Erfahrung nach gibt es zwei entscheidende Formen des E-Mail-Missbrauchs in der Unternehmenskommunikation, die sich auf mehreren Ebenen negativ auswirken, nämlich auf die Produktivität (auf die Qualität von Dokumenten und Arbeitsergebnissen) und auf die Transparenz im Unternehmen.

Zunächst aber zu den Auswirkungen des E-Mail-Missbrauchs, für den es ein untrügliches Indiz gibt: Mitarbeiter wie Norman Netzaffin und viele andere Manager, Bereichsleiter, Projektmanager in großen und auch in kleinen Unternehmen ertrinken förmlich in E-Mails!

2.3   E-Mail-Flut und Produktivität

Das soll an dieser Stelle ein Bild verdeutlichen: Stellen wir uns Norman vor, wie er nicht an seinem Rechner, sondern vor einem großen Berg Münzen sitzt und die Aufgabe hat, diese zu sortieren – abzuarbeiten also. Jede Münze muss er in die Hand nehmen, auf ihren Wert prüfen und in einer bestimmten Schale ablegen. Es wird Norman indes nicht leicht gemacht, denn klimpernd fallen aus einem stets aufgedrehten Hahn immer wieder weitere Münzen auf dem Tisch.

Mit konzentrierter und konsequenter Arbeit gelingt es ihm, alle Münzen zu sortieren und dabei schneller zu sein als der nachfließende Münzstrom, er lehnt sich zufrieden zurück, der Tisch ist leer – für 30 Sekunden. Dann klimpert aus dem Hahn eine neue Münze, gleich darauf eine zweite und eine dritte. Innerhalb von Minuten hat sich wieder ein respektables

Häuflein angesammelt, das schnell größer wird; Normans Freude ist verflogen, die Arbeit beginnt von vorn.

Gewiss: Bestünde ausschließlich darin Normans Tagwerk, wäre das nicht weiter bemerkenswert. Auch die Müllbehälter im Wohngebiet sind stets aufs Neue randvoll, wenn das Trio von der Müllabfuhr das nächste Mal seine Runde dreht; auch der Busfahrer fährt seine Stammstrecke jeden Tag wieder ab; auch der Fußball-Weltmeister muss sich nach dem Triumph erneut durch die Qualifikation kämpfen, um beim nächsten Turnier dabei zu sein.

Was aber, wenn das Sortieren nur eine von vielen Aufgaben wäre, die zu erledigen sind, wenn das Sortieren nicht einmal Normans *wichtigste* Aufgabe ist? Wann widmet er sich den anderen Tätigkeiten?

Damit sind wir bei der Bearbeitung von E-Mails. Norman kennt das gute Gefühl, wenn nach einem „Kraftakt" endlich mal keine ungelesenen E-Mails mehr im Posteingang liegen: Zufriedenheit stellt sich ein, während in diesem Moment zwei neue E-Mails eingehen. Bearbeitet er auch diese noch rasch, um den Posteingang „sauber" zu halten? Bearbeitet er auch die vier weiteren E-Mails, die angekommen sind, während er eine etwas umfangreichere Antwort verfasst hat? Aber wann will er produktiv sein und die Aufgaben angehen, die er vielleicht soeben aus den E-Mails extrahiert hat?

Wenn er wollte oder nicht aufpassen würde, könnte den ganzen Tag damit zubringen, E-Mails zu bearbeiten – die E-Mail-Flut fließt ununterbrochen. Ein entscheidendes Problem ist also, dass viele wichtige Mitarbeiter angesichts der E-Mail-Flut mitunter nicht mehr in der Lage ist, die Arbeitszeit sinnvoll und produktiv zu nutzen, die sich aus den E-Mails ergebenden Aufgaben zu extrahieren, zu priorisieren und vor allem zu erledigen. (Es gibt Manager, die offen zugeben, E-Mails überhaupt nicht zu bearbeiten, weil sie sonst nichts anderes tun würden.)

Abbildung 3   E-Mail-Flut versus reduziertes E-Mail-Aufkommen durch die gleichzeitige Verwendung eines Wikis

E-MAIL-MISSBRAUCH | *EFFIZIENTE E-MAIL-NUTZUNG*

Aus dem Missbrauch der E-Mail resultiert eine E-Mail-Flut, die die Produktivität jedes „Betroffenen" reduziert und die den Nutzen deutlich einschränkt, den das Unternehmen aus der Leistung des (durch das immense E-Mail-Aufkommen zudem unzufriedeneren) Mitarbeiters ziehen möchte.

3 E-Mail-Missbrauch: Der E-Mail-Anhang ist oft die falsche Anwendung von Technologie

Die Hauptform dieses E-Mail-Missbrauchs und hauptverantwortlich für die E-Mail-Flut ist der E-Mail-Versand von statischem Wissen, die Kommunikation von Referenzmaterial, Unternehmens-Know-how und Nachschlageinformationen per E-Mail-Anhang: Wenn E-Mails Dateianhänge enthalten, ist dies in den meisten Fällen die falsche Anwendung von Technologie.

3.1 Effizienzgewinn durch die Nutzung eines zentralen Systems

Damit vertreten wir eine Auffassung, die viele Menschen – auch Norman Netzaffin – zunächst nicht recht nachvollziehen können. Und das ist oft durchaus verständlich: Viele Personen, die hier fragend die Stirn runzeln, wissen nur nicht, wie Wissensmanagement anders funktionieren kann. Und manche Gesprächspartner, die Alternativen (zumindest vom Hörensagen) kennen, sind der Meinung, dieses „Anders-Machen" sei zu kompliziert und praktisch nicht gangbar – insbesondere hören wir nicht selten, dass die Usability und die Integration von Wiki-Lösungen angeblich so schlecht wären, dass die Anwender einfach nicht mit diesen arbeiten würden und dass Alternativen deshalb im Unternehmensalltag nicht praktikabel sein könnten.

Das ist jedoch falsch. Ein ums andere Mal sehen wir bestätigt, dass die sach- und bestimmungsgerechte Anwendung von Technologie in aller Regel zu einem Effizienzgewinn führt. Software-Systeme für den Einsatz im Unternehmen sind heute so ausgereift, dass selbst Mitarbeiter ohne Technologie-Know-how – wie etwa unsere Teamassistentin Nina Nochniegemacht – mit ihnen produktiv und sinnvoll arbeiten.

Ein Firmenwiki ist in diesem Zusammenhang die optimale Lösung: Die Vorteile, kein Referenzwissen per E-Mail zu verschicken, sondern Know-how in einem zentralen, digitalen, webbasierten System zu speichern und für alle verfügbar zu machen, überwiegen die möglicherweise noch verbliebenen Nachteile deutlich. Im erstrebenswerten Optimalfall ist eine E-Mail eine Nachricht, die sich mit dem Lesen durch den Empfänger erledigt hat.

3.2   Organische Inhalte statt „toter" Anhänge

Deshalb plädieren wir dafür, Dateianhänge in einem zentralen System zu speichern, das allen Empfängern zugänglich ist; eine E-Mail sollte lediglich den Verweis auf das entsprechende Dokument beinhalten. Dafür gibt es überzeugende Argumente, die deutlich werden, wenn man diesen Prozess an einem konkreten Beispiel durchexerziert.

Verschickt Norman Netzaffin beispielsweise einen Bericht per E-Mail an mehrere Empfänger, ist dieser Bericht ein „totes" Dokument: Es verändert sich nicht, es kann nicht kommentiert werden, Leser können nicht mit ihm interagieren, es entwickelt sich nicht weiter und es ist nicht zentral verfügbar.

Bilden wir diesen Bericht in einem Wiki-System ab, „leben" die Inhalte: Die Adressaten können das Dokument sinnvoll modifizieren und ggf. selbst Fehler beheben oder Unklarheiten ansprechen. Aufstellungen sind um aktuelle Daten erweiterbar, über die Kommentarfunktion kann Norman die Daten gemeinsam mit anderen Empfängern interpretieren und diskutieren – der Bericht wird besser, ohne dass eine einzige weitere E-Mail auszutauschen ist.

Auf diese Weise durchläuft das Dokument im Wiki mehrere Iterationen und werden Inhalte organisch weiterentwickelt sowie interpretiert, wobei der ursprüngliche Absender Norman stets die Kontrolle über die Inhalte behält: Er kann das Dokument z. B. via RSS abonnieren und wird über jede Modifikation benachrichtigt, über die Revisionskontrolle ist jede Änderung lückenlos nachvollziehbar.

Abbildung 4   Kommunikation mit E-Mail-Anhängen, die zu verstreuten Informationen führen, versus zielgerichtete, zentrale Wissenssammlung mit einem Wiki

---

VERSTREUTE INFORMATIONEN   *ZENTRALE WISSENSSAMMLUNG*

Capitol-Vorstand Ernst Entscheider, der sich das Dokument schließlich ansieht, findet einen ganz anderen, einen wesentlich höherwertigen Bericht vor, als er per E-Mail erhalten hätte, während gleichzeitig das E-Mail-Aufkommen seiner Mitarbeiter deutlich reduziert worden ist und dieses Wissen auch später jederzeit zur Verfügung steht.

Darüber hinaus löst sich das immer wieder auftretende Problem, etwa zunächst einen falschen Anhang zu versenden, in Luft auf: Der Initiator des Wiki-Dokuments kann in diesem jederzeit Korrekturen vornehmen, die Empfänger haben sofort Zugriff auf das korrekte Dokument. Streng vertrauliche Informationen liegen zudem nicht in individuellen Postfächern, sondern in einem zentralen, sicheren System. Das Dokument hinter dem Link kann natürlich nur aufrufen, wer dazu legitimiert ist.

Die Kommunikation über das Wiki und der Verzicht auf Dateianhänge in E-Mails wirken sich also auf mehreren Ebenen positiv aus:

- produktiverer Umgang mit den Informationen aus dem Dateianhang

- organische und interaktive Inhalte statt „toter" Dateien

- verstärkte Sicherheit durch Zugriffsbeschränkung

- zentrale Dokumentation des Unternehmenswissens

- bessere Zusammenarbeit und Kollaboration, aktives Teilen

3.3 Intern keine Anhänge, in der Kundenkommunikation geht es selten anders

Wie Norman nun zu Recht einwenden könnte, spielt beim Versand von Dateianhängen per E-Mail immer die Sender-Empfänger-Struktur eine Rolle, weshalb hier Einschränkungen nötig sind. Für E-Mails unter Kollegen sollte die Regel, keine Anhänge zu verschicken, unserer Überzeugung nach immer gelten. Auch bei E-Mails an einen Kunden, mit dem man bereits im Projekt zusammenarbeitet, ist eine zentrale die optimale Lösung: In einem modernen Unternehmen sollte es ein System geben, in dem Informationen gemeinsam mit dem Kunden gesammelt und ausgetauscht werden können. Ein Extranet auf Wiki-Basis bildet dafür eine ausgezeichnete Plattform, deren Rechtestruktur es ermöglicht, den Zugriff auf das Projektteam und die Mitarbeiter beim Kunden zu beschränken.

Eine andere Frage ist die nach der Kommunikation mit Interessenten, zu denen noch keine Geschäftsbeziehung besteht. Eine pragmatische Möglichkeit, diese Empfänger wie beschrieben zu integrieren, besteht leider noch nicht. Kann bzw. darf Norman voraussetzen, dass der kaum bekannte Empfänger in einem Wiki-System kollaborieren kann bzw. überhaupt *möchte*? Sicherlich nicht. In Fällen wie diesen ist der Versand von Dokumenten per Anhang trotz einiger Bedenken die praktikablere Lösung.

Ein weiteres Problem: Nicht alle Menschen sind wie Norman immer und überall online. So ist es möglich, dass der Empfänger den Wiki-Link öffnen und die Informationen gerne abrufen möchte, es aber einfach nicht kann, weil er unterwegs keinen Internet-Zugang hat oder weil er seine E-Mails z. B. per Mobiltelefon abruft o. Ä.

Der Absender muss also immer eigenverantwortlich entscheiden, in welcher Form er Dokumente kommuniziert. Die Probleme, die durch die E-Mail-Flut und durch die damit verbundene Ineffizienz entstehen, wiegen allerdings weitaus schwerer als die Frage, ob der Empfänger einen Link öffnen kann oder ob doch besser ein E-Mail-Anhang versendet werden sollte. Die meisten Mitarbeiter der Capitol AG sind problemlos in der Lage, diese Entscheidung zu treffen.

Wir möchten also nicht einseitig argumentieren: In sehr vielen Fällen ist die Ablage von Dokumenten und Informationen im Wiki zwar der empfehlenswerte und effizientere Weg, es gibt aber durchaus Szenarien, in denen es nach wie vor sinnvoller ist, Dateien per E-Mail zu versenden. Generell gilt: Wir sind noch nicht so weit, ausschließlich von Schwarz und Weiß reden zu können. Allerdings sind wir auch längst über das Stadium hinaus, in dem es nur um Nuancen an zusätzlicher Produktivität geht.

4 Ein Arbeitstag ohne (und mit) Wiki

Nicht nur der E-Mail-Stress schränkt die Produktivität von Mitarbeitern ein. Es gibt in Unternehmen viele weitere Optimierungspotenziale in Sachen Kommunikation und Abstimmung. Begleiten wir Norman Netzaffin durch einen exemplarischen Arbeitstag und sehen, was sich mit einem Firmenwiki ändern und verbessern ließe.

4.1 Unorganisierte Projektübergaben

Norman meldet sich am Telefon, hört kurz zu und fasst sich schließlich an die Stirn. Dann antwortet er seinem Kollegen: „Okay, erst mal natürlich gute Besserung und danke für den kurzfristigen Anruf. Wir müssen das Projekt dann einem anderen Projektmanager (PM) übergeben, das muss jetzt reibungslos weiterlaufen. Was steht da aktuell gleich an?"

Norman lauscht seinem Kollegen und macht sich ein paar Notizen. „Gut. Ist das irgendwo dokumentiert?", fragt er schließlich und klickt, während sein erkrankter Mitarbeiter spricht, im Intranet der Capitol AG herum.

„Hm, im Intranet ist offenbar nichts drin. Ich finde jedenfalls nichts. Egal. Such bitte die ganzen E-Mails noch raus und leite sie an mich und den neuen PM weiter", sagt Norman. „Die Kontakte der Ansprechpartner aus Deinem Adressbuch bitte auch. Oder habe ich die schon? Ich schaue auch selbst noch mal nach. Und wann ist dieses Meeting? Gibt es dafür schon eine Agenda? Ja, schick uns den Entwurf bitte ebenfalls."

Wieder hört Norman zu. „Rufst Du den Kollegen bitte auch noch an und weist ihn ein? Schaffst Du das trotz Krankheit? Super, danke, und dann kuriere Dich gut aus."

Norman legt auf, schaut kurz auf seine Notizen und dann auf den Bildschirm. „Wir hatten doch irgendwo auch eine Checkliste für kurzfristige Projektübergaben", murmelt er und bedient die Intranet-Suche. Erfolglos. Er fragt sich, ob das Dokument noch bei Nina Nochniegemacht in der Ablage darauf wartet, hochgeladen zu werden. Anschließend durchsucht er seine E-Mails nach einem entsprechenden Anhang, findet aber auch hier nichts. Er nimmt sich vor, am Nachmittag in Ruhe nach der umfangreichen Checkliste zu fahnden, wenn sich die Hektik gelegt hat.

Dann nimmt er sich notgedrungen eine halbe Stunde Zeit und schreibt dem Projektmanager, der den kranken Kollegen vertreten soll, eine ausführliche E-Mail zum gerade in Erfahrung gebrachten Stand der Dinge. Zudem kündigt er an, dass der Erkrankte kurzfristig noch zahlreiche E-Mails mit wichtigen Informationen weiterleiten wird. Der Vertreter und Norman werden sich durch eine Menge Material arbeiten müssen.

Was ist passiert? Ein Projektmanager meldet sich krank und der aktuelle Projektstand ist unzureichend dokumentiert: Schwer auffindbare Dokumente, in E-Mail-Postfächern schlummernde Projektinformationen und vor allem ein fehlender zentraler Überblick erschweren Projektübergaben und -vertretungen massiv.

In einem Wiki können Projektteams abgearbeitete Teilschritte in Form von Projektchecklisten dokumentieren, die sich unkompliziert erstellen und anschließend immer wieder verwenden lassen. Natürlich können auch die Kontaktdaten zu Ansprechpartnern auf Kundenseite hinterlegt und die To-dos bei Projektübergaben mithilfe von Wiki-Aufgabenlisten systematisch organisiert werden. So stellen Unternehmen sicher, dass Projektvertretungen möglichst reibungsarm und nach standardisierten Prozessen ablaufen, auch wenn sie kurzfristig erfolgen müssen.

Alle relevanten Informationen sind aktuell und zentral auffindbar: Projektbeteiligte Mitarbeiter brauchen sich nicht durch zahlreiche E-Mails mit angehängten Office-Dokumenten zu arbeiten, die zudem vorher von anderen Kollegen vorbereitet werden müssen, sondern erhalten einen Link auf die entsprechenden Wiki-Inhalte. Nach dem Telefonat hätte Norman dem Vertreter diesen Link zum Wiki-Dokument geschickt und ihn gebeten, sich in diese Informationen einzuarbeiten und das Projekt zu übernehmen. Doch stattdessen seufzt Norman leise, als in diesem Moment die erste von einem guten Dutzend weitergeleiteter E-Mails in seinem Postfach ankommt.

Abbildung 5   Dezentral lagernde und schwer auffindbare Inhalte versus zentrale
                     Verfügbarkeit wichtiger Informationen

VERSCHOLLENE INFORMATIONEN   *ZENTRALE VERFÜGBARKEIT*

   Video: http://seibert.biz/uebergaben

4.2   Unproduktive neue Mitarbeiter

Beim Mittagessen in der Kantine nimmt Norman an dem Tisch Platz, an dem der neue Kollege sitzt, der seit zwei Wochen zur Abteilung gehört. Heute ist der monatliche Schnitzeltag und beide lassen es sich beim Gespräch über das gestrige Fußballspiel schmecken. Irgendwann fragt Norman lächelnd: „Na, wie läuft's? Erzähl mal." Sein jüngerer Kollege antwortet: „Super, alle sind nett, alle helfen mir. Eine wirklich coole Truppe." Doch dann legt er das Besteck beiseite, kratzt sich an der Wange und sagt langsam: „Wirklich, es ist alles cool und macht Spaß. Aber ehrlich gesagt: Auf der anderen Seite läuft's auch weniger gut. Ich bin immer noch dabei, mich richtig einzuarbeiten und alles zu verstehen, weißt Du? Ich meine: Ich habe am ersten Tag mein E-Mail-Postfach aufgemacht und an die 50 Mails mit Anhängen gefunden: So funktioniert dies, so geht das, hier ein PDF-Dokument, hier eine Word-Datei. Alles in Einzelhäppchen. Und manche Infos fehlen mir trotzdem. Zum Beispiel habe ich nach wie vor Angst vor den Software-Systemen, mit denen ich arbeiten muss: Dokumentationen für jedes einzelne System muss ich bei der IT erfragen. Wenn ich etwas wissen will, muss ich jedes Mal Kollegen nerven. Ich finde nichts allein und ohne andere Leute anzusprechen."

Norman brummt ein „Hmmm" und schiebt seinen fast leeren Teller weg. Der neue Mann ist ein netter Typ und hat erstklassige Referenzen. Aber wie lange dauert es bei uns eigentlich, bis ein neuer Mitarbeiter vollständig eingegliedert ist und produktiv eingesetzt werden kann, fragt Norman sich. Vier Wochen? Ein Vierteljahr? Hängt das vom Fachwissen oder der Persönlichkeit ab?

Er ahnt jedenfalls, dass es bei der Capitol AG nicht optimal läuft: Zu viele wichtige Informationen stehen nicht im Intranet, zig E-Mails erschlagen den Neuling – und zu jeder E-Mail, die ein neuer Kollege bekommt, gehört immer auch jemand, der sie heraussucht und verschickt oder gar neu erstellt.

Aber welche Alternativen gibt es? Ein Mitarbeiterportal im Firmenwiki: Neue Mitarbeiter brauchen sich am ersten Arbeitstag nicht durch zahlreiche E-Mails mit angehängten Dokumenten zu arbeiten, die zudem vorher von anderen Kollegen vorbereitet werden müssen, sondern erhalten einen Hinweis auf die entsprechenden Wiki-Inhalte. Es wird eine einzige Willkommens-E-Mail mit Links zu allen Wiki-Seiten vorbereitet, die für den neuen Mitarbeiter relevant sind (und für die spätere Wiederverwendung im Wiki hinterlegt): Wie verbucht man Arbeitszeiten korrekt? Wie wird eine Spesenabrechnung erstellt? Wie kommt man von außerhalb ins Firmennetz? Wie gelangt man an Visitenkarten? Wie wird ein Meeting-Raum reserviert?

In einem Wiki können diese komplexen Informationen ohne großen Aufwand für den Einzelnen zusammengetragen und vor allem ständig erweitert und aktualisiert werden, sie stehen dauerhaft und jederzeit abrufbar zur Verfügung. Das ist viel effizienter als der Versand von vor Monaten oder Jahren erstellten Word-Dokumenten, die in Details womöglich gar nicht mehr aktuell sind und die den Kollegen nur dazu bringen, Nachfragen zu stellen, die wiederum von Mitarbeitern bearbeitet werden müssen. Ein entsprechender Bereich im

Firmenwiki unterstützt das sogenannte Onboarding signifikant und hilft, dass neue Mitarbeiter schneller auf Touren kommen und produktiv arbeiten können.

 Video: http://seibert.biz/einarbeitung

4.3   Ineffiziente Meetings

Wie die meisten Kollegen hasst Norman Netzaffin Meetings, und mit denen, die Meetings lieben, stimmt seiner Ansicht nach etwas nicht so richtig. Am Nachmittag dieses Tages kommt er aus einem besonders langen Meeting, wirft den Stapel Papier, den er von dem Termin mitgebracht hat, auf den Schreibtisch und setzt sich ziemlich frustriert wieder an seinen Arbeitsplatz. Er mag gar nicht daran denken, wie viel Zeit für dieses Meeting inklusive Vorbereitung draufgegangen ist und was es letztlich gebracht hat: die Fortführung von E-Mail-Diskussionen und die Besprechung aktualisierter Projektpläne, dazu eine zermürbende Themendiskussion, weil Uneinigkeit über die Agenda bestanden hat. Norman fragt sich, ob es überhaupt nötig ist, seine Mitschriften zu digitalisieren. Dann macht er sich aber verdrießlich doch an die Arbeit.

Ohne Meetings geht es nicht. Doch in vielen Unternehmen werden sie etwa nach folgendem Muster organisiert: Ein Mitarbeiter beraumt einen Termin an und schickt eine Agenda per E-Mail in die Runde der Teilnehmer. Wer etwas ändern oder ergänzen möchte, aktualisiert das angehängte Word-Dokument und versendet es per „Allen antworten". Bei sechs Teilnehmern kursieren dann schnell auch sechs verschiedene Versionen der Tagesordnung, und jeder Eingeladene hat sechs Dokumente zum gleichen Thema in unterschiedlichen Iterationsstufen im Posteingang, die alle gelesen und gegebenenfalls nochmals bearbeitet werden wollen. Und dennoch ist zu Beginn vieler Meetings nach wie vor nicht ganz klar, welche Themen nun tatsächlich auf der Agenda stehen. Für ein effizientes, produktives Meeting ist das ein denkbar schlechter Einstieg.

Effiziente, produktive Meetings sollten vielmehr in einem Wiki-Dokument vorbereitet werden: Der Organisator erstellt per Klick eine Seite für den Termin, befüllt sie mit Notizen zur Agenda und schickt den Link an die eingeladenen Kollegen. Diese Teilnehmer ergänzen und bearbeiten die Agenda nun ihrerseits ganz einfach zentral im Wiki. Unklarheiten werden per Kommentarfunktion zentral diskutiert und zugleich digital dokumentiert. So wird schnell deutlich, zu welchen Fragen Diskussionsbedarf besteht. Es bleibt bei einer einzigen E-Mail, und dennoch sind alle Teilnehmer gut informiert, vorbereitet und auf einem einheitlichen Stand der Dinge – eine wichtige Voraussetzung für ein kurzes, sachliches Meeting. Auch für die Nachbereitung ist die Meeting-Seite im Wiki der geeignete Ort: Hier werden das Protokoll und besprochene To-dos sowie nächste Schritte abgebildet, hier können Diskussionen per Kommentar-Thread für alle Beteiligten zugänglich fortgeführt werden.

Im Meeting haben Norman und seine Kollegen, nachdem die Unstimmigkeiten hinsichtlich der Agenda geklärt waren, zunächst ausführlich an eine per E-Mail begonnene Debatte angeknüpft. Was, wenn es in der Capitol AG schon jetzt ein Firmenwiki gegeben hätte? Dann hätte Norman spätestens nach dem zweiten Diskussionsbeitrag per E-Mail wahrscheinlich eine Antwort wie diese geschrieben:

> Hallo zusammen,
>
> ich bitte Euch, diese Diskussion im Wiki fortzusetzen und in ein entsprechendes Dokument zu verlagern. Erstens nehmen dort nur die Mitarbeiter an der Abstimmung teil, die auch tatsächlich involviert sind, andere Kollegen werden nicht mit Allen-antworten-Mails belästigt, deren Inhalte sie gar nicht oder nur am Rande interessieren. Zweitens werden alle Ergebnisse zentral abgebildet und bleiben dauerhaft und schnell verfügbar.
>
> Vielen Dank und viele Grüße
>
> Norman Netzaffin

Das Resultat? Ein obsoleter Agendapunkt.

Darüber hinaus haben die Teilnehmer einen aktualisierten Projektplan besprochen. Auch hierfür wäre das Wiki wohl ein besser geeigneter Ort gewesen: Gäbe es ein Wiki-Dokument zum Projektverlauf, das vom Projektteam regelmäßig aktualisiert würde, müssten die Beteiligten nicht in einem Meeting sitzen, um sich abzustimmen, sondern könnten die aktuellen Statusinformationen viel effizienter via Wiki zur Kenntnis nehmen und sie in dem entsprechenden Dokument zeitsparend diskutieren. Zugleich würden sowohl Projektinformationen als auch Diskussionsbeiträge zentral vorliegen.

Ergebnis? Ein weiterer Punkt hätte von der Tagesordnung gestrichen werden können. Kurzum wäre mit einem Wiki das heutige Meeting wohl gar nicht nötig gewesen, in dem sechs Personen ca. zwei Stunden lang zusammengesessen haben. Das sind zwölf Personenstunden wichtiger Mitarbeiter, ohne Vor- und Nachbereitung. Als Norman sein Protokoll fertiggestellt und den anderen Teilnehmern per E-Mail-Anhang geschickt hat, überschlägt er, dass er in diesem Monat, der sich dem Ende zuneigt, bereits an ungefähr 15 Meetings zur rein internen Organisation teilgenommen hat. Und er fragt sich, ob er eventuell einmal hochrechnen sollte, wie viele Personentage nur in diesen zurückliegenden vier Wochen internen Meetings zum Opfer gefallen sind. Er lässt es dann doch bleiben, steht auf und holt sich lieber erst mal einen Kaffee.

 Video: http://seibert.biz/meetings

Nein, auch mit einem Wiki können Sie Meetings nicht komplett vermeiden, sie werden immer erforderlich und wichtig sein. Aber ein Wiki hilft, *unnütze* Meetings zu vermeiden und wirklich notwendige persönliche Abstimmungen effizient, produktiv, konzentriert und kurz zu halten.

Ja, die Disziplin für die Einhaltung der Grundregeln wirksamer Besprechungen braucht es weiterhin. Aber gerade bei der Vor- und Nachbereitung sowie bei der Vermeidung von Meetings sind Wikis Gold wert.

4.4   Träge Intranets

Am Abend hat Norman einige Projektpläne erweitert und aktualisiert, die nun ins Intranet hochgeladen werden sollen. Leider besitzt Norman selbst keine Schreibrechte. Zwar hat er die IT schon einige Male angesprochen, aber irgendwie drucksen die Kollegen und allen voran IT-Chef Marc Microsoft nach wie vor herum: „Jaaa, das würde schon gehen, aber wir haben ja eigentlich Teamassistentin Nina Nochniegemacht, die Dateien hochlädt und weiß, wie das System bedient wird. Wir werden irgendwann mal eine Schulung dazu organisieren, anschließend können Sie sicherlich auch erweiterte Rechte bekommen."

So ähnlich ist die Kommunikation bislang stets abgelaufen. Nun ist besagte Intranet-Schulung leider nicht in Sicht und Norman gezwungen, eine E-Mail zu schreiben:

Hallo Nina,

kannst Du bitte die angehängten Dokumente ins Intranet möglichst rasch hochladen und einordnen?

Danke und viele Grüße

Norman Netzaffin

Er klickt auf „Senden" und hat augenblicklich eine Antwort im Postfach:

Sehr geehrte Damen und Herren,

ich bin im Urlaub und erst ab 15.08. wieder im Büro. Bis dahin kann ich E-Mails leider nicht bearbeiten.

Viele Grüße

Nina Nochniegemacht

„Das gibt's doch nicht", flüstert Norman kopfschüttelnd. Er trommelt einige Sekunden lang mit den Fingern auf dem Tisch, dann schließt er den Browser kurzerhand und fährt den Rechner herunter. Für heute reicht's.

Die Rollenstruktur beim Dokumentenmanagement im klassischen Intranet ist häufig alles andere als flexibel. Wie bei der Capitol AG verfügt oft ein Administrator über sämtliche Rechte und wird höchstens von wenigen Editoren unterstützt. Der Großteil der Mitarbeiter darf ausschließlich lesen.

Deshalb leiden viele Intranets unter dem sogenannten *One Administrator's Syndrome:* Änderungen sind so kompliziert und umständlich vorzunehmen, dass man im Endeffekt auf sie verzichtet.

Im Ergebnis siechen viele Intranets vor sich hin, von einer Wissensbasis und von einem systematischen Dokumenten- oder gar Wissensmanagement kann keine Rede sein.

Daran ändern auch die Budgeterhöhungen für das Intranet nichts, die Ernst Entscheider zuletzt freigegeben hat.

Im Gegensatz zu einem klassischen Intranet lebt ein Wiki davon, dass Dokumente schnell und einfach geändert werden können, und zwar durch alle Mitarbeiter in effizienter Zusammenarbeit. Die Wissenserstellung und -verwaltung liegen nicht in den Händen weniger Einzelner, denn aus jedem Unternehmensbereich können Inhalte und Ideen kommen. Das vermag ein klassisches Intranet so kaum abzubilden.

Abbildung 6   Intranets, die unter dem *One Administrator's Syndrome* leiden, versus Wikis, an denen sich viele Mitarbeiter beteiligen

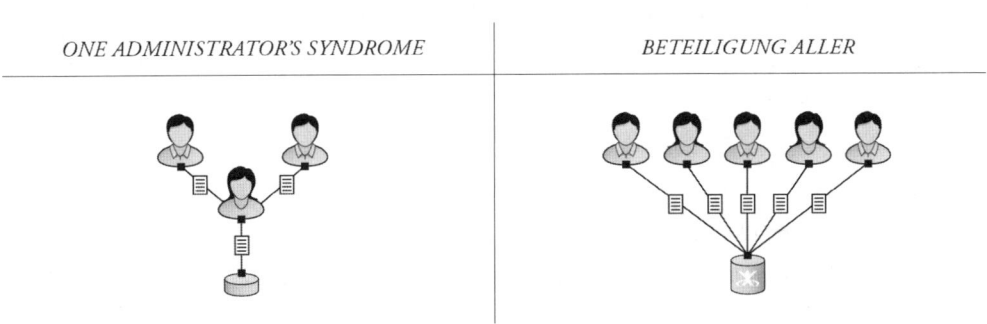

ONE ADMINISTRATOR'S SYNDROME   BETEILIGUNG ALLER

   Video: http://seibert.biz/1admin

4.5   Ineffiziente Kundenkommunikation

Spät am Abend checkt Norman im Home Office noch einmal sein E-Mail-Postfach. Als Bereichsleiter will er die E-Mail-Kommunikation in Projekten für wichtige Kunden mitverfolgen und hat vorgegeben, immer in Kopie gesetzt zu werden. Und wie in vielen Unternehmen gehört es auch in der Capitol AG zum Alltag, intern und mit Kunden PowerPoint-Dateien, Word-Dokumente, Excel-Tabellen usw. „gemeinsam" dezentral zu bearbeiten, weiterzuentwickeln und per E-Mail hin- und herzuschicken. Nun sitzt Norman am Rechner und überfliegt den folgenden langen E-Mail-Thread.

> **Von: Texter**
> An: **Ansprechpartner 1 beim Kunden, Ansprechpartner 2 beim Kunden**
> CC: **Projektmanager**
>
> Hallo, hiermit sende ich Ihnen die Texte für die Website, die wir erstellt haben, zur fachlichen Freigabe. Es handelt sich um die restlichen Inhalte für den Menüpunkt 2 und die Unterseiten. Ich freue mich auf Ihr Feedback!

> **Von: Ansprechpartner 1 beim Kunden**
> An: **Texter, Ansprechpartner 2 beim Kunden**
>
> Hallo, ich habe alle Texte für die Menüpunkte 2.x.x fachlich geprüft, ergänzt und gebe sie hiermit frei zum Einpflegen.

> **Von: Texter**
> An: **Projektmanager**
>
> Hi, prima: Der Kunde hat die Texte inhaltlich so freigegeben (siehe Anhänge).

> **Von: Projektmanager**
> An: **Texter, Programmierer**
>
> Hi, super, dann sind wir ja soweit durch. @Programmierer: Die gesammelten Werke sind im Anhang, Du kannst sie jetzt einpflegen. PS: Warum werde ich nie in CC gesetzt? ^^

> **Von: Ansprechpartner 2 beim Kunden**
> An: **Texter, Ansprechpartner 1 beim Kunden**
>
> Hallo, leider bin ich erst jetzt dazu gekommen, noch kleine Ergänzungen in die Dokumente einzuarbeiten (Texte für die Seiten 2.1.2 und 2.3.1, siehe Anhang). So können wir die Texte nun veröffentlichen. Es fehlt aber der Text für den Punkt 2.3.3. Was ist damit?

Von: **Texter**
An: **Ansprechpartner 2 beim Kunden, Ansprechpartner 1 beim Kunden**
CC: **Projektmanager**

Hallo, der angesprochene Text für 2.3.3 wurde von uns schon ganz am Anfang als Probe-Artikel erstellt und mit Ihrer Kollegin abgestimmt. Er war eigentlich auch von Ihrer Kollegin freigegeben. Ich leite Ihnen diese E-Mail hier noch einmal weiter.

Von: **Ansprechpartner 2 beim Kunden**
An: **Texter, Ansprechpartner 1 beim Kunden**

Hallo, vielen Dank für die Info und die Weiterleitung. Ich habe auch hier in den Text für 2.3.3 noch zwei Details direkt eingearbeitet. Nun ist alles okay.

Von: **Texter**
An: **Projektmanager**

Hi, Du bist mal wieder nicht in CC gesetzt worden. In den Texten 2.x.x. und auch in dem Probetext 2.3.3 hat es noch Änderungen vom Kunden gegeben (siehe weitergeleitete E-Mail). Welchen Stand hast Du jetzt? Ich leite am besten den ganzen Schwung weiter ...

Von: **Projektmanager**
An: **Texter, Programmierer**

Hi, okay, danke. Nur haben wir jetzt hier eine freigegebene Überarbeitung von Herrn X und eine von Frau Y ... Ich rufe am besten noch mal eben dort an.

Von: **Programmierer**
An: **Projektmanager**
CC: **Texter**

Hi, ich pflege gerade die Website-Inhalte für den Menüpunkt 2.x.x in Typo3 ein. Mir fehlt aber hier noch der Text für den Punkt 2.3.3.

Von: **Projektmanager**
An: **Programmierer**
CC: **Texter**

Hi, oh, den hast Du nicht? Der neu überarbeitete Text 2.3.3 war in einer separaten E-Mail. Ich leite sie Dir hier noch mal weiter.

Von: **Texter**
An: **Programmierer**
CC: **Projektmanager**

Hallo, ich hatte das ganze aktualisierte und freigegebene Paket eigentlich dem PM geschickt. Ich leite Dir die E-Mail mit dem Text 2.3.3 noch mal weiter.

Von: **Programmierer**
An: **Projektmanager, Texter**

Hi, danke. Aber ich habe jetzt zwei 2.3.3-Dokumente, die inhaltlich nicht ganz übereinstimmen.

Von: **Texter**
An: **Programmierer, Projektmanager**

Ah, sorry, ich habe die falsche Version weitergeleitet. Im Anhang ist das richtige Dokument. Die müssten übereinstimmen ...

Norman reibt sich die Augen. Eigentlich kann er zufrieden sein, es hat ja alles geklappt – irgendwie. Doch er kann sich des Eindrucks nicht erwehren, gerade eine Szene im Drehbuch einer Screwball-Komödie gelesen zu haben. Allerdings sind solche Szenen häufig Projektalltag und mitnichten witzig – es sei denn, man findet Ineffizienz und die damit einhergehende mäßige Produktivität in Projekten erheiternd: Es werden Zeit und Ressourcen vergeudet (und damit Kosten verursacht), weil Kommunikation und Zusammenarbeit dezentral stattfinden.

Stellen wir uns nun vor, für diese Koordinations- und Abstimmungsprozesse wäre ein Extranet auf Wiki-Basis verwendet worden.

Von: **Texter**
An: **Ansprechpartner 1 beim Kunden, Ansprechpartner 2 beim Kunden**
CC: **Projektmanager**

Hallo, alle nun erstellen Textvorschläge für die Seiten 2.x.x habe ich im Extranet-Bereich auf Wiki-Basis hinterlegt: <Wiki-Link>. Ich bitte Sie und Ihre Kollegen, Ergänzungen direkt dort vorzunehmen: Klicken Sie einfach auf „Bearbeiten" und nach Ihren Eingaben auf „Speichern". Ihre Extranet-Zugangsdaten haben Sie ja separat erhalten. Wir freuen uns sehr auf Ihre Mitwirkung!

Von: **Ansprechpartner 1 beim Kunden**
An: **Texter, Ansprechpartner 2 beim Kunden**

Hallo, ich habe alle Texte für die Menüpunkte 2.x.x fachlich geprüft, im Extranet-Wiki ergänzt und gebe sie hiermit frei zum Einpflegen.

Von: **Texter**
An: **Projektmanager**

Hi, prima: Der Kunde hat die Texte inhaltlich so freigegeben: <Wiki-Link>.

Von: **Projektmanager**
An: **Texter, Programmierer**

Hi, ich habe auch schon per RSS-Benachrichtigung mitbekommen, dass der Kunde im Extranet aktiv war. Super, dann sind wir ja so weit durch. @Programmierer: Die gesammelten Werke sind hier: <Wiki-Link>. Du kannst sie jetzt einpflegen.

Von: **Ansprechpartner 2 beim Kunden**
An: **Texter, Ansprechpartner 1 beim Kunden**

Hallo, leider bin ich erst jetzt dazu gekommen, noch kleine Ergänzungen in die Dokumente einzuarbeiten (Texte für die Seiten 2.1.2, 2.3.1 und 2.3.3, siehe <Wiki-Link>). So können wir die Texte nun veröffentlichen.

Von: **Texter**
An: **Projektmanager**

Hi, Du bist mal wieder nicht in CC gesetzt worden. Es hat noch Änderungen bei den Texten gegeben: <Wiki-Link>. Damit dürfte nun alles amtlich sein.

Von: **Projektmanager**
An: **Programmierer**
CC: **Texter**

Hi, es hat im Extranet-Wiki noch Aktualisierungen seitens des Kunden gegeben (2.1.2, 2.3.1 und 2.3.3). Kannst Du die bitte noch berücksichtigen?

Von: **Programmierer**
An: **Projektmanager**
CC: **Texter**

Hi, klar, kein Problem.

Wir sehen: Durch die Kollaboration im Wiki nimmt das E-Mail-Aufkommen rapide ab, Abstimmungsschwierigkeiten werden minimiert, Dokumente im Wiki sind auf dem aktuellen Stand und einfach zentral abrufbar. Jede auch noch so kleine Änderung wird über die Versionierung sichtbar. Deshalb empfehlen wir Unternehmen, Kunden über ein Extranet auf Wiki-Basis zu integrieren. Ein ausgereiftes Firmenwiki hat eine sehr fein justierbare Rechtevergabe: Für jeden Kunden kann ein eigener Wiki-Bereich angelegt werden, den auch nur dieser Kunde sieht und auf den nur der Kunde und die projektbeteiligten Mitarbeiter zugreifen können.

Abbildung 7   Klassische Zusammenarbeit mit Kunden versus Kundenintegration mithilfe eines Wikis

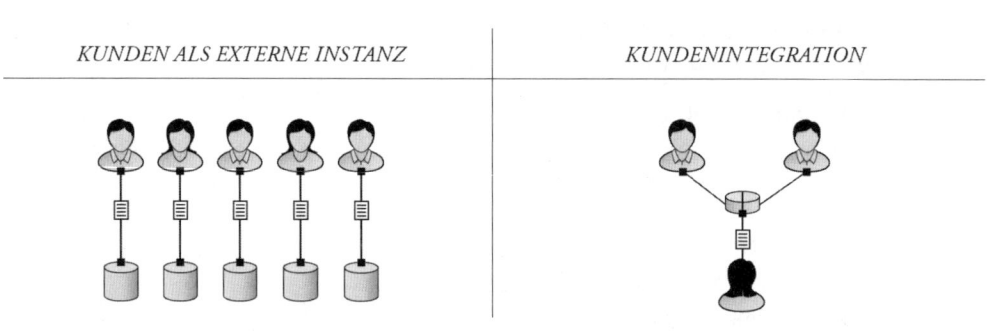

KUNDEN ALS EXTERNE INSTANZ   *KUNDENINTEGRATION*

Der grundsätzliche Vorteil eines Wikis besteht darin, dass mehrere Personen unabhängig voneinander, aber gemeinsam an Dokumenten arbeiten können: Inhalte werden direkt im Wiki kommentiert und weiter ausgearbeitet, sie stehen zentral und in der aktuellen Fassung zur Verfügung. Das geschieht, ohne in vielen Schritten ineffizient per E-Mail Dateien hin- und herschicken zu müssen und ohne dass Dokumente in verschiedenen Iterationsstufen verstreut in Postfächern auflaufen.

Und die gemeinsame Ausarbeitung und Qualitätssicherung von Inhalten bilden nur einen Anwendungsfall von vielen. In einem Extranet auf Wiki-Basis kann unkompliziert eine Vielzahl von Informationen bereitgestellt werden: aktuelle Berichte über den Projektstatus, Rechnungen und Leistungsnachweise, Übersichten zum Budget-Status, Verlaufsgrafiken für den Budget-Verbrauch und Rechnungshöhen usw.

So sind Kunden nicht nur über den Projektstand jederzeit im Bilde, sondern haben auch Budgets und Zeitpläne stets im Blick.

   Video: http://seibert.biz/externe

Norman Netzaffin schaltet den Rechner aus. Bevor er ins Bett geht, nimmt er sich fest vor, morgen im Web gründlich zum Thema Unternehmenskommunikation zu recherchieren, mit anderen Entscheidern über die Situation in der Capitol AG zu sprechen und gegebenenfalls externe Berater ins Boot zu holen. Es muss doch Lösungen geben ...

5   Ein Meeting zur Wiki-Philosophie

Einige Wochen später sitzen wir in einem Meeting-Raum bei der Capitol AG. Unsere Einführungspräsentation zum Thema Firmenwikis ist gerade vorbei, auf der Agenda steht nun die offene Diskussion.

„Wissen Sie", hebt Ernst Entscheider an, den Norman Netzaffin nur mit viel Überzeugungsarbeit an den Tisch geholt hat, „mir ist es eigentlich egal, womit unsere Mitarbeiter arbeiten. Wenn es etwas bringt und die Kommunikation verbessert, unterstütze ich das. Kommunikation ist das A und O. In Ihrer Präsentation war nun aber viel die Rede von abstrakten Begrifflichkeiten wie Kultur und Philosophie. Das müssen Sie uns näher erklären. Ja, ich unterstütze Maßnahmen zur Verbesserung der Effizienz und Produktivität. Nein, ich unterstütze keine Luftschlösser, Spielzeuge und Seifenblasen. Also, was hat es mit dieser Philosophie auf sich?"

Wiki-Philosophie bedeutet Kollaboration und Transparenz. Hinter einem Wiki steht damit tatsächlich ein Konzept, das für die meisten Unternehmen neu und ungewohnt ist – und deshalb müssen eben auch die angesprochenen Begriffe fallen. Ein Wiki ist nicht einfach ein weiteres Intranet-Tool unter vielen, sondern mit der Etablierung eines Wikis wandelt sich der Kommunikationsansatz. Grundsätzlich stößt man in Unternehmen auf einen sogenannten Top-down-Ansatz: Das Management definiert Themen und kommuniziert diese ganz bewusst an die Mitarbeiter. Mit einem Wiki ändert sich das: Mitarbeiter können selbst Themen produzieren, indem sie neue Dokumente im Wiki anlegen und dadurch Aufmerksamkeit schaffen sowie bestimmte Themen auch eigenständig vorantreiben. Das ist in groben Zügen die Wiki-Philosophie: den Mitarbeitern mehr Vertrauen entgegenbringen.

Video: http://seibert.biz/kultur

Günter Gewerkschaft ist ebenfalls anwesend. Er fragt: „Was kommt überhaupt in dieses Wiki hinein? Wie soll ich mir das vorstellen?"

Das hängt davon ab, welche Funktionen das System erfüllen soll. Als organisches Wissensmanagementsystem ist ein Wiki vor allem ein Organisationssystem und ein Pool für Informationen, die von relativ dauerhafter Relevanz sind. Dabei kann es sich um Vorlagen, wiederkehrende Abläufe, interne Hinweise usw. handeln, natürlich auch um Betriebsratsinformationen. Generell gehört alles, was für ein Team interessant und für ein Projekt oder einen Ablauf wichtig ist, auch ins Wiki (vgl. S. 235 ff.).

Bereichsleiter Gerd Gebichnichther meldet sich zu Wort: „Sehe ich das etwa richtig, dass andere Mitarbeiter ändern können, was ich geschrieben habe?"

Ja. Die wesentliche Funktion eines Wikis besteht darin, dass alle Beteiligten ihr Wissen beitragen. Wer Zugang und Nutzungsrechte zu den gleichen Wiki-Bereichen hat, kann auch Änderungen vornehmen, Inhalte ergänzen und Know-how beitragen. Gerade deshalb sind Wikis so mächtig.

„Und jeder Mitarbeiter kann Inhalte einfach löschen, wenn ihm nicht gefällt, was ein Kollege geschrieben hat?", hakt Gerd Gebichnichther nach.

Im Grunde ja. Aber das ist nicht der Sinn eines Wikis, sondern widerspricht dem Wiki-Konzept der Transparenz und der Kollaboration. Besser ist es, Inhalte nicht zu löschen, sondern zu ändern oder zu diskutieren. Dafür gibt es in jedem Dokument eine Kommentarfunktion.

Gerd Gebichnichther schüttelt ungläubig den Kopf und macht sich eine Notiz, während Norman Netzaffin fragt: „Wie sehe ich, was in einem Dokument geändert wurde?"

Jede Änderung wird in der Seitenhistorie gespeichert. Über die Revisions-Funktion sind alle Modifikationen jederzeit nachvollziehbar.

„Und teilt das Wiki mir Modifikationen mit?"

Ja. Über Änderungen in einzelnen, mehreren oder allen Dokumenten eines Wiki-Bereichs kann man sich per RSS-Feed oder via E-Mail-Benachrichtigung automatisch informieren lassen.

"Gut", murmelt Norman, nickt und schreibt etwas in seinen Notizblock. IT-Leiter Marc Microsoft hat sich bislang nicht an der Diskussion beteiligt. Nun ergreift er das Wort: „Unabhängig davon, ob ich so ein Wiki unterstütze, denn ich habe starke Bedenken, einen solchen Fremdkörper in unser Intranet zu holen: Können bestimmte sensible Inhalte, die nicht jeder Mitarbeiter sehen soll, besonders geschützt werden?"

Ein professionelles Enterprise-Wiki-System verfügt über eine leistungsfähige Funktion zur Vergabe von Rechten. Es ist problemlos möglich, spezielle Bereiche zu schützen und diese beispielsweise ausschließlich besonderen Teammitgliedern zugänglich zu machen. Allerdings sollten *Restricted Areas* mit Bedacht und nur nach gründlicher Überlegung eingerichtet werden, denn Mitarbeiter könnten sich fragen, warum das Unternehmen von ihnen die Weitergabe des eigenen Wissens erwartet und ihnen gleichzeitig Informationen vorenthält.

„Aber so ein Wiki müsste doch kontrolliert werden, es müsste Freigabeprozesse für Änderungen geben", erwidert Marc Microsoft.

Es besteht ein feiner Unterschied zwischen Zugangs- und Inhaltskontrolle. Ein Wiki lebt von seinem organischen Wachstum und ist eine sich ständig erweiternde Wissensbasis, der zu viel Kontrolle eher schadet, denn Überwachung schreckt ab. Die Ausarbeitung und Etablierung von Richtlinien, die für alle User verbindlich sind, ist wohl der wirksamste Kontrollmechanismus.

Grundsätzlich bieten viele Wiki-Systeme zusätzlich ganz klassische Freigabeprozesse an, wenn sie gebraucht werden. Das notiert sich Marc Microsoft.

„Aber ein Wiki braucht doch einen Moderator!"

Wer diese Frage stellt, denkt an Vandalismus, Editier-Kriege und Wikipedia. Ein Enterprise Wiki ist aber nicht Wikipedia. Solche Phänomene treten in einem Firmenwiki nicht auf, da jede Änderung sich problemlos auf den Urheber zurückführen lässt. Ein Wiki braucht einen Ansprechpartner bzw. Experten für technische und organisatorische Belange und keinen Überwacher.

Norman Netzaffin ergreift wieder das Wort: „Ich bin davon überzeugt, dass wir mit einer Pro-Wiki-Entscheidung eine gute und richtige Wahl treffen würden, die die Capitol AG signifikant voranbringen könnte. Ich weiß aber, dass einige Kollegen im Unternehmen es gerne etwas griffiger haben. Können Sie uns etwas an die Hand geben – konkrete Zahlen also, die belegen, dass wir hier nicht von Luftschlössern reden, sondern von Lösungen, die sich bewährt haben?"

Ja, das können wir.

6 Unternehmen und die Akzeptanz neuer Technologien: Eine Kategorisierung

Eine neuere Studie von Martina Göhring, Joachim Niemeier und Milos Vujnovic mit dem Titel *Enterprise 2.0 – Zehn Einblicke in den Stand der Einführung. Deutschland, Österreich, Schweiz* (Esslingen 2010) stellt einen Zusammenhang zwischen dem internen Einsatz von Social Media (und also natürlich auch Wikis) und der Innovationsfreundlichkeit von Unternehmen her. Daraus leitet sie ab, dass das Konzept Enterprise 2.0 (und damit das Konzept Firmenwikis) längst kein Nischendasein mehr führt, sondern inzwischen im Breitenmarkt angekommen ist.

6.1 Innovationsfreundlichkeit nach dem Crossing-the-Chasm-Modell

Ziehen wir zunächst das Modell heran, das Geoffrey Moore in seinem 1991 veröffentlichten Buch *Crossing the Chasm* entwickelt hat: eine Kategorisierung dahingehend, wann und unter welcher Prämisse Unternehmen innovative Technologien und Konzepte adaptieren. Demnach sind grundsätzlich fünf Unternehmenstypen zu unterscheiden.

Innovators – Vorreiter bei der Einführung neuer Technologien: Hierbei handelt es sich um Unternehmen, die frühzeitig innovative Technologien einsetzen, ohne dass diese durch relevante Referenzierungen anderer Unternehmen als praxistauglich bekannt wären, und damit relativ hohe Risiken eingehen. Die Technologie-Affinität im Unternehmen und in der Unternehmensführung ist so groß wie die Offenheit gegenüber neuen Arbeitstechniken.

Early Adopters – Frühzeitig Wettbewerbsvorteile verschaffen: Darunter sind Unternehmen zu verstehen, die intensiv Werkzeuge evaluieren, durch die ihnen Wettbewerbsvorteile entstehen. Ziel ist es, aussichtsreiche Technologien zu erkennen und anzuwenden, bevor sie zum Massenphänomen werden und sich auf einem breiten Markt durchsetzen, um so Alleinstellungsmerkmale zu erlangen.

Early Majority – Zeitige Investition in Problemlösungen: Diese „frühe Mehrheit" denkt und handelt pragmatisch. Unternehmen dieser Kategorie gehören nicht zu denjenigen, die ein neues Tool sofort einführen, allerdings sondieren sie mit offenen Augen technologische Entwicklungen und den Markt und nehmen Erfolgsgeschichten zur Kenntnis. Sofern sich durch die Etablierung einer Technologie im Unternehmen ein Nutzen, eine Prozessoptimierung oder eine Problemlösung abzeichnet, investieren diese Unternehmen vergleichsweise früh in die Technologie.

Late Majority – Investition weitgehend ohne Risiko: Zur Late Majority gehören kulturell konservativ geprägte Unternehmen: Bevor ein Tool eingeführt wird, muss es sich nachweislich als nützlich erwiesen haben, in Sachen Return on Investment sollen die Risiken minimal sein. Diese Unternehmen setzen charakteristischerweise nicht nur deshalb auf Social Media, weil das Management vollends von den Konzepten überzeugt ist, sondern weil es ausschließen will, den Anschluss an die Wettbewerber zu verschlafen.

Laggards – Technologieeinführung als Schadensbegrenzung: Diese Unternehmen sind die Nachzügler, die dann reagieren, wenn es zu spät ist, weil keine Wettbewerbsvorteile mehr zu erlangen sind, sondern höchstens der Abstand zur innovationsfreudigeren Konkurrenz in Grenzen gehalten werden kann. Typischerweise herrscht in solchen Unternehmen eine Kultur, die von massiver Skepsis gegenüber innovativen Technologien geprägt ist: In einer so konservativen Unternehmenskultur wird neuen Technologien – selbst wenn sie nachweislich zu Prozessoptimierungen führen – nicht selten Pauschalkritik entgegengebracht, mitunter selbst dann noch, wenn eine Einführung erwiesenermaßen keine oder nur sehr geringe Risiken hätte. Der Status quo wird so lange aufrechterhalten, bis der Kostendruck ein Einlenken unumgänglich macht.

Das Crossing-the-Chasm-Modell zieht eine Trennlinie zwischen Innovators und Early Adopters auf der einen sowie der Early Majority, der Late Majority und den Laggards auf der anderen Seite und unterscheidet zwischen frühem Markt und Breitenmarkt, wie Abbildung 8 zeigt.

6.2   Social Media ist in der Early Majority angekommen

So weit, so gut. Wirklich spannend ist nun allerdings, dass die Enterprise-2.0-Studie eine Beziehung zwischen dem Einsatz von Social Media in der internen Unternehmenskommunikation und Unternehmenskategorien nach dem Crossing-the-Chasm-Modell herstellt.

Im Rahmen der angesprochenen Studie sind Fallbeispiele von 72 Enterprise-2.0-Unternehmen aus Deutschland, Österreich und der Schweiz untersucht worden. All diese Unternehmen haben interne Social-Media-Projekte erfolgreich durchgeführt. Hochinteressant ist die Frage, wo diese Unternehmen einzuordnen sind.

Die Antwort:

- Innovators: 23 Prozent

- Early Adopters: 42 Prozent

- Early Majority: 31 Prozent

- Late Majority: 4 Prozent

- Laggards: 0 Prozent

Immerhin 35 Prozent und damit mehr als ein Drittel der Unternehmen im deutschsprachigen Raum, die innovative Kommunikations- und Kollaborations-Tools etabliert haben, gehören also nicht zu denjenigen, die sich als Innovationsvorreiter in Sachen Unternehmenskommunikation sehen bzw. so handeln. Vielmehr agieren sie in dieser Hinsicht mit Bedacht oder sind gar unternehmenskulturell sehr konservativ geprägt.

Abbildung 8   Innovationsfreundlichkeit von Unternehmen nach dem Crossing-the-Chasm-Modell von Geoffrey Moore

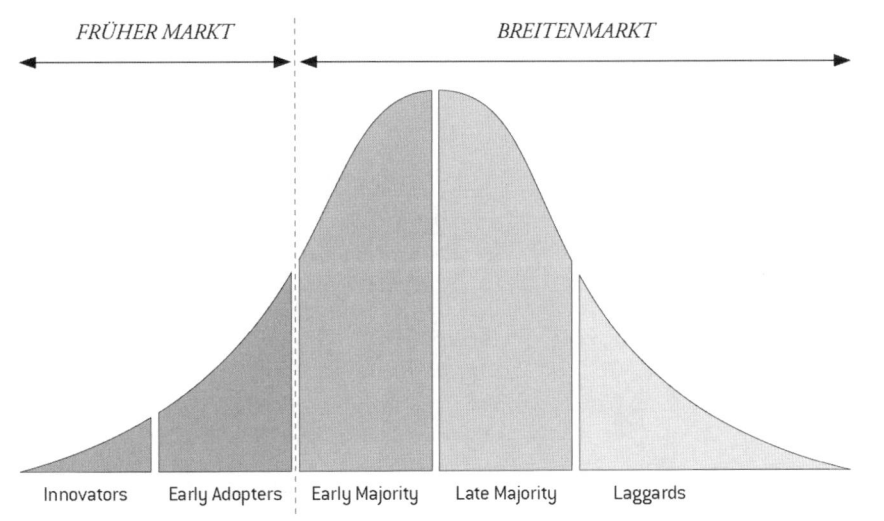

6.3   Es ist Zeit, auf Social Media zu setzen

Was bedeutet das? Der Einsatz von Social Media in Unternehmen hat sich bewährt. Unternehmen mit den unterschiedlichsten Philosophien befassen sich intensiv mit Enterprise 2.0 und haben die Potenziale des Konzepts erkannt, insbesondere den Return on Investment in Form von mehr Produktivität und Transparenz. Social Media in der internen Unternehmenskommunikation ist kein Phänomen mehr, das nur in visionären, sehr Technologie-affinen Unternehmen eine Rolle spielt. Vielmehr ist Enterprise 2.0 inzwischen ein Thema auf dem Breitenmarkt.

Für Unternehmen, die bislang nicht auf Social Media setzen, ist es an der Zeit, sich mit den Möglichkeiten des Enterprise-2.0-Konzepts zu beschäftigen.

Und das hat nichts damit zu tun, auf einen Zug aufzuspringen oder einem Trend hinter-herzuhecheln, sondern es geht schlicht darum, sich durch eine zukunftsfähige Unternehmenskommunikation Wettbewerbsvorteile zu verschaffen.

7   Wer nutzt Wikis und warum und was bringen Wikis konkret?

Nach einer Mittagspause kommen wir wieder im Meeting-Raum zusammen. Ernst Entscheider teilt uns mit, dass Gerd Gebichnichther nicht an dieser zweiten Runde zum Thema Firmenwikis teilnehmen könne, weil er durch einen kurzfristig angesetzten Termin verhindert sei. Wir sehen, wie Norman Netzaffin kaum merklich den Kopf schüttelt und die Augen verdreht. In Gerd Gebichnichthers Abwesenheit präsentieren wir unseren Gastgebern eine zweite Studie: Erfreulicherweise haben sich Mitarbeiter der Universität Tampere die Mühe gemacht, die 50 größten finnischen Unternehmen eingehend zu deren Wiki-Nutzung zu befragen. Die interessanten Ergebnisse liegen in Form der Studie *Experiences of Wiki Use in Finnish Companies* von Henriksson, Mikkonen und Vadén vor (Tampere 2008). Im Zentrum der Untersuchung standen insbesondere folgende Fragen: Nutzen die größten 50 finnischen Unternehmen überhaupt Wikis und wenn ja, warum? Und welche Anwendungsfälle gibt es in der Unternehmenspraxis?

7.1   Wie verbreitet sind Wikis in großen Unternehmen?

Zunächst zur Bestandsaufnahme. 80 Prozent der finnischen Top-50-Unternehmen haben sich an der Studie beteiligt:

- 26 Prozent nutzen Wikis.

- 15 Prozent haben Wikis im Testeinsatz.

- 18 Prozent denken derzeit über die Einführung eines Wikis nach.

- 38 Prozent haben sich noch nicht eingehender mit dem Thema Wikis beschäftigt.

- 3 Prozent haben sich bewusst gegen ein Wiki entschieden.

Insgesamt stehen also etwa 59 Prozent der befragten Unternehmen dem Einsatz von Wikis grundsätzlich positiv oder offen gegenüber. Und diese Zahlen belegen in der Tat, dass Enterprise Wikis auf dem Vormarsch sind, es bis zu einer vollständigen Marktdurchdringung wohl aber noch ein langer Weg ist. Indes hat kein Unternehmen, das ein Wiki eingeführt hat, dieses wieder abgeschaltet.

7.2   Gründe für die Wiki-Einführung und Motivation für die weitere Nutzung

Wir sehen unsere Argumente für eine Wiki-Einführung, die zum Großteil auf eigenen Erfahrungen beruhen, bestätigt: Die tatsächlichen Beweggründe der befragten Unternehmen decken sich vollkommen mit diesen Argumenten. Die wichtigsten Gründe für die Einführung und die weitere Nutzung eines Wikis sind laut der Studie die folgenden:

- Optimierung der Informationstransparenz

- Verbesserung der Effizienz im Unternehmen

- einfache Bedienung von Wikis (Usability)

- Verfügbarkeit von aktuellen Informationen

- Nutzung von neuen kollaborativen Arbeitsmodellen

- einfache Einführung von Wiki-Software

- Erweiterung und Verbesserung der Zusammenarbeit im Unternehmen

- motivierte Mitarbeiter, die das Wiki nutzen

- gute Verfügbarkeit der Wiki-Software-Lösung

- Korrektheit der Informationen im Unternehmen verbessern

- Glaubwürdigkeit der Informationen verbessern

- Verfügbarkeit von ausgereiften Open-Source-Wiki-Systemen

- Möglichkeit, auf andere proprietäre Dokumentenformate zu verzichten

Besonders hervorzuheben ist hier, dass der Stellenwert der Usability mit der Dauer der Wiki-Nutzung offenbar an Gewicht gewinnt. Die befragten Unternehmen schätzen anfangs insbesondere die Bedienung von Wikis als komplizierter ein, als sie tatsächlich ist, und rechnen mit einem entsprechend höheren Aufwand für Einarbeitung und Schulung. Die gute Usability ausgereifter Wiki-Systeme trägt also maßgeblich zu einer möglichst reibungslosen und unkomplizierten Etablierung als Wissensmanagementsystem bei.

Ein weiterer interessanter Aspekt: Die Gründe für den Einsatz eines Wikis verändern sich während und nach der Implementierung kaum, die Argumente für die Weiterführung und den Ausbau eines Systems unterscheiden sich so gut wie gar nicht von denen für eine Wiki-Einführung. Ein Wiki leistet also dauerhaft „Arbeit", der Nutzen eines Wikis ist nicht mit seiner Einführung erschöpft, sondern nimmt stetig zu. Die Gründe für die Einführung sind häufig auch nach dieser noch aktuell und valide und ein Wiki somit tatsächlich in der Lage, die ursprünglichen Ziele zu erreichen.

7.3   Konkreter Nutzen von Firmenwikis

Welche Herausforderungen werden nun mithilfe von Wikis gemeistert und welche Prozesse verbessert? Welchen konkreten Nutzen haben Wikis also in der Unternehmenspraxis? Die an der Studie teilnehmenden Unternehmen, die bereits mit Wikis arbeiten, sollten Aussagen über die Auswirkungen der Wiki-Nutzung durch die Vergabe von Noten zwischen 1 (trifft überhaupt nicht zu) bis 5 (trifft voll und ganz zu) jeweils konkretisieren. Die Ergebnisse sind eindrucksvoll:

- Wikis haben die Informationstransparenz gesteigert. (4,47 von 5)

- Wikis haben dafür gesorgt, dass wir immer aktuelle Informationen haben. (4,25 von 5)

- Wikis haben uns neue Methoden der Zusammenarbeit ermöglicht. (4,00 von 5)

- Wikis haben die Effizienz unserer Arbeit verbessert. (3,75 von 5)

- Wikis sorgen dafür, dass die Zusammenarbeit im Unternehmen besser wird. (3,73 von 5)

- Wikis helfen unseren Mitarbeitern, sich selbst besser zur artikulieren. (3,53 von 5)

- Wikis haben die Informationen in unserem Unternehmen glaubwürdiger gemacht. (3,47 von 5)

Durchschnittlich wurde für alle Fragen ein Wert von 3,89 von 5 vergeben, was deutlich für den hohen Nutzen von Wikis spricht.

Die Studie macht also anhand konkreter Zahlen deutlich, dass Unternehmen Wikis einen außerordentlich hohen Stellenwert beimessen und dass Wikis einen beachtlichen Return on Investment aufweisen, was sich mit unseren eigenen intensiven Erfahrungen deckt.

  Video: http://seibert.biz/roi

8   Was ein Wiki alles bewirken kann

Unser Meeting mit den Capitol-Mitarbeitern neigt sich dem Ende zu. Erfahrene Berater haben ein Gespür dafür, wann sie einen Interessenten überzeugt haben. Bei Ernst Entscheider haben wir inzwischen ein gutes Gefühl, bei Norman Netzaffin sowieso. Günter Gewerkschaft scheint uns unschlüssig zu sein. Marc Microsoft sitzt mit verschränkten Armen und versteinerter Miene an seinem Platz. Wir wollen uns nicht zu weit aus dem körpersprachlichen Fenster lehnen, aber der IT-Chef teilt den Anwesenden offenbar unmissverständlich mit: „Ich habe hier auch noch ein Wörtchen mitzureden!"

Wir wenden uns nochmals an die Runde. Unsere Erfahrung mit dem eigenen Wiki im Intranet und aus zahlreichen erfolgreichen Wiki-Projekten mit Kunden zeigt, dass ein professionell eingeführtes und organisiertes Wiki einen hohen Return on Investment hat. Vor allem von zentral verfügbaren, hochwertigen und glaubwürdigen Informationen, von der transparenten Kommunikation und von der effizienten Zusammenarbeit profitieren Unternehmen nachhaltig. Fassen wir zusammen, was ein Wiki zu leisten vermag.

8.1   Transparenz schaffen

Ein funktionierendes Firmenwiki ist ein Wissensmanagementsystem, das Transparenz für alle schafft. Henriksson, Mikkonen und Vadén belegen dies mit Zahlen: Die im Rahmen der eben zitierten Wiki-Studie (vgl. S. 61 ff.) befragten Unternehmen, die Wikis einsetzen, stimmen der Aussage „Wikis haben die Informationstransparenz gesteigert" ausdrücklich zu und vergeben auf einer Skala von 1 (stimme nicht zu) bis 5 (stimme voll und ganz zu) im Durchschnitt den Wert 4,47.

Dafür gibt es gute Gründe: Neue Mitarbeiter finden alle relevanten Informationen in einem System und können schneller produktiv arbeiten. Einerseits verbessert sich mit einem Wiki die Top-down-Kommunikation, andererseits folgt das Wiki-Konzept einem transparenten Bottom-up-Ansatz, der Mitarbeiter zur Beteiligung ermutigt und „Kommunikation auf Augenhöhe" produziert.

8.2   Aktuelle Informationen zentral verfügbar

Die Aktualität und die zentrale Verfügbarkeit von Informationen machen den Erfolg eines Wikis maßgeblich aus. In einem Wiki, das im Unternehmen angenommen wird, herrscht ein lebendiges internes Berichtswesen. Es bietet die Möglichkeit, Nachrichten, Blogs und News auszustrahlen, Protokolle und Zwischenergebnisse aus Projekten sind tagesaktuell verfügbar usw. Dabei sind sämtliche Inhalte durch die Revisionskontrolle geschützt.

8.3   Bessere Zusammenarbeit

Der Kern des Wiki-Konzepts ist die Kollaboration, hierin liegt einer der wesentlichen Vorteile, die Unternehmen durch die Wiki-Einführung entstehen: Entwürfe können gemeinsam bearbeitet, Ideen gemeinsam gesammelt und zusammen weiterentwickelt, Dokumente zentral ausgetauscht und verfügbar gemacht werden. Wie beschrieben, wird das Wiki-System beispielsweise zur Vor- und Nachbereitung schlanker und effizienter Meetings genutzt und gewährleistet eine schnellere und schlankere Projektsteuerung.

8.4   Mehr Effizienz

Ein Wiki steigert die Effizienz im Unternehmen: Dokumente sind zentral verfügbar, Inhalte lassen sich schnell auffinden, durch die Zentralisierung von Informationen treten zudem erheblich weniger Redundanzen auf. Insbesondere die Reduzierung des E-Mail-Aufkommens und die Förderung der informationellen Selbstbestimmung durch RSS- und E-Mail-Abonnements führen zu einer signifikanten Steigerung der Arbeitseffizienz und somit zur Erhöhung der Produktivität aller Mitarbeiter. Dies bildet die Studie von Henriksson, Mikkonen und Vadén ebenfalls ab: Die befragten Unternehmen stimmen der Aussage „Das Wiki hat die Effizienz im Unternehmen erhöht" zu und vergeben auf der Bewertungsskala 3,75 von maximal 5 Punkten.

8.5   Glaubwürdige Informationen

Dank der Beteiligung vieler Mitarbeiter durchlaufen Dokumente in einem Wiki viele Iterationen: Inhalte entwickeln sich schnell weiter, durch die Partizipation vieler Personen entsteht schneller hochwertiger Inhalt, der nicht durch Flaschenhälse gepresst werden muss und erfahrungsgemäß als besonders glaubwürdig wahrgenommen wird. Auch das bestätigen die Ergebnisse der finnischen Wiki-Studie: Die Unternehmen, die Wikis verwenden, bewerten die Aussage „Unsere Daten sind glaubwürdiger geworden" durchschnittlich mit 3,47.

8.6   Mehrwert durch Nutzungsfreude

In einem professionell eingeführten Wiki arbeiten Mitarbeiter gerne, treiben es aktiv voran und steigern dadurch den Wert des Werkzeugs für das Unternehmen kontinuierlich. Insbesondere die Partizipation wirkt sich auf mehreren Ebenen positiv aus: Zum einen profitiert das Unternehmen vom zentral abgebildeten Wissen, zum anderen nutzt der Mitarbeiter als Individuum das Wiki aus Freude am Teilen von Wissen. Dieser Aspekt spielt eine nicht zu unterschätzende Rolle. Ein Wiki unterstützt diesen Prozess zum Vorteil des ganzen Unternehmens.

Abbildung 9 Statisches Wissensmanagement in der klassischen Unternehmenskommunikation versus dynamische Wissenssammlung mit einem Wiki

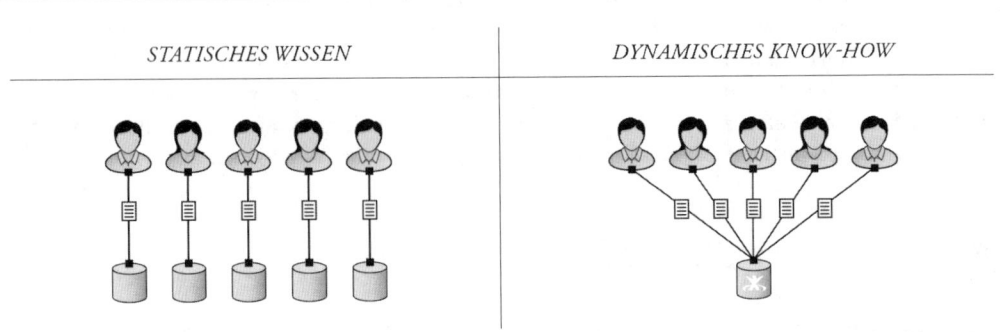

STATISCHES WISSEN | *DYNAMISCHES KNOW-HOW*

Damit sind wir am Ende des Meetings. Ernst Entscheider dankt uns für die interessanten Informationen und verabschiedet uns „auf bald", wir sagen auch Günter Gewerkschaft und dem kurz angebundenen IT-Chef Tschüss, der mit gerunzelter Stirn verschwindet.

„Ich bringe Sie runter", bietet Norman Netzaffin sich an. Im Fahrstuhl sagt er: „Ihre Darstellungen heute waren sehr hilfreich und wichtig. Und ich sage Ihnen: Wir machen das. Dieses Wiki-Projekt ziehen wir durch. Ich werde mit aller Macht dafür kämpfen, das intern durchzusetzen. Nur bei Marc Microsoft wird das ein harter Brocken, fürchte ich. Aber bei dieser Herausforderung können Sie hoffentlich helfen." Was wir ihm zusichern.

Als wir durchs Foyer gehen, fällt ihm ein: „Ach ja, diese Sammlung mit den 111 Argumenten, von der Sie am Anfang in der Präsentation gesprochen haben – schicken Sie die mir doch bitte per E-Mail, ich möchte mir die ausdrucken." Wir haben vorgesorgt und einen Ausdruck dabei, den wir Norman reichen.

„Prima, danke. Ab jetzt soll jeder, der an meinem Büro vorbeikommt, das sehen und lesen. Das klebe ich an meine Tür."

9   111 Gründe für ein Firmenwiki

Bei der täglichen Arbeit und auch in Dutzenden Firmenwiki-Projekten haben wir anhand unzähliger Anwendungsfälle erfahren, auf wie vielen Ebenen sich ein Wiki im Unternehmen als nützlich und wertvoll erweist. Wir finden, es ist Zeit, die Argumente für ein Wiki einmal in den Rahmen von Tweets zu pressen und in geballter Form auf den Punkt zu bringen.

1. Ein Firmenwiki schafft mehr Transparenz über alle Abläufe im Unternehmen.

2. Ein Wiki ermöglicht es, das komplette Unternehmens-Know-how zentral abzubilden.

3. Firmenwikis gibt es seit 1998. Viele Lösungen am Markt sind anerkannt, sehr ausgereift und etabliert.

4. Wikis helfen Unternehmen, verstreute Informationen zu zentralisieren und zu systematisieren.

5. Das Wissen jedes einzelnen Mitarbeiters ist wertvoll. Ein Wiki hilft, dass alle davon profitieren.

6. Ein Wiki ermöglicht die Mitwirkung an der Firmenkommunikation und -information.

7. Ein Firmenwiki entlastet Mitarbeiter und führt zu mehr Produktivität im Unternehmen.

8. Durch mehr Effizienz und Produktivität haben Wikis einen hohen ROI.

9. Im Firmenwiki kann man eigene Ideen aktiv in das Unternehmen einbringen.

10. Ein Firmenwiki bietet ein vollständig personalisiertes Nutzungserlebnis.

11. Ein Firmenwiki eröffnet neue und effizientere Wege der Zusammenarbeit.

12. Mit der Wiki-Einführung sendet das Management das wichtige Signal, dass es Mitarbeitern vertraut.

13. Durch ein Wiki kann das E-Mail-Aufkommen im Unternehmen deutlich reduziert werden.

14. Durch die Zusammenarbeit im Firmenwiki wird der Teamgeist gestärkt.

15. Jeder macht Fehler. Im Wiki können Mitarbeiter fehlerhafte Inhalte anderer proaktiv selbst verbessern.

16. Jede Info, die man im Wiki findet, ohne einen Kollegen fragen zu müssen, führt zu mehr Produktivität.

17. Mit Beiträgen im Wiki erlangen Mitarbeiter eine Reputation als Wissensträger.

18. Ein Wiki bringt eine Kultur der Offenheit ins Unternehmen, die Mitarbeiter motiviert.

19. Ein Wiki steht für „Kommunikation auf Augenhöhe". Ein wichtiger, identitäts-stiftender Soft Fact.

20. Ein Firmenwiki ermöglicht die Vernetzung der Mitarbeiter des Unternehmens.

21. Ein Firmenwiki ermöglicht mehr eigene, proaktive Teilnahme am Unternehmens-geschehen.

22. Oft stößt ein Wiki in eine Lücke und kann sich ohne Überschneidungen als Referenz-werk etablieren.

23. Firmenwikis unterstützen Mitarbeiter erwiesenermaßen, sich selbst besser zu artikulieren.

24. Firmenwikis machen die Informationen im Unternehmen erwiesenermaßen glaub-würdiger.

25. Viele Iterationen führen zu hochwertigen Inhalten. Wiki-Dokumente durchlaufen sehr viele Iterationen.

26. Firmenwikis sind im Breitenmarkt angekommen. Wer kein Wiki einführt, hat einen Wettbewerbsnachteil.

27. Wiki-Nutzer sagen, dass sie durch das Teilen von Wissen mehr Respekt im Unter-nehmen erworben haben.

28. Wikis haben sich durchgesetzt und sind laut Gartner Hype Cycle auf der „Ebene der produktiven Nutzung".

29. Ein Wiki ist das dynamische Gegenstück zum statischen Intranet mit dem *One Admin-istrator's Syndrome*.

30. Im Wiki wächst Unternehmenswissen organisch und rasch, da der Umweg über Administratoren entfällt.

31. Ausgereifte Wikis sind zukunftssicher, sie werden rasant mit hoher Update-Frequenz weiterentwickelt.

32. Im Wiki bleibt das wertvolle Wissen von Mitarbeitern erhalten, die das Unternehmen verlassen.

33. Im Wiki können Dokumente und ganze Bereiche für ständige Updates abonniert werden.

34. Mit einem Firmenwiki sind deutlich bessere Urlaubsvorbereitungen möglich.

35. Wiederholte Nachfragen werden durch Dokumentation des eigenen Wissens im Wiki vermieden.

36. Die Notwendigkeit, anderen eigenes Wissen beibringen zu müssen, wird durch ein Wiki stark reduziert.

37. Statt alleine kann man im Firmenwiki gemeinsam mit anderen zusammenarbeiten.

38. Zu eigenen Ideen und Konzepten kann man sich im Wiki schnellen Input der Kollegen holen.

39. Ein geschützter Bereich ermöglicht das Hinterlegen und Auffinden eigener Daten im Firmenwiki.

40. Theoretisch können in einem geschützten Bereich im Firmenwiki auch private Daten hinterlegt werden.

41. Der Nutzer entscheidet selbst darüber, wer seine Beiträge im Firmenwiki sehen und editieren darf.

42. Mit dem Wiki können Wissensträger des eigenen Fachbereichs schnell identifiziert werden.

43. Im Firmenwiki findet man Mitarbeiter, die eigene Wissensgebiete ergänzen können.

44. Im Wiki können Daten aus anderen Systemen automatisiert gesammelt und zentral ausgewertet werden.

45. Ein Wiki ermöglicht eine professionelle, zentrale Kapazitätsplanung ohne großes E-Mail-Aufkommen.

46. Mit dem Wiki können anschauliche Charts erstellt werden, es wird zur zentralen Auswertungsplattform.

47. Firmenwikis bieten Office-Export und -Import. Integration und Migration von Inhalten sind einfach.

48. Neue Mitarbeiter können schneller produktiv sein, wenn sie alle Infos für den Einstieg im Wiki finden.

49. Tutorials und Anleitungen im Wiki verringern den Schulungs- und Supportaufwand im Unternehmen.

50. Ist ein Mitarbeiter krank, kann seine Vertretung sofort am aktuellen Projektstand weiterarbeiten.

51. Durch die Wiki-Dokumentation laufen Projektübergaben und Vertretungen reibungs- ärmer ab.

52. Stellenbeschreibungen, die im Wiki aktuell gehalten werden, sparen Zeit und Kosten beim Recruitment.

53. Wikis sind von jedem Internet-Rechner aus erreichbar. Das erleichtert die Arbeit in virtuellen Teams.

54. Im Wiki lassen sich Fachbibliothek, geliehene Arbeitsmittel usw. ohne Drittsystem effektiv verwalten.

55. Formulare für Urlaubsantrag, Dienstreise usw. im Wiki hinterlegt verringern den administrativen Aufwand.

56. Ein Wiki eignet sich bestens für interne Blogs, Newsletter etc., ohne Drittsysteme nutzen zu müssen.

57. Wiki-Formulare ermöglichen webbasierte Lösungen wie sonst mit MS Access oder Datenbanken umgesetzt.

58. Im Wiki können Wochenspeiseplan, Fußball-Tippgemeinschaft, Wäscheservice und andere soziale Aktivitäten effizient organisiert werden.

59. Firmenwikis ermöglichen die zentrale Steuerung und Auswertung der Außenkommunikation.

60. Ein Wiki gibt auch dem Betriebsrat die Möglichkeit, eigene Infos zentral und aktuell zu kommunizieren.

61. Wikis sind betriebssystemunabhängig. Es genügen ein Browser und ein Web-Zugang.

62. Wikis sind sicher. Zugriffsrechte sind fein justierbar und bis auf Seitenebene spezifisch einstellbar.

63. Die Nutzung des Wikis ist ohne Installation zusätzlicher Software möglich.

64. Ein Wiki hat eine ausgereifte API und lässt sich perfekt an bestehende Systeme wie MS SharePoint anbinden.

65. Ein Wiki kann an das Corporate Design angepasst werden und wirkt nicht wie ein Fremdkörper.

66. Wikis lassen sich per LDAP und Single-Sign-on in die IT-Infrastruktur integrieren.

67. Wikis sind sehr skalierbar. Sie eignen sich für einzelne Projektteams ebenso wie für Tausende Nutzer.

68. Der Code ist bei vielen Wikis quelloffen und eigenständig an individuelle Bedürfnisse anpassbar.

69. Wiki-Templates können an alle Anforderungen angepasst werden, im Gegensatz zu vielen anderen Systemen.

70. Ausgereifte Firmenwikis sind stabil und auch bei sehr großen Datenmengen sehr performant.

71. Wikis lassen alle Optionen offen. Daten können später ggf. leicht in andere Systeme migriert werden.

72. Dank mächtiger Berechtigungskonzepte erfüllen Wikis die Einhaltung auch strenger Datenschutzauflagen.

73. Im Wiki können Beteiligte auf alle Projektinfos zugreifen und haben den Status sofort im Blick.

74. Dokumentieren Mitarbeiter Arbeitsschritte im Wiki, sind die Beteiligten stets auf dem aktuellen Stand.

75. Im Firmenwiki können Unterlagen und Projekte anderer Bereiche eingesehen werden.

76. Von Projektauswertungen bis dokumentierten „Lessons learned" im Wiki profitieren künftige Projekte.

77. Kontaktdaten aller Beteiligten und Ansprechpartner im Wiki verbessern die Projekt-kommunikation.

78. Systematische Projekt-Checklisten im Wiki erleichtern das Projektmanagement signi-fikant.

79. Wikis bieten E-Mail-Import an: Der Mail-Austausch im Projekt wird zentral doku-mentiert.

80. Ein Wiki kann als sicheres Extranet genutzt werden, das die Kundenbindung stärkt.

81. Ein Wiki als Extranet erlaubt die Kundenintegration und sorgt für effiziente Kommu-nikation im Projekt.

82. Pflichtenhefte im Extranet-Wiki schaffen Sicherheit und helfen, Missverständnisse schnell auszuräumen.

83. Ein Wiki zeichnet sich durch eine einfache und intuitive Bedienung aus.

84. Wikis funktionieren wie Word: Open, edit, save. Unterschied: Das Wiki-Dokument ist zentral verfügbar.

85. Wikis haben eine sehr gute Usability. Deshalb ist die Arbeit im Wiki effektiv und effizient.

86. Die gute Wiki-Usability führt zu kurzen Einarbeitungszeiten im Vergleich zu klassischen Intranets.

87. Im Firmenwiki muss man nicht wie bei Wikipedia im Wiki-Code arbeiten: Es gibt Rich-Text-Editoren.

88. Die gute Usability von Wikis erhöht die Nutzungsfreude. Mitarbeiter nutzen das Wiki gerne und oft.

89. Im Wiki ist jede Änderung nachvollziehbar. Mehr Transparenz bei der Zusammen-arbeit geht nicht.

90. Im Firmenwiki kann man per RSS-Abo auf dem Laufenden bleiben, ohne ein Doku-ment aufzurufen.

91. An Wiki-Dokumente können Dateien angehängt werden, die dann zentral und aktuell verfügbar sind.

92. Per WebDAV lassen sich Office-Dokumente direkt aus dem Wiki heraus bearbeiten und sind stets aktuell.

93. Events lassen sich mit dem Wiki effizient planen, ohne mehr als eine einzige E-Mail zu versenden.

94.   E-Mail-Vorlagen im Wiki helfen, die E-Mail-Kommunikation zu automatisieren und effizienter zu machen.

95.   E-Mail-Anhänge liegen in verschiedenen Iterationsstufen in Postfächern. Wiki-Dokumente sind aktuell.

96.   E-Mail-Anhänge lagern dezentral in Postfächern. Wiki-Inhalte sind zentral abrufbar.

97.   Gemeinsam im Wiki erstellte Berichte sind hochwertig, aktuell und schneller entwickelt als per E-Mail.

98.   Fehler in einem verschickten E-Mail-Anhang bleiben bestehen. Im Wiki sind Fehler per Klick behoben.

99.   Zu viele E-Mails an Mitarbeiter haben interne Absender. Ein Wiki hilft, dieses Aufkommen zu reduzieren.

100. Zahlreiche der Mails via Verteiler und @all sind für den Empfänger belanglos. Wikis reduzieren interne E-Mails.

101. Mit einem Wiki müssen Service-Mitarbeiter immer gleiche Fragen nicht jedes Mal per E-Mail beantworten.

102. Eine im Wiki entwickelte Meeting-Agenda ist aktuell und allen zugänglich, ohne E-Mails auszutauschen.

103. Werden sie gemeinsam im Wiki vorbereitet, sind Meetings zielführend und aufs Wesentliche konzentriert.

104. Die Meeting-Vorbereitung im Wiki erspart frustrierende Themen- und Grundsatz-diskussionen im Meeting.

105. Wer ein Meeting verpasst, kann Input immer noch im Wiki als Notiz, als Frage, als Kommentar geben.

106. Wiki-Plugins ermöglichen ein dynamisches Task-Management ohne Drittsystem.

107. Mit Wiki-Plugins sind kleine BI-Lösungen möglich, die Ansprüche von Teams oder KMU oft schon erfüllen.

108. Dank Plugins sind tolle Visio-Anwendungen im Wiki möglich.

109. Mit Plugins können Datenbankinhalte ins Wiki integriert werden, inkl. dynamischer Aktualisierung.

110. Wissenschaftliche Studien haben den Nutzen von Firmenwikis längst nachgewiesen.

111. Ein Firmenwiki ist keine „eierlegende Wollmilchsau". Aber ganz nah dran.

An diesem Punkt haben wir mit unserer Sammlung von Gründen, die wir natürlich gemeinsam im Wiki zusammengetragen haben, aufgehört: Die Argumente sind nicht nur qualitativ, sondern auch quantitativ überwältigend. Es soll deutlich werden, dass Unternehmen, die auf ein Wiki verzichten, sich ungeahnter Möglichkeiten berauben und sich selbst limitieren. Bei diesen ist es – wie bei unserer Capitol AG – wirklich an der Zeit, gründlich über eine Wiki-Einführung nachzudenken.

Teil 2:

Technologische Aspekte
der Wiki-Einführung und eine
skeptische IT-Abteilung

1 Wie ein Wiki eigentlich funktioniert: Prinzip und Hardware-Anforderungen

In der Capitol AG hat man sich also auf Führungsebene grundsätzlich dazu entschieden, es mit einem Firmenwiki zu probieren. Norman Netzaffin ist begeistert von den Möglichkeiten, die ein Wiki bietet, und drauf und dran, das Projekt unter seine Fittiche zu nehmen, die Bedenken von Ernst Entscheider sind offenbar weitgehend ausgeräumt. Doch wie weiter? Naheliegend ist zunächst die Klärung technischer Fragen.

Ein Wiki ist eine komplett webbasierte Software, die ohne zusätzliche Installation von Anwendungen auf Nutzerseite auskommt und in der Regel kein bestimmtes Betriebssystem voraussetzt, es genügen ein Rechner mit Internet-Zugang und ein Browser.

Im Grunde ist ein Wiki zunächst eine Sammlung einzelner Webseiten, die Nutzer allerdings nicht nur lesen, sondern auch selbst bearbeiten und erweitern können. Seiten werden (anders als im klassischen CMS) einfach per Klick angelegt, mit Inhalten befüllt und um Anhänge erweitert. Diese Seiten können anschließend alle dazu berechtigten User ihrerseits editieren, ergänzen und über eine automatisch integrierte Kommentarfunktion diskutieren. Das Wiki-Motto lautet: Open, edit, save.

Wiki-Seiten (jeder ist ein in der Regel Seitentitel-spezifischer permanenter Link zugeordnet) bilden die Grundeinheiten und lassen sich einander hierarchisch unter- oder überordnen. Die übergeordnete Organisation erfolgt in Wiki-Bereichen, denen beliebig viele Seiten zugeordnet werden können. Viele professionelle Wikis verwenden eine eigene Datenbank, es gibt aber auch ausgereifte Systeme, die ohne Datenbank auskommen und die Inhalte in Textdateien speichern.

Alle Änderungen werden in einer seitenspezifischen Revisionshistorie automatisch dokumentiert und können jederzeit von dazu berechtigten Nutzern rückgängig gemacht werden. (Diese Funktion wird z. B. mit dem Revision Control System – kurz RCS – realisiert.)

Moderne Wikis lassen sich grundsätzlich über einen Rich-Text-Editor bedienen, der funktional einer einfachen Textverarbeitung mit den üblichen Formatierungen ähnlich ist. Zusätzlich enthalten ausgereifte Rich-Text-Editoren in Wikis Funktionen zum einfachen Einbinden von Bildern, zum Setzen von Links und zahlreiche weitere Features bis hin zu komplexen Datenbankabfragen und Automatismen.

Darüber hinaus arbeiten Wikis mit einer speziellen Auszeichnungssprache, die von System zu System mehr oder weniger stark variiert, dem Wiki-Code, wie ihn z. B. Nutzer kennen, die schon Inhalte in Wikipedia eingestellt haben. Zu Beginn empfinden wenig Technologie-affine Anwender diese sogenannte Wiki-Auszeichnungssprache (englisch: Wiki Markup) häufig als fremd und komplex.

Noch vor wenigen Jahren haben viele Systeme aufgrund der seinerzeit noch recht unzuverlässigen Rich-Text-Editoren intensiv auf dieser Wiki Markup Language aufgebaut. Es ist erstaunlich, wie schnell einige Zweifler zu großen Verfechtern des Wiki-Codes werden. Auch heute begegnet man Entwicklern erfolgreicher Wiki-Systeme, die die Etablierung einer Word-ähnlichen Oberfläche rundweg ablehnen und eine Rich-Text-Funktion gar nicht erst einplanen. Man sollte sich im Zusammenhang mit Wiki-Markup-Diskussionen davor hüten, sich zu eindeutig zu positionieren, wenn man vermeiden will, sich anschließend stundenlang mit dem Thema aufzuhalten. Vielen solcher Debatten wohnt Dogmatismus inne.

Dogmatisch wird häufig auch die Auswahl von Wikis selbst betrieben. Das beginnt schon mit dem Ausschluss bestimmter Programmiersprachen und Betriebssystem- oder Datenbankanforderungen bei der Auswahl von Systemen. In Einzelfällen können diese Faktoren gewichtige Kriterien sein, allerdings sollten diese Aspekte nicht dazu führen, dass man sich bestimmte Systeme gar nicht erst ansieht. Auch mit einer pauschalen Einstellung pro oder contra Open-Source-Software beraubt man sich sinnvoller Auswahl- und Vergleichsmöglichkeiten.

Wie einseitig die Vorauswahl von Systemen mitunter erfolgt, wird klar, wenn man bedenkt, dass es einige Wiki-Systeme gibt, die auf allen Betriebssystemen, allen Datenbanken und fast allen Web-Servern laufen und sowohl als Open-Source- als auch als kommerzielle Varianten verfügbar sind.

Dabei sind die meisten Wikis anfangs einfache und basale Systeme, die sogar auf Desktop-PCs betrieben werden können.

Beim Nachdenken über eine Wiki-Einführung kommen schnell die Fragen auf, welche Hardware für ein Wiki nötig ist und welche IT-Kapazitäten es erfordert. Pauschale Antworten sind unzulässig, sie hängen davon ab, wie viele Mitarbeiter wie oft auf das System zugreifen und was sie mit dem Wiki machen werden. Das können allerdings die wenigsten Unternehmen im Vorfeld abschätzen. Wir schlagen oft vor, relativ klein anzufangen. Das ist wenig aufwändig, kostengünstig und reduziert den Abstimmungsbedarf.

Als Gegenargument hören wir dann vor allem in größeren Unternehmen nicht selten: „Aber wir machen bei uns keine halben Sachen. Wir wollen und können nicht ständig Änderungen an der Hardware vornehmen. Das geht in unserer Firma alles nicht so schnell und ist nicht so flexibel. Wir bekommen es ja bis heute nicht einmal hin, auf einen aktuellen Browser umzustellen."

Darauf antworten wir: „Okay, dann wetten wir einfach auf die Wiki-Akzeptanz in Ihrem Unternehmen. Welche Annahmen erscheinen Ihnen sinnvoll …?"

Die Reaktion: „Nein, nein! Wetten schließen wir hier auch nicht ab. Ich brauche einfach eine belastbare Aussage inklusive Begründung, die ich an die Einkaufsabteilung weitergeben kann."

Und schnell befindet man sich im üblichen Konzern-Dilemma. Hier sind kreative Lösungen gefordert und der Wiki-Berater muss seine Erfahrungen aus anderen Unternehmen einbringen.

Wer wie Norman Netzaffin eine Wiki-Einführung plant und sich über Systemauswahl, Betriebssysteme, Datenbanken, Web-Server und Hardware Gedanken machen muss, sollte sich auf die fachlichen Anforderungen konzentrieren. Die beste Evaluierungsstrategie besteht darin, sich die verfügbaren Systeme tatsächlich anzuschauen, und zwar nicht in einer Präsentation des Herstellers, sondern indem man selbst mit der Oberfläche arbeitet – am besten allein am eigenen Rechner ohne Hilfe. Warum? Weil das genau der Situation entspricht, in der die Mitarbeiter später mit der Software konfrontiert werden.

Der Markt ist sehr schnelllebig, weshalb eine pauschale Systemempfehlung nicht angebracht ist. Vorsicht ist indes geboten, wenn der IT-Leiter sehr schnell mit „der einen richtigen Lösung" aufwartet. Ein Wiki-System ist nicht automatisch gut, nur weil es vom gleichen Hersteller wie die im Unternehmen eingesetzte E-Mail- oder Groupware-Software kommt.

Wenn es darum geht, einen Server anzuschaffen, und der angesprochene kleine Anfang nicht praktikabel ist, empfehlen wir, einen mittleren oder kleinen Server zu kaufen, wie er im Unternehmen üblich ist. Wenn zum Beispiel eine Virtualisierungslösung im Einsatz ist, sollte hier eine kleine Instanz vorbereitet werden. Weniger pauschal kann eine Empfehlung in diesem Rahmen leider nicht ausfallen.

 Video: http://seibert.biz/hardware

Widmen wir uns nun aber den spezifischen Anforderungen unseres Muster-Unternehmens, der Capitol AG.

2 Grundsätzliche technologische Aspekte

Der Einfluss der technologischen Komponente bei der Wiki-Einführung ist sicherlich groß, wird von vielen Unternehmen aber grundsätzlich überschätzt, was vor allem daran liegt, dass viele Unternehmen sich fast ausschließlich mit Technologiefragen intensiv auseinandersetzen. Dennoch müssen Unternehmen natürlich auch in diesem Zusammenhang einige wichtige Voraussetzungen schaffen.

2.1 Auswahl der richtigen Wiki-Software

Die Auswahl und Einführung der Software ist ein Grundpfeiler eines Wiki-Projekts. Bevor kulturelle oder organisatorische Aspekte ins Spiel kommen, muss zunächst die technische Komponente erfüllt sein. Bei der Evaluation sind verschiedene zentrale Fragen zu beantworten: Welche ausgereiften Wiki-Systeme für den Einsatz im Unternehmen gibt es und welches ist das richtige, um die eigenen Unternehmensprozesse abzubilden? Welche Schwächen und Stärken haben die Lösungen, inwieweit sind sie (ggf. über Plugins) anpassbar? Welche Schnittstellen zu anderen Systemen gibt es? Ist eine LDAP-Anbindung und darüber hinaus eine Single-Sign-on-Lösung (SSO) möglich?

Im Mittelpunkt der Evaluation stehen also die Anforderungen der Capitol AG und die Frage, welche Aufgaben die Mitarbeiter mithilfe des Wikis erfüllen sollen. Damit sich eine Technologie intern durchsetzt, muss natürlich ein Bedarf für die Nutzung ihrer Funktionen bestehen. Allerdings zeigt die Projekterfahrung, dass manche Unternehmen eine Software auswählen, ohne dass ein solcher konkreter Nutzungsbedarf für diese spezielle Software besteht, und diese Unternehmen anschließend viel Mühe darin investieren müssen, Standardlösungen im Nachhinein an die wirklichen Anforderungen des Unternehmens anzupassen, was häufig nicht gelingt. Eine Studie von Jakob Nielsen aus dem Jahr 2009 bestätigt, dass die Voraussetzung für die erfolgreiche Einführung eines Software-Werkzeugs deren tatsächliche Notwendigkeit ist:

„A uniform finding across all of our case studies is that organizations are successful with social media and collaboration technologies only when the tools are designed to solve an identified business need. Different companies have different priorities and use different forms of internal communication; not every company needs every tool. Although picking the tool to support the need sounds obvious, it runs contrary to the technology fetishism that characterizes much talk about the latest Internet fads." (Nielsen, Jakob: Social Networking on Intranets. http://seibert.biz/nielsenintranets)

Eine intensive Evaluation beispielsweise in Form von Strategie- und Use-Case-Workshops für Anwendungsfälle mit einem erfahrenen Wiki-Dienstleister ist eine bewährte Methode, um Wiki-Software unter diesen Gesichtspunkten zu prüfen. Das empfehlen wir Norman Netzaffin ausdrücklich und werden später noch intensiv auf Anwendungsfälle zu sprechen kommen.

2.2 Betrieb des Systems

Für den Betrieb der Wiki-Software bestehen drei Möglichkeiten. Die einfachste Lösung ist die, dass das System lokal auf einem PC läuft. Für eine Testphase mit sehr wenigen Personen und eine erste Evaluation kann das durchaus sinnvoll sein. Wenn allerdings die klassischen Funktionen wie Zusammenarbeit zum Einsatz kommen sollen, ist diese Alternative natürlich nicht zielführend, zumal das Wiki nur läuft, wenn der entsprechende Rechner in Betrieb ist. Zudem ist in der Regel kein Zugriff von fremden PCs aus möglich.

Ein gängiges Vorgehen ist das Hosting bei einem Drittanbieter. Dieser ist in der Regel der Dienstleister, der das Unternehmen beim Wiki-Projekt unterstützt und auch die Hosting-Leistungen übernimmt. Der Nachteil hierbei besteht darin, dass das Wiki außerhalb des internen Netzwerks läuft, also von außen zugänglich ist, was gerade aus politischer Perspektive problematisch sein kann: Viele Kunden wollen interne Systeme eben intern betreiben, um die Daten schlicht im eigenen Unternehmen zu haben. Allerdings zeichnet sich insbesondere im Zuge des Cloud-Computing-Trends ein Umdenken ab und immer mehr Unternehmen werden in den nächsten Jahren anstreben, Hosting-Leistungen auszulagern. Dennoch sieht Norman Netzaffin seinem IT-Chef Marc Microsoft schon an der Nasenspitze an, dass diese Variante für die Capitol AG nicht zur Debatte steht.

Heute ist es gerade in Deutschland für die meisten Unternehmen noch selbstverständlich, dass sie den Betrieb eines Wikis in der eigenen Infrastruktur durchführen. Diese dritte Möglichkeit ist allerdings die aufwändigste und kostspieligste, denn das Unternehmen benötigt entsprechendes Know-how (Systemadministrator, Sicherheitskonzept) und eine geeignete Infrastruktur (Hardware oder ein virtuelles System, in dem das Wiki läuft). Trotzdem ist diese Alternative derzeit die meist bevorzugte.

2.3 Technische Infrastruktur im Unternehmen

Die technologische Komponente umfasst auch die generelle technische Ausstattung. Eine wichtige Frage lautet: „Welchen Browser verwenden Sie im Unternehmen?" Das fragen wir Norman Netzaffin, als wir ihn zu den allgemeinen technischen Aspekten am Telefon beraten.

„Durchweg den Internet Explorer", erklärt er. (Natürlich, eigentlich eine überflüssige Frage angesichts des IT-Leiters, den wir ja schon kennengelernt haben.)

Im Grunde spielt es auch gar keine Rolle, welcher Browser für ein Wiki genutzt wird – solange es sich um eine aktuelle Software handelt, funktionieren in der Regel alle Wiki-Systeme einwandfrei. Deshalb fragen wir: „Und welche Version setzen Sie ein?"

Seufzend antwortet Norman: „Immer noch den Internet Explorer 6. Keine Ahnung, wann sich das ändert."

Damit steht die Capitol AG wie etliche andere Unternehmen allerdings schon bei der Frage nach dem Browser vor einem gewissen Problem.

In den meisten kleineren Unternehmen nutzen die Anwender zum Zeitpunkt der Entstehung dieses Buches zwar bereits moderne Browser wie den Internet Explorer 7 oder 8, Firefox oder Google Chrome, doch in vielen Konzernen, in denen Mitarbeiter keine Möglichkeit haben, auf ihre Rechner Einfluss zu nehmen, arbeiten mitunter Tausende User mit einem veralteten Browser.

Die Gründe dafür sind vielfältig und sollen hier nicht weiter hinterfragt zu werden. Doch mit veralteter Zugangs-Software lassen sich zahlreiche Funktionen, die moderne Wiki-Software bietet, nicht abbilden. Einige der erfolgreichsten Wiki-Systeme unterstützen den Internet Explorer 6 in neuen Versionen überhaupt nicht mehr.

Norman ist gut beraten, darauf zu drängen, zusätzlich auf die Installation eines aktuellen Browsers oder am besten mehrerer aktueller Browser von verschiedenen Herstellern zu drängen. Und falls dies – warum auch immer – (noch) nicht unternehmensweit möglich sein sollte, empfehlen wir ihm, auch mit Teilerfolgen zufrieden zu sein: 16 wichtige Wiki-Nutzer, die einen aktuellen Browser haben, sind besser als keiner. In vielen Fällen installiert die IT-Abteilung nicht deshalb einen neuen Browser, weil in einigen Unternehmensbereichen ein Wiki aktiv genutzt wird. Es ist für Norman und seine Mitstreiter leichter, schrittweise voranzugehen.

Mittelfristig wird dieses Problem sicherlich gegenstandslos werden, doch derzeit hat diese Komponente durchaus noch eine hohe Relevanz und manche Unternehmen stehen vor der Tatsache, dass ihr ausgereiftes Wiki-System nicht vollumfänglich genutzt werden kann.

2.4   Integration und Single-Sign-on

Wichtig für die Akzeptanz des Wikis ist die Integration in einen bestehenden Anmelde-Server, am besten sogar eine Single-Sign-on-Lösung, die kein zusätzliches Login erforderlich macht. Mitarbeiter empfinden es als sehr störend, wenn ein System separate Zugangsdaten erfordert, was die Einführung des Wikis wiederum erheblich erschwert. Gerade wenn es bereits mehrere bestehende Systeme gibt, für die ein einheitlicher Login oder sogar eine Single-Sign-on-Lösung etabliert ist, sollte das Wiki in diese Infrastruktur integriert werden, um die Akzeptanzchancen zu erhöhen.

Bei guten Single-Sign-on-Lösungen sind Nutzer nur durch den Aufruf einer Wiki-Seite zum ersten Mal eingeloggt und kommen so einfach durch den Klick auf einen Link mit dem Wiki in Berührung. Das kann schon lange vor der ersten bewussten Konfrontation mit dem Thema „Wiki als Werkzeug" erfolgen. Es ist beispielsweise erstaunlich, wie viele Menschen täglich von den Inhalten auf Wikipedia profitieren, aber nicht die geringste Ahnung haben, wie dieses Wiki funktioniert.

2.5   Stellung der Wiki-Software gegenüber anderen Systemen

Im Zusammenhang mit der Stellung der Wiki-Software gegenüber anderen Systemen gibt es zwei interessante Aspekte:

a. Soll es Schnittstellen zwischen dem Wiki und bereits bestehenden Systemen geben, über die ein Datenaustausch stattfindet? Sollen also Daten z. B. aus einem Business-Intelligence-System an das Wiki übertragen und in diesem abgebildet werden bzw. sollen Daten vom Wiki in andere Systeme übermittelt werden können?

b. Gibt es eine Portallösung, in die das Wiki integriert werden soll, oder wird es separat über eine URL aufgerufen? Ist Ersteres der Fall, hat dies beispielsweise auch Auswirkungen auf das Layout, da das Wiki dann eventuell im Hinblick auf das Rahmen-Template an die bestehende Portallösung angepasst werden muss.

Diese Fragen müssen geklärt und technische Lösungen gefunden werden. Hier ist bei der Capitol AG die Kooperation des IT-Leiters Marc Microsoft gefragt. Von einer solchen kann aber zu diesem Zeitpunkt und zu Normans Leidwesen keine Rede sein.

3 Eine Brandrede von IT-Chef Marc Microsoft

Marc Microsoft breitet seine Unterlagen vor sich aus. Offenbar muss Norman Netzaffin sich gleich zu Beginn der Besprechung mit dem IT-Leiter der Capitol AG auf ein längeres Statement einstellen und ahnt, dass ihm eine Grundsatzdiskussion bevorsteht.

„Ich stehe der Sache sehr skeptisch gegenüber", setzt der IT-Chef an. „Grundsätzlich sind Tools wie Wikis bei uns nicht neu. Unsere Microsoft-Infrastruktur bietet eine solche Funktion bereits an. Das Problem: Die Leute nutzen vorhandene Möglichkeiten nicht. Dafür kann nicht auch noch die IT verantwortlich sein."

Marc Microsoft blickt Norman über den Brillenrand hinweg an und fragt: „Wie viele Software-Systeme haben wir eingeführt, die heute brachliegen? Nur eines von vielen Beispielen, das mir gerade einfällt, weil wir kürzlich in der Abteilung darüber diskutiert haben, ist das Forum. Haben Sie da zuletzt mal reingeschaut?"

Norman schüttelt mit gespitzten Lippen den Kopf.

„Hab ich mir gedacht", sagt Marc. „Mit dem Nicht-Reinschauen sind Sie nicht der einzige Kollege. In unserem Forum passiert nämlich gar nichts. Es wurde mit großem Tamtam eingeführt, ohne dass uns von der IT jemand gefragt hat, und jetzt müssen wir es warten und Kapazitäten abstellen, die wir woanders deutlich sinnvoller einsetzen könnten. Es ist nämlich nicht so, dass wir nicht wissen, was wir den lieben, langen Tag lang machen sollen. Wir sind absolut vollgepackt mit Arbeit. Ich kann nur Sachen mit wirklich hoher Priorität angehen."

Mit inzwischen leicht geröteten Wangen setzt Marc seinen Monolog fort: „Bei uns geht es manchmal wie im Zoo zu, nur sind unsere Tiere exotische Software-Systeme, die ständig angeschleppt werden. Und wer muss sich darum kümmern, dass die Tiere ihr Futter bekommen, gut leben und alles im Zoo sicher ist? Das müssen wir machen – in der IT-Abteilung. Statt ständig mit neuen Exemplaren um die Ecke zu kommen, sollten wir mal dafür sorgen, dass unsere bestehenden Systeme groß und kräftig werden. Kennen Sie den Spruch ‚Stop starting, start finishing'?"

Nach einem weiteren typischen Marc-Microsoft-Blick: „Ein weiteres Beispiel neben dem Forum: Es gibt dieses Wiki in der Entwicklungsabteilung. Wissen Sie eigentlich davon? Nein, oder? Das gleiche System wie das von Wikipedia. Furios gestartet. Alles toll. Wie bei Wikipedia wird bei uns bald geforscht, hieß es. Und?" Herausfordernd sieht Marc seinen Kollegen an, dann klatscht er in die Hände: „Tja, eingeschlafen. Keine Rechtebeschränkungen möglich. Doof."

Er schreibt sich etwas auf und murmelt: „Ich muss daran denken, dafür zu sorgen, dass dieses Wiki deinstalliert wird." Kurze Pause, dann geht es weiter: „Ein Wiki ist alles andere als ein Selbstläufer, das haben die Wiki-Herren bei der Präsentation ja auch schon angedeutet. Wer soll denn dafür verantwortlich sein, dass das läuft? Wir können das nicht übernehmen. Wir kennen diese Software auch gar nicht. Letztens habe ich mich beim IT-Stammtisch mit meinen Kollegen über Wikis unterhalten, und sie haben mir wahre Horrorgeschichten aus anderen Unternehmen erzählt. Da werden Funktionen aus dem CRM-System im Wiki redundant nachgebildet. Da wird intensiv darauf hingearbeitet, im Unternehmen vorhandene Funktionen zu kopieren. Zeitverschwendung nannte der Kollege das. So etwas will ich hier nicht haben, das sage ich Ihnen ganz ehrlich. Wenn es so läuft, dass Ihr Wiki mit unseren bestehenden Systemen konkurriert, die wir fördern und nicht bekämpfen wollen, bin ich dafür nicht zu haben. Das passt nicht zu den anderen Förderungsstrategien, die in den Fachabteilungen verfolgt werden."

„Zweiter Punkt", sagt Marc und streckt Daumen und Zeigefinger aus. „Ein Kollege, der Wiki-Systeme aus der eigenen Firma kennt, berichtet von gravierenden Sicherheitsmängeln. Und ich selbst habe mich in den letzten Tagen intensiv mit diesen Fragen beschäftigt. Da können XSS (Cross-Site-Scripting), SQL Injections und andere Security-Probleme auftreten. Da läuft's mir kalt den Rücken runter."

Der IT-Leiter schüttelt sich theatralisch, ehe er nochmals nachlegt: „Und nicht zuletzt: Meines Erachtens ist die Philosophie hinter einem Wiki, von der Sie so begeistert zu sein scheinen, zumindest zu hinterfragen. Sollte wirklich jede Info per Default frei zugänglich sein? Fragen Sie mal Gerd Gebichnichther. Der hat mir nach dieser Wiki-Präsentation 20 Minuten lang erklärt, dass das in die vollkommen falsche Richtung gehe. Er hat Angst vor Falschinformationen. Unser wichtiges Firmenwissen sei in Gefahr, einfach von Mitarbeitern geklaut zu werden. Im Netz nennt man das auch ‚Leech'. Am Ende bin dafür wieder ich verantwortlich. Nee, das geht nicht, das muss verhindert werden."

Norman schreibt geduldig Stichpunkte mit. Er weiß, dass es hier ans und ums Eingemachte geht.

„Und haben Sie die Betriebskosten mal durchgerechnet?", fragt Marc. „Server, Pflege, Lizenzen, Updates, Plugins einspielen. Das ist ein Batzen, der anfällt, und zwar regelmäßig."

Dann sammelt er seine Blätter zusammen und klopft den Stapel in Nachrichtensprechermanier gleichmäßig. „Sorry, aber das hier muss ich blocken. Arbeiten Sie doch erst mal mit dem, was wir haben. Das wird bestimmt auch noch besser. Und da habe ich auch schon tolle Sachen gesehen. Ich denke auch, dass ich Ihnen genug Argumente gegeben habe, warum das aktuell nicht geht, oder?"

Ja, Norman kann Marcs Bedenken nachvollziehen, was er ihm auch sagt. Aber er hat bereits gute Gegenargumente und wird weitere zusammentragen. Doch zunächst geht es um Politik. Kaum ist Norman nach diesem anstrengenden Gespräch zurück in seinem Büro, greift er zum Telefon und lässt sich von Ernst Entscheiders Sekretärin einen Termin beim Vorstand geben.

Jetzt gilt es, einer ganzen Reihe von berechtigten Einwürfen wirksam und überzeugend zu begegnen. Norman beginnt, sich mit uns zu beraten.

 Video: http://seibert.biz/it

4 Marc Microsoft muss das Intranet nicht über Bord werfen

Marc Microsoft befürchtet beispielsweise, dass das Firmenwiki in Konkurrenz zu bestehen Systemen im Intranet tritt – eine in Wiki-Projekten häufig geäußerte Sorge. Marcs Einwände sind legitim und nachvollziehbar. Helfen wir Norman Netzaffin dabei, dem IT-Leiter in diesem Punkt den Wind aus den Segeln zu nehmen. Es geht also um die Frage der Abgrenzung des Wikis gegenüber anderen Systemen im Intranet.

In der Regel ist es unserer Erfahrung nach nicht sinnvoll, ein Wiki als Ersatz für ein anderes System zu verstehen. Systeme im Intranet, etwa die angesprochene CRM-Software, bieten zahlreiche individuelle Prozesse, die Wikis so nicht abbilden können. Sowohl inhaltlich als auch politisch ist ein Wiki am besten als eigenständiges, unabhängiges Tool und nicht als „Anhängsel" oder als „Ersatz" zu implementieren.

4.1 Die Rolle eines Wikis

Norman sollte Marc Microsoft die Rolle des Wikis vielleicht anhand einer Metapher erläutern. Stellen wir uns vor, die IT-Infrastruktur der Capitol AG wäre ein großer Eimer, in dem sich viele Werkzeuge befinden. Die meisten sind IT-Systeme wie das ERP-System, die Finanzbuchhaltung, das Intranet, die Netzlaufwerke, das Dokumentenmanagement, der E-Mail-Server, ein CRM-System, die Website usw. Auch Meetings und interne Telefonate zählen zu diesen Werkzeugen. Stellen wir uns jedes dieser Werkzeuge nun als Stein vor. All diese Steine liegen in unserer Infrastruktur, in unserem „Eimer". Der Eimer ist fast voll, ein weiterer Stein passt nicht mehr hinein. Wenn das Wiki ein großer Stein wäre, müssten wir einen anderen Stein herausnehmen, damit wir weiterhin einen Deckel auf unseren Eimer setzen können und er nicht zu voll wird.

Aber das ist nicht sinnvoll und auch nicht erforderlich, denn ein Wiki ist kein klassisches Intranet-Portal. Und in unserer Eimer-Metapher ist es auch kein Stein, sondern feiner Sand: Es ist flexibel, schnell und fließt leicht in die Lücken, die zwischen den anderen Systemen im Eimer bestehen. In den vermeintlich vollen Eimer passt zwar kein Stein mehr, jede Menge feinkörniger Sand aber allemal.

Abbildung 10 Ein Wiki schließt funktionelle Lücken zwischen klassischen Intranet-Anwendungen.

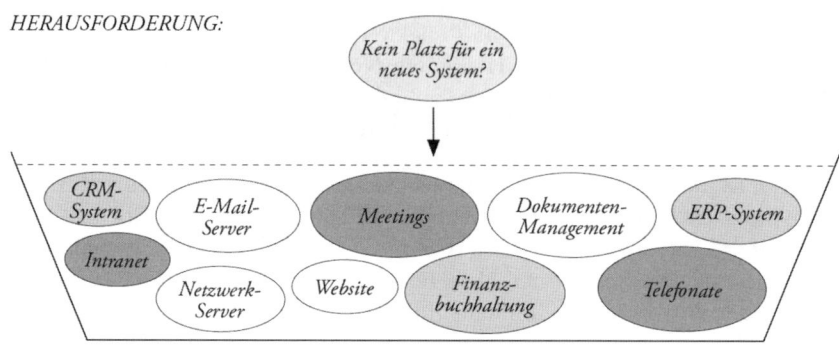

Infrastruktur eines Unternehmens

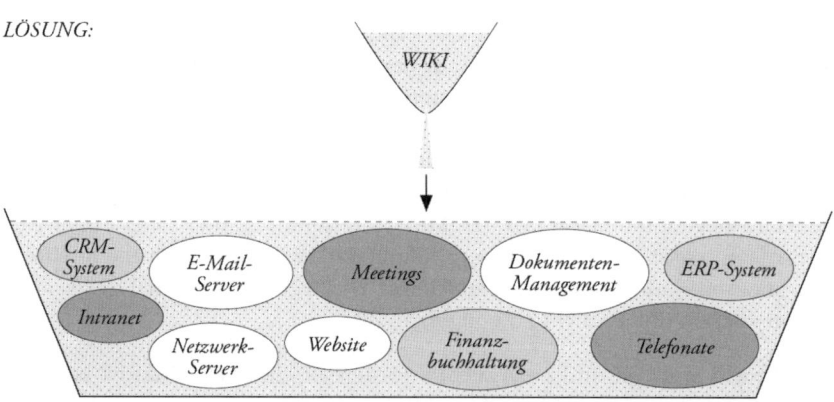

Infrastruktur eines Unternehmens

Wenn die Capitol AG an ihrer bestehenden Infrastruktur gar nichts ändern und den Sand einfach nur hinzuschütten würde, wäre die Raumausnutzung im Eimer deutlich effizienter. Und sowohl Norman als auch die IT hätten ein ziemlich einfaches Projekt vor sich. Denn statt politische Grabenkämpfe darüber auszufechten, ob das Wiki dieses oder jenes System ersetzen wird, könnten die Stärken des Wikis ausgespielt werden, nämlich den Zwischenraum zwischen den anderen Systemen auszufüllen.

4.2 Die Tücken eines erfolgreichen Wikis: Redundanz und Gnadenlosigkeit

Aber Achtung: Ein Firmenwiki, das auf diese Weise erfolgreich im Unternehmen einge-führt wird, birgt auch seine Tücken. Dies hat Marc Microsoft gerade angesprochen: „Vor-handene Funktionen kopieren! Zeitverschwendung!"

Dadurch, dass es so einfach und schnell bedienbar ist, nutzen die Mitarbeiter das Wiki immer intensiver und manchmal auch für Dinge, die eigentlich andere Systeme abbilden sollten. So finden sich auf einmal Kundenadressen im Wiki oder Unterlagen werden im Wiki statt im Dokumentenmanagementsystem gespeichert. Das ist die Realität und kommt in fast allen Unternehmen vor. Um bei der Metapher mit dem Eimer zu bleiben: Der Wiki-Sand fließt nicht nur in die Zwischenräume, sondern er macht einige Steine auch porös und dringt in diese ein. Das hat zwei Effekte:

- **Redundanz:** Es entstehen Informationen aus einer „Klasse" an zwei verschiedenen Stellen. Das ist ein Problem und kann nicht ignoriert werden.

- **Gnadenlosigkeit:** Wenn ein eingeführtes System schlecht ist und die Mitarbeiter es nicht bedienen können oder wollen, weichen sie auf andere Systeme aus. Der Vorteil für die „Abweichler" ist die Intransparenz, es merkt niemand. Im Wiki werden solche Ab-weichungen nun allerdings schnell transparent.

4.3 Wie sollte man reagieren?

Zuerst sollte Norman Marc klar machen, dass diese Redundanzen als „Reinigungsprozes-se" zu verstehen sind. Sie zeigen systemische Probleme auf. Diese gilt es nicht zu unter-drücken, sondern zu analysieren. Daher raten wir, zunächst zu beobachten, wie sich die Nutzung entwickelt und aus welchen Gründen. Oft haben die „Abweichler" einen ganz praktischen Ansatz und nutzen das eigentlich dafür vorgesehene System nur deshalb nicht, weil es zu kompliziert ist und die Anforderungen nicht voll erfüllt.

4.4 Ist das Wiki also wichtiger als die anderen Systeme?

Die Frage können wir grundsätzlich mit Nein beantworten. Ein Wiki wird in vielen Unter-nehmen schnell zu einer wichtigen Software, die viele Mitarbeiter lieben und intensiv nut-zen. Aber die Capitol AG darf nicht den Fehler machen, den Eimer zunächst auszukippen, den Sand hineinzuschütten und anschließend die Steine obendrauf zu legen. Dann passt nämlich plötzlich nicht mehr in den Eimer, was vorher problemlos darin Platz hatte.

Vielmehr ist es ratsam, den Inhalt und die Bestandteile der Infrastruktur regelmäßig auf den Prüfstand zu stellen und den Eimer immer mal wieder auszuleeren. Die Steine, die das Wiki ganz porös gemacht hat und die bald auseinanderfallen, müssen ersetzt werden, möglicherweise sogar durch eine Wiki-Erweiterung. Andere Steine wiederum werden überhaupt keine Beeinträchtigungen aufweisen.

Spätestens hieran erkennen wir, dass wir keine Redundanzen im Wiki zulassen dürfen. Zuerst kommen die Steine. Dann kommt der Sand. CRM-Inhalte haben im Wiki nichts zu suchen. Es sei denn, es ist kein oder kein richtiges, wirksames CRM-System vorhanden. Dann ist das Wiki prima.

4.5   Wikis ergänzen bestehende Anwendungen

Ein Wiki sollte nicht als Ersatz für ein anderes System eingeführt werden, sondern als eigenständige Applikation. Wenn Norman Netzaffin und Marc Microsoft erste Redundanzen zu Bestandssystemen erkennen, sollten sie diese nicht unterdrücken, sondern sie identifizieren und analysieren. Und das ist keine Zeitverschwendung, sondern hier geht es um die Steigerung der Effektivität und Effizienz der gesamten Infrastruktur.

Wenn ein bestehendes System schwach ist, empfiehlt es sich, Redundanzen zuzulassen und nach einer besseren Lösung mithilfe des Wikis zu suchen. Ist das System jedoch stabil und auch nach einer Analyse nicht verbesserungswürdig, sind die Wiki-Redundanzen mit Verweis auf das Bestandssystem konsequent zu unterdrücken. Das verstehen Mitarbeiter unserer Erfahrung nach auch schnell, sodass nach kurzer Zeit keine Redundanzen mehr entstehen, sondern das Bestandssystem genutzt wird.

Kurz: Ein Wiki ist eine neue Kategorie von Software, die die bestehenden Werkzeuge ergänzt. Diese Flexibilität gilt es zu nutzen, anstatt sich in politischen Diskussionen um Systemersatz aufzureiben.

4.6   Sicherheitsprobleme im Firmenwiki?

In unserem Postfach wartet eine E-Mail von Norman Netzaffin auf uns, in der er uns von dem Gespräch mit Marc Microsoft und dessen Ablehnungsgründen berichtet. Große Sorge bereiten Norman die Ausführungen des IT-Leiters zu den kritischen Sicherheitsaspekten bei Firmenwikis: Mit Security-Risiken steht und fällt das ganze Projekt, und Norman weiß, dass er ein anfälliges System niemals großflächig wird durchsetzen können.

Wir schreiben ihm:

„Richtig ist, dass Benutzer in einem Wiki selbst Eingaben machen können. Das ist das Wiki-Prinzip und die Basis für Kollaboration mithilfe eines Firmenwikis. Richtig ist auch, dass eine Benutzereingabe theoretisch auch die Gefahr beinhaltet, dass schädlicher Code eingeschleust werden kann. Insofern ist der Einwand von Marc Microsoft berechtigt.

Allerdings verfügen zeitgemäße, professionelle Wiki-Systeme für den Einsatz im Unternehmensumfeld über sehr leistungsfähige und ausgereifte Sicherheitsmechanismen. Diese verhindern, dass im Wiki HMTL, JavaScript und andere aktive Elemente ausgeführt werden können.

In das moderne Wiki-System, das wir Ihnen empfehlen würden, lässt sich kein HTML-Code einschleusen. Ein Widget-Plugin ermöglicht dennoch die einfache und schnelle Einbindung von externen Inhalten wie YouTube-Filmen, SlideShare-Präsentationen, Flickr-Galerien und ähnlichem Content.

Wir bieten Ihnen an, mit Ihnen einen Wiki-Administratoren-Workshop durchzuführen, sofern es Ihnen gelingt, Marc Microsoft zur Teilnahme zu bewegen. Dafür könnten wir gerne ein Testsystem aufsetzen – das sich auch mit Sicherheit später noch als nützlich erweisen wird – und Ihnen und Ihren Kollegen in diesem genau und direkt in der Anwendung zeigen, welche Schutzmechanismen moderne Wiki-Software mitbringt.

Tatsächlich erfüllen ausgereifte Wikis nämlich die etablierten Sicherheitsanforderungen, die auch für andere webbasierte Anwendungen im Intranet gelten. Das Wiki ist möglicherweise nicht sicherer als Ihre vorhandene Microsoft-Lösung. Aber diese ist auch gewiss nicht sicherer als das Wiki. Wir sind davon überzeugt, dass im Workshop die Sicherheitsbedenken Ihres IT-Leiters ausgeräumt werden können."

 Video: http://seibert.biz/sicherheit

Darüber hinaus schicken wir Norman eine umfangreiche Liste mit Referenzkunden der unserer Ansicht nach für die Capitol AG am besten geeigneten Wiki-Lösung mit.

Nein, mit bloßen Autoritätsargumenten ist der IT gegenüber sicherlich noch kein Staat zu machen. Aber eine solche Aufstellung kann durchaus schon dazu beitragen, Widerstände im Hinblick auf Sicherheitsaspekte zumindest aufzuweichen und für kleine Aha-Erlebnisse zu sorgen: Eine Wiki-Software, die den Sicherheitsansprüchen von Adobe, Airbus, Boing, BMW, der British Telecom, dem CERN, Cisco, der Deutschen Bank und Tausenden anderen renommierten Unternehmen, Konzernen und Organisationen in aller Welt genügt, dürfte zumindest kein Himmelfahrtskommando sein. Alles Weitere werden wir Marc Microsoft im Admin-Workshop zeigen.

5 Politische Unterstützung in Grundsatzfragen

Einige Tage später: Norman Netzaffin klopft an Ernst Entscheiders Bürotür, nicht zum ersten Mal in dieser Woche. Es ist ihm schon ein bisschen peinlich, in der Wiki-Frage ständig den kommunikativen Umweg über den Vorstand zu nehmen.

Ja, er macht Fortschritte bei der „Bearbeitung" des IT-Chefs: Er konnte Marc Microsoft überzeugend erläutern, warum das Wiki den Förderungsstrategien der IT-Abteilung nicht entgegensteht. Beim kürzlich durchgeführten intensiven Administratoren-Workshop hat der IT-Leiter den Security-Spezialisten, den die „Wiki-Herren", wie Marc sie nennt, mitgebracht haben, ordentlich ins Kreuzverhör genommen und offenbar zufriedenstellende Antworten auf seine vielen Fragen erhalten.

Aber Norman ist klar, dass er noch weit davon entfernt ist, Marc auf seine Seite gezogen zu haben – was wohl auch nie so ganz gelingen wird. Doch ohne die weitere Unterstützung von ganz oben wird es nicht einmal einen kleinsten gemeinsamen Nenner geben.

Ernst Entscheider begrüßt ihn: „Ach richtig, wir sind ja verabredet." Es klingt ein bisschen wie: „Sie schon wieder!"

Beim letzten, sehr ausführlichen Gespräch hat Norman dem Vorstand nochmals die Vorteile der Zusammenarbeit mit einem Wiki dargelegt und damit bei Ernst offenbar Eindruck gemacht: „Prima! Machen Sie das doch. Nehmen Sie das unter Ihre Fittiche und probieren Sie es aus. Ich habe Ihnen doch schon signalisiert, dass Sie meinen Segen haben. Ich unterstütze Sie und freue mich auf Ihre Ergebnisse."

„Das ist der springende Punkt: Ich brauche nicht Ihre passive, sondern Ihre aktive Unterstützung." Dann hat Norman dem Vorstand von der Verweigerungshaltung der IT und der daraus resultierenden Gefahr für das Projekt erzählt. Ebenso hat er dargelegt, warum die Befürchtungen Marc Microsofts unbegründet sind.

„Ich bitte Sie darum, sich kurzfristig und mit einem absehbaren Ende gemeinsam mit mir ins Zeug zu legen, um interne politische Widerstände zu überwinden. Können Sie nicht mal mit Marc Microsoft sprechen? Ich bin fest davon überzeugt, dass Ihr Engagement in dieser Sache zum Vorteil unseres Unternehmens wäre."

„Muss das wirklich sein?", hat Ernst gefragt.

In diesem Fall: Unbedingt. Hier darf Norman nicht lockerlassen, angesichts der politischen Konstellation muss er hier durch.

Ja, es dauert oft lange, und ja, es geht selten von heute auf morgen, sich der aktiven Unterstützung auf Entscheiderebene zu versichern. Doch in einer solchen Situation und insbesondere bei Widerstand seitens der IT ist „Strong Backing from the Top" nahezu unerlässlich – und letztlich in den meisten Fällen auch hilfreich und zielführend.

Auf Normans Drängen hin hat Ernst Entscheider inzwischen mit Marc Microsoft gesprochen und sich seine Gründe angehört. Er versteht die Sicht der IT auf das Projekt und ihre Sorgen ebenso gut wie Normans Ambitionen.

Nachdem er das Meeting mit Marc zusammengefasst hat, sagt der Vorstand nun zu Norman: „Gut, ich denke, wir müssen hier klarstellen, dass oberste Priorität das Wohl der Capitol AG hat. Ich sehe die Potenziale hinter Ihrer Wiki-Idee. Doch ich erwarte von Ihnen beiden in dieser Diskussion Entgegenkommen und Kooperation. Ich bin auch bereit, darauf hinzuarbeiten. Dann muss das für mich aber vorbei sein."

Darauf kann Norman aufbauen. „Morgen kommen unsere Wiki-Berater wieder zu uns: In einem Workshop wollen wir Anwendungsfälle in einem Wiki-Testsystem abbilden, die exemplarisch für unser Unternehmen sind. Übermorgen um elf würde ich die Ergebnisse gerne präsentieren. Es wäre perfekt, wenn Sie sich diese Zeit nehmen könnten."

Norman zieht erwartungsfroh die Augenbrauen hoch und Ernst Entscheider nickt.

6 Entscheidende Fragen bei der Evaluation von Wiki-Software

Im Rahmen eines ersten Use-Case-Workshops zeigen wir Norman Netzaffin und seinem kleinen Team in der aufgesetzten Testinstallation, was die Wiki-Technologie hergibt. Gemeinsam und mithilfe guter Vorlagen und von Wiki-Formularen erstellen wir strahlende Beispiele für prototypische Anwendungsfälle in der Capitol AG: einen umfangreichen Bericht mit Charts, Diagrammen und grafischen Auswertungen, eine Bereichsportalseite, einen internen Blog für Normans Abteilung, einen Hilfebereich mit direkt in die Seite eingebundenen Video-Tutorials.

In der Live-Demonstration, zu der er neben Ernst Entscheider natürlich auch Marc Microsoft eingeladen hat, zeigt Norman, was das Wiki kann. Er präsentiert die ausgearbeiteten Beispiele, erklärt, wie mithilfe von Plugins die Funktionen eines Wiki-internen Aufgabenmanagements abgebildet werden können, zeigt, wie die Live-Indizierung von Inhalten funktioniert, erläutert, wie man mit dem Markup-Code arbeitet.

„Okay", schließt Norman Netzaffin seine Live-Präsentation, „diese beispielhaften Anwendungsfälle und Möglichkeiten des Wikis wollte ich Ihnen zeigen. So können wir ganz konkrete Probleme lösen, wie Sie gesehen haben. Und? Was denken Sie?"

Er wendet sich erwartungsfroh und selbstbewusst an die anderen Teilnehmer des Meetings und sieht den IT-Chef direkt an.

„Jaaa, das ist schon recht beeindruckend und sieht ausgereift und professionell aus, das gebe ich frei heraus zu", antwortet Marc. „Aber wir haben – ich kann es nur ein ums andere Mal wiederholen – in unserem Microsoft-basierten Kollaborationssystem auch diese Möglichkeiten zur Zusammenarbeit. Auch dort gibt es eine Wiki-Funktion. Das alles geht auch mit unserer bestehenden Infrastruktur."

„Nein, es geht eben nicht alles!", sagt Norman eindringlich. „Ich habe die Systeme wirklich ausgiebig verglichen, glauben Sie mir."

Wikis für den Einsatz im Unternehmen sind inzwischen sehr ausgereift, sowohl im kommerziellen als auch im Open-Source-Bereich. Entscheidend bei der Evaluation von Wiki-Systemen ist, dass man sich wie Norman Netzaffin über die Anforderungen an das System klar wird – dies ist der erste und wichtigste Schritt. Bei der Auswahl des richtigen Systems sind nämlich zahlreiche Kriterien und Faktoren zu berücksichtigen.

6.1 Open-Source-Software oder kommerzielles Firmenwiki?

Grundsätzlich sollte zwischen quelloffenen, kostenfreien Open-Source-Wikis und kommerziellen Systemen unterschieden werden. Setzt das Unternehmen gerne auf Open-Source-Software? Das ist beileibe keine Ausnahme: Im Open-Source-Bereich gibt es professionelle, ausgereifte Systeme, hinter denen große, engagierte Communities stehen. Und Open Source ist eben „sexy". Oder ist Open-Source-Software wie bei der Capitol AG generell zu vermeiden? (Marc Microsoft: „Open Source kann ich privat nutzen. Aber professionell im Unternehmen? Himmelfahrtskommando!") Auch das ist keine Seltenheit und absolut legitim. In vielen Unternehmen gibt es jedenfalls eine klare Tendenz in diese oder jene Richtung.

6.2 Preis?

Ist das Unternehmen bereit, Lizenzgebühren für ein Wiki zu entrichten? Welche Gebühren fallen für welches System an? Bei kommerziellen Systemen sollte man nicht nur die Kosten der Software selbst, sondern auch die Folgekosten für den Support sowie für kostenpflichtige Plugins berücksichtigen, sofern man diese benötigt. (Um die von Marc favorisierte Wiki-Funktion des Microsoft-Systems halbwegs professionell zu nutzen, wäre aller Erfahrung nach in jedem Fall ein ordentliches Budget erforderlich, und zwar auch dann, wenn die kostenlose Variante im Einsatz ist, die das Lizenzpaket schon enthält.)

6.3 Existiert eine aktive Community?

Es ist wichtig, dass Firmenwiki-Software weiterentwickelt wird. Enterprise 2.0 ist ein rasant wachsendes Feld, in dem sich immer neue Anforderungen und Möglichkeiten auftun. Wenn es keine Entwicklungsgemeinde gibt, die Trends aufgreift und Leistungswünsche nachvollzieht, ist ein System schnell veraltet. Ist ein kostenloser Support durch die Community – wie bei vielen Wikis üblich – gewährleistet? Wie viele verschiedene Dienstleister gibt es und wie steht es um die Qualität und Wissenstiefe dieser Dienstleister?

6.4 Handelt es sich bei dem Wiki um eine anerkannte Lösung?

Kein Unternehmen möchte unbedingt das erste sein, das herausfindet, dass eine scheinbar innovative neue Lösung gar keine ist. Firmenwikis gibt es seit 1998. Es ist wirklich ratsam zu schauen, wer im Markt etabliert und angesehen ist. Hier spielen Referenzen und Erfahrungen von anderen Unternehmen und Dienstleistern mit Wiki-Expertise eine große Rolle.

6.5   Verwendete Technologie?

Welche Programmiersprache kommt zum Einsatz (z. B. Java, Perl, PHP)? Arbeitet das Wiki auf Basis einer Datenbank (z. B. mySQL etc.) oder mit Dateien? Soll das Wiki in eine universelle Unternehmenssuche integriert werden? Welche Ansprüche an Performanz und Skalierbarkeit bestehen? Hier stellt nicht selten die IT bestimmte Bedingungen. Die Praxis zeigt allerdings, dass Anforderungen wie „Nur Java!" oder „Auf jeden Fall mySQL!" im Wiki-Tagesgeschäft und auch für die Systemadministration später keine Rolle spielen.

6.6   Funktionalitäten des Systems?

Der Funktionsumfang ist ein entscheidendes Kriterium: Das Wiki soll Unternehmensprozesse abbilden und muss die Anforderungen erfüllen können, die sich aus der täglichen Arbeit ergeben. In die Evaluation von Funktionalitäten sollte man nicht zu wenig Zeit investieren. Verfügt das System über ein durchdachtes, flexibles Berechtigungskonzept? Können Wiki-Bereiche angelegt werden? Kann das Wiki beispielsweise Tabellen, Charts usw. abbilden? Verfügt das System über einen nativen WYSIWYG-Editor? etc.

6.7   Usability und Design?

Die Mitarbeiteraktivierung und die Generierung einer kritischen Masse von Nutzern sind die zentralen Erfolgsfaktoren bei der Wiki-Einführung. Mitarbeiter sollen tagtäglich (und gerne) mit dem Wiki arbeiten und es als festen, integrierten Bestandteil der Infrastruktur wahrnehmen. Erfüllt die Software also grundsätzliche Usability-Standards? Ist die Oberfläche einfach bedienbar? Ist das Layout des Wikis an das Corporate Design des Unternehmens anpassbar? Wie aufwändig ist die Administration?

6.8   Anspruch an das Projekt?

Soll das Firmenwiki nur abteilungsintern oder flächendeckend eingesetzt werden? Handelt es sich um einen „Testballon" auf Initiative eines Bereichs oder um einen Unternehmensbeschluss zum großflächigen Rollout? Wie hoch ist die voraussichtliche Anzahl der User? Skalierbarkeit und die Voraussetzungen für eine reibungslose Integration in die bestehende IT-Infrastruktur spielen eine wesentliche Rolle bei der Wiki-Einführung.

6.9 Migrierbarkeit der Daten?

Viele Unternehmen möchten bzw. müssen sich die Option offenhalten, ihre Daten später umzuziehen und in andere Systeme zu übertragen. Können die Daten also möglichst automatisiert in ein anderes System migriert werden? Wie aufwändig ist der Umzug?

6.10 Bietet das Wiki eine einfache Systemadministration?

Entscheidend für eine einfache Systemadministration sind schnelle Backups, unkompliziert einzuspielende Updates, kurzfristige Reaktionsmöglichkeiten auf Exploits usw. Auch die Lauffähigkeit unter verschiedenen Betriebssystemen muss bei der Evaluation geprüft werden.

6.11 Sind hochwertige Plugins verfügbar?

Die Erweiterungen machen Wikis erst zu richtigen Firmenwikis. Werden abzubildende Prozesse von geeigneten Erweiterungen unterstützt? Sind diese Plugins ausgereift? Hier müssen die verfügbaren Erweiterungen auf Stabilität und Qualität geprüft werden.

Der Faktor Technologie spielt nicht die wichtigste Rolle bei einem Wiki-Projekt, zu vernachlässigen ist er aber keinesfalls. Es ist wichtig, im Vorfeld einer Wiki-Einführung die eigenen Anforderungen genau zu analysieren, wie Norman Netzaffin es getan hat, und herauszufinden, welches System die abzubildenden Prozesse optimal unterstützt. In diesem Zusammenhang hat sich Norman ausgiebig insbesondere mit den gerade angeführten Plugins beschäftigt.

7 Wiki-Plugins: Welche Erweiterungen sind wichtig?

Die reine Grundfunktionalität haben alle Wiki-Systeme gemeinsam: Dokument öffnen, editieren und speichern. Das reicht auch vollkommen aus, um eine Wiki-Seite um einen Absatz zu ergänzen. Die Ansprüche an ein ausgereiftes Firmenwiki sind allerdings etwas höher, denn ein Firmenwiki soll ja eine Vielzahl von Prozessen im Unternehmen systematisch abbilden.

Fakt ist: Erst durch Plugins wird ein Wiki zu einem professionellen Enterprise Wiki. Und die verfügbaren Erweiterungen für eine Wiki-Software müssen auf Ausgereiftheit, Stabilität und Qualität geprüft werden. Um diese zusätzlichen Funktionalitäten sollte ein Wiki für den professionellen Betrieb erweiterbar sein.

 Video: http://seibert.biz/plugins

7.1 Office-Plugin

Es ist nicht unsere Aufgabe, Prognosen darüber abzugeben, wie sich Office-Dokumente in den nächsten Jahren entwickeln werden. Norman Netzaffin ahnt jedenfalls bereits, dass gemeinsam im Wiki erstellte Texte mehr Zukunft als Word-Dokumente haben. Doch die Realität sieht, wie Norman täglich erlebt, anders aus: Es wird fast ausschließlich mit Word-, PowerPoint-, Excel- und PDF-Dokumenten (häufig in Kombination mit E-Mails) gearbeitet. Verfügt Normans Wiki nicht über eine gute Integration dieser Dokumente und E-Mails, wird es ihm schwererfallen, seine Kollegen vom Wiki zu überzeugen.

Ein professioneller Office-Connector ermöglicht das Einbinden und Bearbeiten von Word-Dokumenten, Excel-Tabellen, PowerPoint-Präsentationen und Open-Office-Dateien. Office-Integration bedeutet, dass Nutzer Dateien ins Wiki importieren können: So werden z. B. aus Word-Dokumenten Wiki-Inhalte. Ein professionelles Office-Plugin ermöglicht auch das Hochladen und Ablegen von Dateien, die wie normale Wiki-Seiten durchsucht und versioniert werden können. Eine überzeugende Office-Integration ermöglicht darüber hinaus, Office-Dokumente aus dem Wiki heraus zu öffnen, in Word, Excel oder PowerPoint zu verändern und mit dem Speichern direkt zurück ins Wiki zu sichern.

 Video: http://seibert.biz/office

Unserer Erfahrung nach ist die Office-Integration im Wiki ein wirklich wichtiges Argument, um neue Nutzer zu gewinnen, bei der tatsächlichen Nutzung im Tagesgeschäft jedoch lange nicht so wichtig und relevant.

7.2   WebDAV-Plugin

Mit einem WebDAV-Plugin kann aus dem Wiki heraus auf Dateien auf dem lokalen System zugegriffen werden: Wie eben beschrieben, sind Anhänge im Wiki modifizierbar und werden direkt im Wiki gespeichert. Per WebDAV wird das Wiki also quasi zu einem Netzlaufwerk.

Solche Plugins ermöglichen es, einen Wiki-Server wie einen lokalen Rechner im eigenen Netzwerk zu nutzen und das Wiki wie andere verteilte Netzlaufwerke zu verwenden – also die Voraussetzungen dafür zu schaffen, dass Mitarbeiter ihre Dateien nicht mehr auf einem der verteilten Netzlaufwerke speichern, sondern direkt im Wiki ablegen, das wie jedes andere Laufwerk z. B. über den Windows Explorer, aber eben auch über die Web-Oberfläche zugänglich ist.

7.3   Widget-Plugin

Ein Widget-Connector ermöglicht es, multimediale und dynamische Inhalte in Wiki-Seiten einzubinden. Dazu sollten direkt abspielbare Videos oder Foto-Slideshows aus entsprechenden Portalen ebenso gehören wie Feeds aus Twitter und ähnlichen Diensten.

> Video: http://seibert.biz/widgets

7.4   Datenbank-Plugin

Das Wiki sollte über ein Plugin verfügen, mit dem Inhalte inklusive dynamischer Aktualisierung aus einer Datenbank ausgelesen werden können (z. B. Oracle).

7.5   Tag-Management-Plugin

Mit einem Plugin zur Schlagwortverwaltung lassen sich Übersichten über die Seiten eines Wiki-Bereichs und deren Tags generieren, Seiten und ihren Tochterdokumenten per Klick Tags hinzufügen und Tags unterschiedliche Status zuweisen.

Tagging ist eine oft unterschätzte und vernachlässigte Möglichkeit, Informationen im Wiki tatsächlich schnell auffindbar zu machen.

7.6   Metadaten-Plugin

Mit einem solchen Plugin können Wiki-Bereichen Metadaten hinzugefügt werden. Das umfasst z. B. Metadaten für Nutzer, Anhänge etc. Dadurch sind Bereiche hierarchisch strukturierbar und es ist möglich, entsprechende Reports in unterschiedlichen Darstellungen zu generieren.

   Video: http://seibert.biz/metadaten

7.7   Dynamische Aufgabenlisten

In Wiki-Seiten sollten via Plugin mit wenigen Klicks To-do-Listen integrierbar sein, die dynamisch aktualisiert werden und über Fortschritts- und Statusanzeigen verfügen. Mit solchen Listen lässt sich unkompliziert ein (rudimentäres!) Wiki-internes Aufgabenmanagement abbilden. Außerdem eignen sie sich z. B. auch als Grundlage für einfache Checklisten im Wiki.

7.8   Workflow-Plugin

Mithilfe eines Workflow-Plugins lässt sich ein Wiki-spezifisches Workflow- und Aufgabenmanagement inklusive Reporting etablieren. So können wiederkehrende Prozesse in standardisierte Abläufe überführt und in Workflows gespeichert werden, um sie auch künftig zu nutzen.

Ausgereifte Workflow-Erweiterungen erlauben die Definition spezifischer Prozessschritte, die Festlegung aufeinander aufbauender oder separater To-dos und die Zuweisung sowohl an einzelne Nutzer als auch an Nutzergruppen. Automatische E-Mail-Benachrichtigungen und eine automatische Darstellung der zugewiesenen Aufgaben am Dashboard sollten zum Funktionsumfang des Plugins gehören.

   Video: http://seibert.biz/workflow

7.9   Gallery-Plugin

Mit einem solchen Plugin lassen sich angehängte Bilder im Wiki-Dokument als Thumbnails darstellen und per Klick vergrößern. Es sind Slideshows der angehängten Bilder integrierbar.

7.10   Chart-Plugin

Jedes Wiki, das professionell betrieben werden soll, benötigt ein Plugin zur Erstellung von Kreis-, Linien-, Balken- und Flächendiagrammen auf Wiki-Seiten. Mit zusätzlichen Plugins sind im Optimalfall die Integration von Gantt-Charts und die Generierung von Charts aus Tabellen oder anderen externen Quellen möglich.

 Video: http://seibert.biz/charts

7.11   Dateien per Drag & Drop ins Wiki hochladen

Webbasierte Wikis bieten heute bereits vielfach nativ an, dass man Dateien einfach per Drag & Drop hochladen kann. Sie integrieren sich damit immer besser in die tägliche Nutzung und verhalten sich so, als handele es sich um eine lokal installierte Software. Das erleichtert die Anwendung gerade für Wiki-Neulinge. Dazu sind entweder Erweiterungen wie Google Gears oder Browser, die HTML 5 unterstützen, nötig. Ist ein Drag & Drop-Feature nicht nativ implementiert, sollte sich diese Funktion zumindest via Plugin integrieren lassen.

Unternehmen, die noch vor der Entscheidung über die Einführung einer Wiki-Software stehen, empfehlen wir, keine Abstriche zu machen und sich gründlich und intensiv mit den Erweiterungen der in Frage kommenden Systeme zu beschäftigen: Ihre Ausgereiftheit und Qualität sind mitentscheidend dafür, ob das Wiki sich als *dauerhafte* Lösung erfolgreich etablieren kann.

8   Das Wiki im Käfig

Norman Netzaffin fragt Marc Microsoft nun also: „Können wir im Rahmen der Wiki-Funktion unseres bestehenden Systems einfach Benachrichtigungen einstellen und Inhalte überwachen?"

Marc runzelt die Stirn. Norman fährt fort, ohne eine Antwort abzuwarten: „Können wir Seiten kopieren? Aktualisieren sich Wiki-interne Links auf eine Seite automatisch, wenn wir die Seite umbenennen? Können wir Inhalte via XML-Export zur Verwendung in anderen Systemen bereitstellen? Können wir im Quelltext unkompliziert erweiterte Funktionen in eine Seite einarbeiten? Können wir Office- und PDF-Dokumente direkt schon im Browser anzeigen lassen? Können wir eine Baumstruktur anlegen, um Seiten hierarchisch zu gliedern? Finden wir in Ihrem System mit der Suchfunktion tatsächlich und schnell, was wir suchen? Werden neue Inhalte live indiziert und sind sofort auffindbar? Ist unser System genauso intuitiv bedienbar?"

An dieser Stelle bricht Norman ab, jedoch nur, weil er nicht mehr als zehn Finger zum Mitzählen hat.

„Nein, das bestehende System kann nicht leisten, was wir mit dem Wiki vorhaben. Es gibt in unserer Standardversion kaum Plugins, mit denen wir sie an unsere speziellen Anforderungen und Anwendungsfälle anpassen können. Es gibt keine Foren, Blogs und Diskussionen, keine Verschlagwortung, keine Integration von Video- und Multimedia-Inhalten, keine Integration von RSS-Feeds. Ja, man kann kollaborativ Inhalte erarbeiten. Aber das war's auch fast schon. Es ist keine Alternative zu einer Enterprise-Wiki-Applikation. Das bestehende System ist alles Mögliche und auch ein bisschen Firmenwiki. Aber das kann uns nicht reichen."

Abbildung 11   Nutzen und Einrichtungsaufwand klassischer Portallösungen im Vergleich zu Wikis

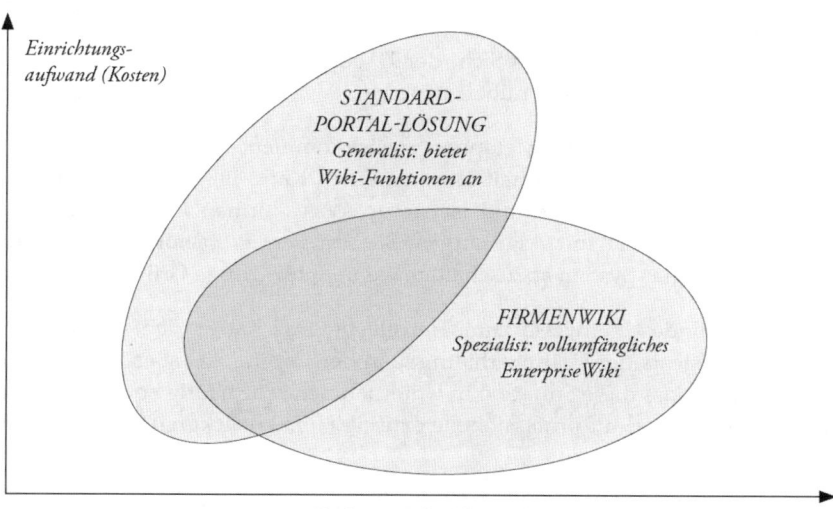

   Video: http://seibert.biz/vergleichen

Marc Microsoft muss sich geschlagen geben und einsehen, dass er unter funktionalen Gesichtspunkten keine Argumente für das bestehende Tool hat. Er stimmt schließlich zu, dass es sich bei dem Wiki um ein gutes und hilfreiches System handelt, wenn es denn genutzt wird. Nachdem die Meeting-Teilnehmer den Status quo besprochen haben, läuft alles darauf hinaus, dass Norman gegebenenfalls seine Hand für das Wiki ins Feuer legen muss.

„Lassen Sie uns klarstellen: Das übernehmen zunächst Sie", richtet Ernst das Wort an Norman. „Sie tragen in der ersten Phase die Verantwortung dafür, dass das Wiki bestimmungsgerecht genutzt wird."

„Wenn das nicht gewährleistet ist, geht es nicht", pflichtet Marc bei.

„Ja, das mache ich", schlägt Norman schweren Herzens ein. „Ich sage Ihnen hier amtlich zu, dass ich die Verantwortung übernehme. Ich sorge dafür, dass das Wiki so genutzt wird, wie es unsere Richtlinien vorsehen."

Norman wird auferlegt, eine Wiki-Richtlinie zu erarbeiten, die er mit Marc Microsoft abstimmen muss. So soll verhindert werden, dass das Wiki nicht über die sinnvollen Anwendungsbereiche hinaus in etablierte Bestandssysteme hineinwuchert.

Außerdem wird nochmals ein Termin mit einem unserer technischen Berater vereinbart, um zu prüfen, ob das System eine saubere Architektur hat und ein sicherer Betrieb gewährleistet ist. Allerdings will der IT-Chef das System zunächst nicht selbst betreiben, dafür sei momentan keine Zeit und es sei aus Sicht der IT auch nicht wichtig genug. Norman gibt sich mit diesem Teilerfolg wohl oder übel zufrieden.

Damit können wir auf die Zoo-Metapher zurückkommen: In Abstimmung mit Ernst Entscheider und Marc Microsoft erhält Norman einen Käfig im IT-Zoo im Unternehmen. Dieser Käfig hat dicke Eisenstäbe und ist sicher. Was Norman in diesem Käfig macht, überwacht und prüft die IT mit Argusaugen. Sie kritisiert Probleme, wenn sie auffallen, und erhält das Recht, das System abzuschalten, wenn dafür triftige Gründe vorliegen.

Norman wird zumindest zeitweise zum Tierpfleger. Das hat er sich so eigentlich nicht vorgestellt, ist angesichts der Kräfteverhältnisse in der Capitol AG aber kaum vermeidbar. Wir versichern ihm, dass diese Situation in Unternehmen sehr häufig entsteht. Und er kann und sollte in dieser Phase auf professionelle externe Hilfe zurückgreifen, wenn es ihm ratsam erscheint.

Zunächst soll Norman der eben getroffenen Vereinbarung zufolge das Test-Wiki zusammen mit einigen wenigen Mitarbeitern nutzen und dort insbesondere weitere Anwendungsbeispiele erarbeiten. Wenn es gut läuft, kann es für alle Kollegen geöffnet werden, aber als eine freiwillige, unverbindliche Angelegenheit. Dann darf Norman auch Werbung für das System machen.

9 Administrationskonzept

In den nächsten Tagen macht sich Norman Netzaffin erste Gedanken über die Wiki-Richtlinie, deren Erstellung ihm auferlegt worden ist. (Wie eine solche Wiki-Charta aussehen kann, werden wir noch ausführlich mit den Beteiligten besprechen, vgl. S. 152 ff.) In einem ersten Schritt arbeitet er vorsorglich schon einmal einen Vorschlag für ein Administratorenkonzept aus, mit dem sich Marc Microsoft hoffentlich einverstanden zeigen wird.

- Das Wiki erhält fünf dedizierte Administratoren-Accounts, die von fünf Mitarbeitern ausschließlich für administrative Zwecke genutzt werden. Jeder administrative Zugriff wird in einer zentralen Wiki-Seite dokumentiert und ist über die Log-Files nachvollziehbar. Jeder Administrator hat einen weiteren „normalen" Nutzer-Account für die Wiki-Arbeit im Tagesgeschäft. Administrationskonten sollen so selten wie möglich und nur wenn unbedingt nötig verwendet werden.

- Jeder Wiki-Bereich wird eigenverantwortlich von Bereichsadministratoren verwaltet. Die Administration von Wiki-Bereichen obliegt den Administratoren und folgt unseren Unternehmensrichtlinien. Bereichsadministratoren dürfen alle im System verfügbaren Funktionen nach eigenem Gutdünken anwenden.

- Das Anlegen von Gruppen und Nutzern im System obliegt den Administratoren.

- Voraussetzungen für neue Wiki-Bereiche sind mindestens drei Mitglieder und mindestens 50 Wiki-Seiten, die innerhalb der ersten 30 Tage erarbeitet werden. Ist dies perspektivisch nicht gegeben, soll mit seitenspezifischen Rechtekonfigurationen gearbeitet werden. Neue Bereiche sind in der Regel nicht über die Hauptnavigation verfügbar und werden auch nicht gesondert für andere Nutzer hervorgehoben. Neue Bereiche können nur von Administratoren angelegt werden.

- Bereiche, die seit sechs Monaten nicht geändert wurden, werden „angezählt". Das bedeutet, dass die Administratoren an die Bereichsadministratoren eine manuelle oder automatisierte E-Mail schicken und darauf hinweisen, dass der Bereich offensichtlich inaktiv ist. Nach zwölf Monaten werden diese Bereiche manuell oder automatisiert archiviert.

- Grundsätzlich können neue Plugins in das System eingestellt werden, wenn sie hochwertig, nützlich und sicher sind. Um das zu prüfen, beantragen Nutzer bei den Administratoren die Installation eines neuen Plugins in einer Testinstanz des Wikis. Sie erhalten anschließend bis zu 60 Tage Zeit, um die gewünschten Funktionalitäten zu prüfen. Danach ist ein Wiki-Dokument mit Vorteilen und einer Einschätzung an die Administratoren zu kommunizieren.

- Ein Plugin wird als sicher eingestuft, wenn es vom Hersteller der Wiki-Software offiziell unterstützt wird, der Hersteller die Sicherheit auf Anfrage erklärt oder einer der Administratoren die Sicherheit feststellt (Fürsprecher). Plugins, die diese Sicherheitsanforderungen nicht erfüllen, können nicht installiert werden.

- Das Anlegen von Benutzermakros ist bei den Administratoren zu beantragen und von diesen durchzuführen. Wird die Umsetzung seitens der Administratoren aus Sicherheitsgründen abgelehnt, können diese nicht verfügbar gemacht werden. Die übliche Eskalation über Vorgesetzte bleibt unberührt.

Norman hängt das Dokument an eine E-Mail an und schickt sie an Marc. Mal sehen, daran dürfte der IT-Chef eigentlich nicht viel auszusetzen haben.

10   Die Nutzerperspektive im Auge behalten

Marc Microsoft tritt nach dem „Herein!" ins Büro von Ernst Entscheider. Wieder sind einige Tage ins Land gegangen.

„Ah, gut, dass Sie so schnell kommen konnten", begrüßt ihn der Vorstand, bietet ihm Platz an und setzt sich ihm gegenüber. „Ich möchte zwei Themen mit Ihnen besprechen. Machen wir es kurz und bündig. Ich habe in den letzten Wochen viel mit Ihnen, mit Norman Netzaffin und mit anderen Kollegen über das Wiki-Projekt diskutiert. Wissen Sie, was mich daran stört? Dass große Teile der Kommunikation über mich gelaufen sind und ich mich in IT-Belange einmischen musste, von denen ich eigentlich nichts verstehe und die auch nicht in meinen Aufgabenbereich fallen. Deshalb will ich eine klare Ansage machen: Ich möchte und erwarte, dass das Thema Wiki im Interesse des Unternehmens künftig von selbst läuft."

„Ich verstehe Ihre Position in dieser Frage, das habe ich Ihnen schon gesagt", sagt Ernst und nimmt wie so oft seine Brille ab, wenn er diskutiert. „Was mir an Ihrer Argumentation allerdings nach wie vor fehlt, ist die Sicht des Anwenders. Für mich ist möglichst effektive und effiziente Kommunikation ein Muss in unserem Unternehmen, und dafür will ich die Voraussetzungen schaffen, indem ich meinen Mitarbeitern die am besten geeigneten Mittel zur Verfügung stelle. Dabei interessiert es mich auch nicht, welche Firma eine Software entwickelt hat, die wir einsetzen, solange sie etwas taugt und dazu beiträgt, unsere Unternehmensziele zu erreichen", kann Ernst sich einen kleinen Seitenhieb nicht verkneifen.

„Sie und ich, wir müssen nicht mit diesen Systemen arbeiten. Die Mitarbeiter sollen es tun, sie sind die Anwender, nicht der EDV-Leiter und der Vorstand. Aber man muss auch auf die Anwender hören. Tun wir das nicht, verzetteln wir uns und *behindern* die Zusammenarbeit der Mitarbeiter meiner Ansicht nach sogar. Es hilft uns nicht weiter, wenn wir … ich nenne es mal drastisch *Grabenkämpfe* führen, die sich auf abstrakter Ebene abspielen und bei denen es sich um Prinzipien oder gar um persönliche Ressentiments dreht."

„Nein, nein, das ist kein Vorwurf an Sie", beschwichtigt Ernst, ehe Marc antworten kann. „Aber wir müssen uns darauf verständigen, was unsere Aufgaben sind und was nicht. Reden wir Klartext. Die derzeitige Situation kann und darf nur eine Übergangslösung sein. Um bei Ihrem anschaulichen Zoo-Beispiel zu bleiben, das Sie kürzlich herangezogen haben: Es geht nicht, dass Norman Netzaffin als Tierpfleger dauerhaft im Blaumann herumläuft und den Stall ausmistet und hierfür auch dauerhaft die teure Hilfe externer Berater in Anspruch nehmen muss. Dafür ist er erstens in seinem eigentlichen Aufgabenfeld zu wertvoll für unser Unternehmen. Zweitens können wir für externe Beratungsleistungen auch kein Budget-Fass ohne Boden bereitstellen. Langfristig wird das Thema Wiki in Ihren Verantwortungsbereich wandern. Das ist meine Erwartung im Sinne des Unternehmens. Darauf muss sich Ihre Abteilung einstellen. Alles Weitere wird sich dann bei Bedarf klären."

Marc nickt und antwortet kurz: „Ich verstehe."

„Gut!" Ernst Entscheider setzt seine Brille wieder auf und lächelt. Er will gar nicht, dass der IT-Chef sofort klein beigibt und sich klaglos fügt. Es geht Ernst aber darum, Marc Microsoft den Standpunkt der Unternehmensführung deutlich zu machen. Dieses Pfund hat sich schon in einigen Grundsatzdiskussionen als gewichtig herausgestellt. Und er will dieses leidige Thema endlich von seinem Tisch haben.

„Apropos einstellen", kommt der Vorstand übergangslos zum zweiten Thema. „Mir ist bewusst, dass ein Zoo, der immer mehr Bewohner aufnimmt, auch mehr Ressourcen benötigt. Ich habe darüber nachgedacht und bin zu dem Schluss gekommen, dass es aufgrund der Vielfältigkeit unserer IT-Landschaft an der Zeit ist, Ja zu dem zusätzlichen Systemadministratoren zu sagen, für den Sie sich schon so lange Zeit engagieren."

„Das ist gut, sehr schön", antwortet Marc überrascht.

„Unter einer Bedingung." Der Vorstand verschränkt die Arme und macht eine dramatische Pause. „Lassen Sie in die Stellenanzeige reinschreiben: *Erfahrung mit Firmenwikis unbedingt erwünscht.*"

Marc Microsoft will eigentlich angemessen sauertöpfisch dreinblicken, kann sich dann aber doch ein spontanes Auflachen nicht verkneifen.

11 Tipp: Wann sind Software-Updates sinnvoll?

Auch der Capitol AG wird sich früher oder später die Frage stellen, wann Software-Updates für diese wichtige Anwendung sinnvoll sind – spätestens wenn das Wiki, wie Ernst Entscheider es sich wünscht, irgendwann intern betrieben wird und vollständig in die Infrastruktur integriert ist. Bei der Entscheidungsfindung spielen mehrere Aspekte eine Rolle.

11.1 Funktionalitäten: Was bringt das Update?

Am Anfang steht die Evaluation, welche neuen Funktionalitäten das Update bietet. Werden Software-Fehler behoben, die im Unternehmen bekannt sind und die die Mitarbeiter bereits angesprochen haben? Schafft es neue Funktionalitäten, die als nutzenbringend einzuschätzen sind? Oder handelt es sich vielmehr um ein Update, das nicht direkt zu einer konkreten Nutzenerweiterung führt, sondern das eher indirekt sinnvoll ist, zum Beispiel im Hinblick auf Sicherheit, Stabilität oder Performance?

Natürlich gibt es Systeme, bei denen die Verbesserung gerade dieser Aspekte einen besonderen Nutzen für den Kunden darstellt, etwa weil das System besonders instabil ist oder weil das Unternehmen ein besonders großes Sicherheitsbedürfnis hat. In einem solchen Fall wäre natürlich die Ankündigung, dass das System fortan beispielsweise um zehn Prozent schneller sein wird oder dass Sicherheitsmechanismen nochmals verbessert worden sind, sehr interessant und etwa für Marc Microsoft sicherlich ein überzeugender Update-Grund. Eine pauschale Aussage ist hier aber kaum möglich.

Nachdem geklärt ist, welche Änderungen Bestandteile des Software-Updates sind und welchen individuellen Nutzen das Unternehmen davon hat, sollte nun geprüft werden, ob es sich um ein Major- oder Minor-Update oder vielleicht „lediglich" um ein Patch handelt. Hier ist die Analyse der Versionsnummer sinnvoll.

11.2 Große Releases: Auf den ersten Patch warten?

Ein Major-Update geht in der Regel mit einem Sprung in der Versionsnummer einher. Selten werden für Major-Updates auch kleine Versionsnummernsprünge definiert, gängig sind z. B. Updates von Wiki-Version 2.9 auf 3.0, von 3.0 auf 3.1, von 3.1 auf 4.0 usw.

Nun gibt es allerdings eine ungeschriebene IT-Regel: Warte den ersten Patch ab, bevor das Update vorgenommen wird. Das ist nicht unbegründet: Ein Major-Update führt zu großen und möglicherweise sogar umwälzenden Änderungen.

Dabei entstehen häufig auch Fehler und Probleme, die anschließend behoben werden müssen.

Nach jedem Major-Update gibt es deshalb nach relativ kurzer Zeit ein Patch-Release, das die kritischsten Fehler behebt. Marc Microsoft wird daher wahrscheinlich zumindest den ersten Patch nach einem Major-Update abwarten wollen.

Auch stellen sich hier wieder Fragen nach den zu erwartenden Vorteilen: Welcher zusätzliche Nutzen entsteht? Ist das Unternehmen bereit, für diesen Nutzen ein paar Fehler in Kauf zu nehmen, oder möchte es auf keinen Fall Fehler im System haben? Das ist eine individuelle und sehr unternehmensspezifische Entscheidung.

Deshalb kann man auch nicht grundsätzlich sagen, dass es nicht sinnvoll ist, ein Major-Update sofort zu installieren, und dass man zunächst auf den ersten Patch warten muss. In der Praxis wird es aber häufig genau so gehandhabt.

11.3 Aufwand: Wie hoch sind die technischen Anforderungen?

Darüber hinaus müssen Informationen dahingehend eingeholt werden, welche technischen Anforderungen ein Software-Update stellt – nicht einfach für Unternehmen, die ein System erst kürzlich implementiert haben. Hier kann es sich für die Capitol AG lohnen, nochmals Beratung durch einen Dienstleister in Anspruch zu nehmen, der sich mit Unternehmenskommunikation und den wichtigen Systemen gut auskennt.

Anders liegt der Fall, wenn schon Updates vorgenommen wurden. Auf Basis dieser Erfahrung lässt sich der Aufwand in der Regel zumindest grob abschätzen: Wenn der Hersteller nicht explizit darauf hinweist, dass etwa neue Datenbanken oder technische Umstellungen erforderlich sind, darf man davon ausgehen, dass der Zeitaufwand auch beim aktuellen Update nicht größer sein wird als beim letzten.

Da mit einem Software-Update aber gerade in großen Unternehmen und Konzernen mitunter sehr komplexe Prozesse einhergehen, kann allerdings auch der Zeitaufwand unter Umständen relativ hoch sein.

11.4 Kosten: Rechtfertigt der Nutzen sie?

Nun muss sich der zu erwartende Nutzen an den entstehenden Kosten messen lassen. Dazu gehört in erster Linie die Entscheidung, ob das Software-Update intern oder extern durchgeführt werden soll und ob die dafür jeweils benötigten Ressourcen vorhanden sind. Der Aufwand, der für die Änderung betrieben werden muss, muss konkret eingeschätzt werden: Lässt sich die neue Version einfach einspielen? Ist ein Testsystem vorhanden?

Sind noch eigene Tests an diesem Testsystem nötig? Und: Wie viele Mitarbeiter nutzen das System eigentlich?

Das sind Informationen, die in die Kostenbetrachtung einfließen müssen. Hier empfehlen wir, einen Schätzwert zu ermitteln und eine Kosten-Nutzen-Analyse vorzunehmen. Ein signifikanter Mehrwert sollte durch ein Update natürlich schon entstehen.

Bei einigen Herstellern von kommerzieller Wiki-Software ist in besonderer Weise zu berücksichtigen, dass Update-berechtigt nur Unternehmen sind, die auch einen laufenden Wartungsvertrag haben. Das heißt: Nach dem Kauf der Software-Lizenz kann die Capitol AG über einen bestimmten Zeitraum hinweg Updates ohne Zusatzkosten vornehmen, dann ist zunächst Schluss. Der Update-willige Kunde muss seine Lizenz dann beispielsweise um weitere zwölf Monate verlängern. Auch dieser Aspekt muss also in die Kostenschätzung einfließen: Vielleicht ist das Wartungsfenster inzwischen geschlossen und erst eine neue Wartungslizenz fällig, um das Update durchführen zu können?

11.5 Updates: Option oder Pflicht?

Bei allen berechtigten betriebswirtschaftlichen Abwägungen für oder wider ein Software-Update gibt es aber auch gewisse Pflichten: Es ist nicht empfehlenswert und im Sinne eines funktionierenden Systems auch nicht gangbar, etwa drei Mal in Folge auf ein Update des Wiki-Systems zu verzichten, weil der Nutzenanstieg im Vergleich zum vorangehenden Update angesichts entstehender Kosten zu gering erscheint.

Früher oder später entstehen dann nämlich tatsächlich signifikante Betriebsrisiken, die eben jene Faktoren Sicherheit, Stabilität und Performance betreffen. Bei jedem Update muss die Entscheidung ggf. also unter Berücksichtigung der (ausgelassenen!) Vorgängerversion und ihrer Features, die nicht mitgenommen wurden, getroffen werden.

 Video: http://seibert.biz/update

11.6 Faustregel: Spätestens nach drei Auslassungen nachziehen

Jedes Unternehmen hat spezifische Anforderungen und Voraussetzungen. Grundsätzlich gelten aber diese Faustregeln:

■ Als Unternehmen kann man ein einzelnes Update gewiss überspringen, und man muss sicherlich nicht jeden einzelnen Patch dritten Grades (3.1.x oder 4.2.x) mitnehmen.

■ Nach der zweiten, spätestens aber nach der dritten ausgelassenen Version empfiehlt es
  sich allerdings dringend, nachzuziehen und sein System auf den aktuellen Stand zu
  bringen.

■ Je kleiner Updates sind, desto eher können sie ausgelassen werden. Bei Major-Releases
  dagegen ist es in der Regel so, dass die funktionalen Erweiterungen so interessant sind,
  dass spätestens nach Verfügbarkeit des Patches auch ein Update interessant ist.

Teil 3:
Organisatorische und kulturelle Aspekte

Nachdem in der Capitol AG die technologischen Aspekte einer Wiki-Einführung besprochen worden sind und wir bereits einen Blick auf das zukünftige Verhältnis der IT zum neuen Firmenwiki geworfen haben, ist es an der Zeit, mit den Verantwortlichen die Wiki-Einführung unter organisatorischen und kulturellen Gesichtspunkten zu diskutieren.

Oft werden Wiki-Projekte von Personen vorangetrieben, die eine hohe Affinität zu neuen Technologien haben und dem Web als Medium aufgeschlossen gegenüberstehen – Norman Netzaffin ist ein Paradebeispiel. Bei der Planung der Wiki-Einführung stehen für diese internen Wiki-Champions häufig technische Aspekte im Vordergrund: Welche Software kommt zum Einsatz? Wie performant ist die Anwendung? Wie passt das System in die technische Infrastruktur?

All diese Fragen sind berechtigt und müssen vor der Einführung des Systems diskutiert und beantwortet werden. Eine besondere Bedeutung erlangen sie, wenn es einen Kollegen wie Marc Microsoft gibt, der die Einführung des Wikis unter technischen Gesichtspunkten für bedenklich hält und sie blockiert. In den meisten Unternehmen sind technische Fragen für den Erfolg oder Misserfolg der Wiki-Einführung jedoch nicht ausschlaggebend.

Wir sind dabei, mit Norman die nächsten Schritte in unserem Vorhaben per Video-Chat abzustimmen und ein wichtiges Meeting zu planen. Bei dieser Gelegenheit weisen wir unseren Ansprechpartner gleich zu Beginn auf das Verhältnis der Erfolgsfaktoren hin: „Nach mehr als 200 durchgeführten Wiki-Projekten haben wir im Rahmen einer internen Befragung einmal unsere Wiki-Berater gebeten, Probleme aufzuführen, die in solchen Projekten tatsächlich entstehen. Die Erhebung zeigt, dass es vor allem kulturelle und organisatorische Herausforderungen sind, die gemeistert werden müssen."

Via Skype schicken wir Norman den Link auf eine Infografik (siehe Abbildung 12), die grafisch darstellt, mit welchen Problemen Unternehmen bei der Wiki-Einführung zu kämpfen haben.

Abbildung 12   Faktoren, von denen der Erfolg einer Wiki-Einführung abhängt

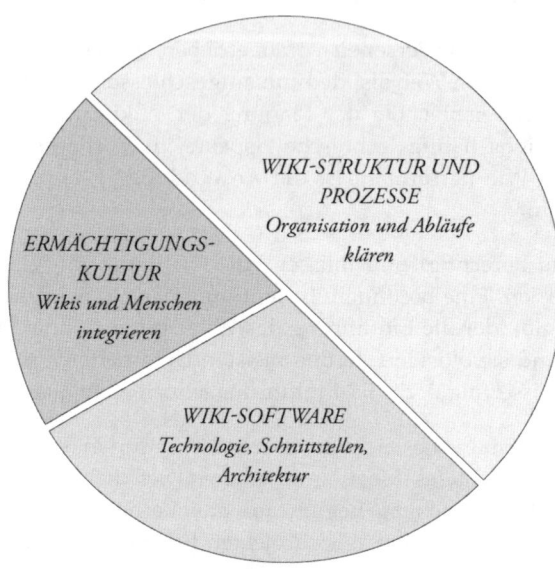

Die technischen Aspekte machen nur etwa ein Drittel der Schwierigkeiten aus, die im Unternehmen vorherrschende Kultur und die organisatorischen Rahmenbedingungen zeichnen hingegen für etwa zwei Drittel der Probleme verantwortlich. Was genau unter Kultur und Organisation zu verstehen ist, wollen wir im Rahmen der nächsten Termine mit unseren Projektpartnern in der Capitol AG erläutern.

Bevor wir in das Thema einsteigen, ist es uns wichtig, Norman eine zentrale Grunderkenntnis zu vermitteln: „Einen Gesichtspunkt sollten Sie bereits jetzt verinnerlichen: *It's not about software, it's about people.* Selbst wenn Ihr Wiki die berühmte ‚eierlegende Wollmilchsau' wäre und eine herausragende Usability hätte, würde eine Einführung scheitern, wenn beim Rollout kulturelle und organisatorische Besonderheiten missachtet werden."

Davor wollen wir die Capitol AG natürlich bewahren und klären Norman und sein Team deshalb auf, was sie bei der Wiki-Einführung neben den technischen Aspekten noch beachten müssen.

1 Die fünf Stufen des Adoptionsprozesses

Eine neue Software einzuführen, die von den Mitarbeitern in einem Unternehmen genutzt werden soll, ist für die beteiligten Personen oft eine neuartige Aufgabe.

Tatsächlich entspricht eine Wiki-Einführung vom Ablauf her aber den bekannten Mechanismen anderer Diffusionsprozesse. Die Anfänge der Diffusionsforschung gehen zurück auf die Arbeiten der amerikanischen Forscher Bryce Ryan und Neal Gross, die in den 40er Jahren erste umfangreiche Studien zu dem Thema an der Iowa State University durchgeführt haben. Aufbauend auf diesen Erkenntnissen veröffentlichte der Soziologe Everett M. Rogers, der in Iowa promovierte und in diesem Zusammenhang mit den Arbeiten von Ryan und Gross in Berührung kam, 1963 seinen Forschungsklassiker *Diffusion of Innovations*. Dort beschreibt er detailliert, welche unterschiedlichen Stufen Innovationen durchlaufen, bis sie von den für sie relevanten Gruppen angenommen werden. Insgesamt identifiziert Rogers fünf Stufen, die allgemeine Gültigkeit haben, also unabhängig von der Art der Innovation sind.

Wir schicken Norman einen Link auf einen zusammenfassenden Blog-Artikel und gehen die Stufen einmal gemeinsam durch:

1. **Knowledge:** In diesem Stadium kommt der Anwender zum ersten Mal in Kontakt mit der Innovation, es fehlt ihm jedoch an Hintergrundwissen. Noch zeigt der Anwender aber keine Ambitionen, sich diese Informationen zu beschaffen.

2. **Persuasion:** In diesem Stadium interessiert sich der Anwender für die Innovation und sucht aktiv nach weiteren Informationen und Details.

3. **Decision:** In diesem Stadium befasst sich der Anwender mit dem Konzept, wägt Vor- und Nachteile ab, die durch die Nutzung der Innovation entstehen würden, und entscheidet auf dieser Grundlage, ob er die Innovation annimmt oder ablehnt. Aufgrund des individuellen Hintergrundes ist es Rogers zufolge in diesem Stadium besonders schwierig, empirische Evidenz zu erreichen.

4. **Implementation:** Der Anwender nutzt die Innovation je nach Situation unterschiedlich intensiv und befindet, wie nützlich die Innovation ist. Manche Anwender verschaffen sich in dieser Phase noch mehr Hintergrundwissen.

5. **Confirmation:** Der Anwender trifft in diesem Stadium die finale Entscheidung, die Innovation weiterhin zu nutzen und ihre Potenziale voll auszuschöpfen.

Auch wenn es sich bei der Diffusionsforschung um ein spannendes Themenfeld handelt, wollen wir an dieser Stelle nicht zu sehr in theoretische Grundlagen abdriften, sondern uns auf das konzentrieren, was für Norman Netzaffin und andere Wiki-Champions wichtig ist: Diffusionsprozesse folgen einem immer gleichen Muster, deshalb können wir uns bei der Wiki-Einführung an dem vorhandenen Wissen orientieren. Im ersten Schritt muss das Wiki bekannt gemacht werden, die Mitarbeiter müssen wissen, dass es eine neue Anwendung gibt und was sie mit ihr anstellen können. Im zweiten Schritt müssen die Mitarbeiter mit dem Wiki in Berührung gebracht werden; sie sollen die Anwendung kennenlernen und aktiv erleben, welche Vorteile es bringt, mit dem Wiki zu arbeiten. Im dritten Schritt muss sich das positive Nutzungserlebnis manifestieren, sodass eine innere Entscheidung zugunsten des Wikis gefällt wird: „Ja, mit diesem Tool wollen wir arbeiten." Im vierten Schritt muss das Wiki in die Arbeitsabläufe integriert werden, sodass die Mitarbeiter den Nutzen im Alltag spüren. Im fünften und letzten Schritt wird das Wiki zu einem festen Bestandteil des Arbeitslebens und etabliert sich als nützliches Werkzeug.

Norman ist gut beraten, sich diesen Adoptionsprozess mit seinen fünf Stufen immer wieder zu verdeutlichen und ihn bei der Wiki-Einführung zu berücksichtigen. Wenn er ihn ignoriert, läuft er Gefahr, dass die Wiki-Einführung misslingt.

„Sie müssen sich dabei vor Augen halten, dass der Prozess linear verläuft und die Stufen aufeinander aufbauen. Diese Grunderkenntnis hilft dabei, den Einführungsprozess besser zu strukturieren und möglicherweise verheerende Fehler zu vermeiden", legen wir Norman ans Herz.

So muss es beispielsweise eine grundlegende Bekanntmachung geben, dass eine neue Software eingeführt wird und was sich das Unternehmen davon verspricht (*Knowledge*). Es müssen Use-Cases definiert werden; die Mitarbeiter müssen wissen, welche Aufgaben sie mit dem neuen Tool erledigen sollen, um den Nutzen besser zu verstehen (*Persuasion*). Es muss eine Feedbackschleife etabliert werden; die Nutzer müssen Gelegenheit bekommen, Verbesserungsvorschläge zu äußern und das Wiki so zu formen, dass es ihren Anforderungen entspricht (*Decision*). Es muss einen klaren Plan geben, wie sich das Tool gegenüber anderen Systemen verhält und welche Rolle es einnimmt, damit die Nutzung in den Arbeitsalltag übergehen kann (*Implementation*). Nur wenn die einzelnen Stufen Schritt für Schritt gegangen werden, gelingt die Einführung und das Wiki etabliert sich als vollwertige und wertvolle Unternehmens-Software (*Confirmation*).

Wir verdeutlichen den Prozess an einem Beispiel: „Wenn Sie eine Treppe raufgehen und dabei eine Stufe übersehen oder ihre Höhe falsch einschätzen, ist die Gefahr groß, dass Sie stolpern und auf die Nase fallen. Genau dasselbe gilt auch für die Wiki-Einführung."

An dieser Stelle ermutigen wir Norman, sich näher mit dem Thema Diffusionsforschung auseinanderzusetzen. Der englische Wikipedia-Artikel vermittelt einen kompakten Überblick zu Adoptionsprozessen. Rogers' *Diffusion of Innovations* ist einfach zu lesen und kurzweilig. Als Hintergrundwissen und um die richtige Mentalität für die Einführung eines Wikis, einer anderen Software oder einer beliebigen sonstigen Innovation zu erhalten, sind diese Informationen von unschätzbarem Wert.

2 Ein Pilotprojekt als Pflichtprogramm

„Aber jetzt endgültig genug der Theorie. Kennen Sie den klugen Spruch *You never get a second chance to make a first impression?*", fragen wir Norman.

Wir sehen auf unserem Bildschirm, wie er wissend lächelt und dann antwortet: „Klar, Oscar Wilde. Oder Mark Twain. Weiß man nicht so genau, oder? Aber worauf Sie hinauswollen, glaube ich zu wissen."

Bei der Einführung einer neuen und von ihrer Art her andersartigen Software passt dieser Spruch sehr gut: Eine Wiki-Einführung kann man nicht beliebig oft wiederholen. Wenn die Einführung schiefgeht, hinterlässt man „verbrannte Erde" – und verbrannte Erde ist bekanntlich nicht sonderlich fruchtbar. Deshalb empfiehlt es sich, vor dem Rollout auf einen größeren Personenkreis mit einem Pilotprojekt zu starten, bei dem eine überschaubare Anzahl an Personen prüft, ob das Wiki die in es gesetzten Erwartungen erfüllen kann. Nur wenn das Wiki diesen Praxistest besteht, sollte es ausgerollt werden.

„Verbrannte Erde", wiederholt Norman gedehnt. „Hui, das sind ja nun Begriffe, die man nicht so gerne hört und die ziemlich dramatisch klingen. Nicht dass ich es darauf anlegen würde, ich will es nur verstehen: Ist eine gescheiterte Wiki-Einführung denn wirklich so ein Drama? Ich meine, es kann natürlich immer etwas nicht funktionieren, doch dann kann man es doch auch reparieren und zum Guten wenden, oder? Okay, der erste Eindruck ist eine Sache."

Dann zieht Norman die Augenbrauen hoch und grinst, als sei ihm gerade etwas Heiteres in den Sinn gekommen. „Am Wochenende hat meine Frau uns zwei mit einem DVD-Abend … sagen wir *beglückt*. Der Film hieß *Liebe auf den zweiten Blick.*"

Wir werfen uns schmunzelnd wissende Blicke zu. Aber „Liebe auf den zweiten Blick" mag es in romantischen Komödien zwischen Emma Thompson und Dustin Hoffman geben – zwischen Mitarbeitern und Firmenwiki allerdings nicht.

Die Antwort auf Normans Frage, wie dramatisch eine gescheiterte Wiki-Einführung nun ist, gibt uns die dritte Stufe des Innovationsprozesses, *Decision*. Während dieser Entscheidungsphase manifestiert sich die Einstellung gegenüber einer Innovation. Wenn die Innovation schlecht vorbereitet ist, entwickeln die Nutzer eine negative Einstellung, die in der Regel eine gewisse Stabilität hat. Zudem besteht die Gefahr, dass sich eine negative „öffentliche Meinung" entwickelt. Es kann sein, dass die Innovation in der gesamten Abteilung, im gesamten Bereich, im gesamten Unternehmen negativ wahrgenommen wird. Selbst Mitarbeiter, die noch nicht mit dem neuen Tool in Berührung gekommen sind, nehmen eine reservierte Haltung ein.

Medienwissenschaftler sprechen in diesem Zusammenhang von einem negativen *Frame*, die Neuheit erhält so keine faire Chance.

Deshalb ist ein Pilotprojekt so wichtig: Je größer der Personenkreis ist, der das Wiki im Falle einer schlecht vorbereiteten Einführung ablehnt, desto mehr verbrannte Erde produziert man.

> 🎞 Video: http://seibert.biz/pilot

Norman hört uns weiter interessiert zu, als wir ihm anschließend die Agendapunkte für das anstehende Meeting bei der Capitol AG vorschlagen und die Inhalte schon umreißen: die Idee des Pilotprojekts vertiefen, die Gefahren erläutern, die eine vorschnelle und schlecht geplante Einführung mit sich bringt, die Notwendigkeit darstellen, mit einer kleinen Gruppe anzufangen und den Nutzerkreis langsam zu vergrößern.

Er nickt und signalisiert offenbar Zustimmung. Umso erstaunter sind wir, als er uns mit fröhlichem Gesicht erklärt, dass er auf ein Pilotprojekt dennoch verzichten will: „Die Argumente sind solide, ganz klar. Aber ich bin mir sicher, dass das bei uns nicht passieren wird. Außerdem haben wir einen engen Zeitplan, gerade Ernst Entscheider will Ergebnisse sehen. Die Trockenübungen sind sicherlich hilfreich, aber ich bin der Ansicht, dass wir direkt ins kalte Wasser springen sollten. So lernt man das Schwimmen bekanntlich am schnellsten."

So wie Norman Netzaffin reagieren leider viele Wiki-Champions. Theoretisch finden sie die Idee eines Pilotprojekts gut, in der Praxis wollen sie dann aber doch lieber sofort loslegen. Weil uns dieses paradoxe Verhalten anfangs erstaunt hat, haben wir mit den Kunden darüber gesprochen, warum sie keine Pilotprojekte durchführen wollen. Drei Gründe haben wir dabei immer wieder gehört: Sie kosten Geld, benötigen Zeit und sind im konkreten Fall überflüssig.

Die Gründe klingen überzeugend, entpuppen sich bei näherer Betrachtung jedoch als Scheinargumente. Nehmen wir sie deshalb etwas genauer unter die Lupe.

2.1   (Schein-)Gegenargument 1: Geld

Die meisten Wiki-Einführungsprojekte haben ein überschaubares Gesamtbudget. Ein Pilotprojekt, so die Befürchtung, erhöht dieses Budget und fungiert als Kostentreiber. Dieses Argument ist sowohl kurzsichtig als auch falsch. Die externen Kosten erhöhen sich durch das Vorschalten eines Pilotprojekts in der Regel nur geringfügig. Meist müssen lediglich zusätzliche Workshops durchgeführt werden, weil mehrere Personengruppen zu schulen sind, erst das Pilotteam, dann das Rollout-Team. Allerdings lässt sich selbst dieser überschaubare Mehraufwand durch ein *Train-the-trainer*-Seminar, bei dem interne Mitarbeiter in die Lage versetzt werden, selbstständig Wiki-Einführungsschulungen zu halten, stark reduzieren.

Richtig ist hingegen, dass die internen Kosten steigen, weil man mehr Zeit mit Evaluieren, Testen, Kommunizieren und Iterieren verbringt. Allerdings erhält man dafür auch ein besseres Produkt und spart so Folgekosten. Vielleicht stellt sich heraus, dass ein zusätzliches Plugin benötigt wird, weil die Bordmittel nicht ausreichen. Möglicherweise zeigt sich, dass am Layout noch etwas verändert werden muss, weil eine bestimmte Umsetzung verwirrend ist.

Natürlich kann man die Vogel-Strauß-Taktik anwenden, den Kopf in den Sand stecken und diese Probleme ignorieren. Dann entstehen zwar kurzfristig keine Kosten, aber die Probleme werden auch nicht gelöst. Statt der Pilotgruppe beschweren sich dann die Nutzer, die nach dem Rollout mit dem System arbeiten müssen. Und vielleicht führen genau diese Probleme dazu, dass das Wiki nicht angenommen, sondern abgelehnt wird.

Es ist eine Erkenntnis, die so alt ist wie die Software-Entwicklung selbst: Wer Fehler macht, weil er im Planungsstadium spart, muss ein Vielfaches ausgeben, um die Fehler nach der Implementierung wieder zu beheben.

2.2 (Schein-)Gegenargument 2: Zeit

Oft gibt es Termine, die Dritte vorgegeben haben. Manchmal soll das Wiki in einem konkreten Projekt zum Einsatz kommen, das bald startet. Manchmal gibt es Vorgaben vom Vorstand, die das Projektteam einzuhalten hat. Die Erwartungen an die sogenannte *Lead Time* (das ist die Zeit von der Anfrage des Kunden bis zur Auslieferung des Produkts durch den Dienstleister) sind hin und wieder geradezu utopisch.

Wir empfehlen in solchen Fällen, den Grund für den straffen Zeitplan zu hinterfragen. Will Ernst Entscheider schnell Ergebnisse sehen, weil er wirklich sichergehen möchte, nicht den Bau eines Luftschlosses zu unterstützen? Ärgert ihn nur, dass er im Wiki-Projekt eine wichtige Unterstützerrolle eingenommen hat und selbst gewisse Kapazitäten in das Projekt einbringen muss, und will die Sache deshalb schnell vom Tisch haben? Oder ist Norman demnächst in ein wichtiges Projekt involviert, das ihn sehr beanspruchen wird? Machen Marc Microsoft und seine IT-Leute (trotz der Aussicht auf einen zusätzlichen Mitarbeiter) Druck, weil sie Ressourcen lieber an anderer Stelle einsetzen möchten?

Vielfach ist die Hektik hausgemacht und lässt sich durch eine Abstimmung mit den entsprechenden Personen entschärfen. Es ist übrigens ein allgemeines Phänomen von Software-Projekten, dass diese unter teilweise enormem Zeitdruck umgesetzt werden. Viel zu selten wird dabei gefragt, woher dieser Druck eigentlich kommt und ob er dem Projektergebnis und auch den Unternehmenszielen wirklich zuträglich ist. Eine objektive und nüchterne Betrachtung führt oft zu einer Entspannung im Hinblick auf die zeitliche Komponente.

2.3   (Schein-)Gegenargument 3: Überschätzung

Viele Personen unterschätzen die Komplexität einer Wiki-Einführung – und sie überschätzen sich selbst und die Adoptionsfähigkeit ihrer Mitarbeiter. Das Argumentationsmuster ist dabei immer gleich: Bei einem Wiki handelt es um eine Software mit einer guten Usability. Und die Kollegen, die mit dem System arbeiten sollen, sind allesamt aufgeweckte Menschen. Weshalb also mit einer Vorstudie Zeit und Geld verschwenden?

Unterstellen wir, dass die Capitol AG sich für die richtige Wiki-Software entscheidet und die Mitarbeiter wirklich fit sind im Umgang mit Computern und dem Web. Dennoch handelt es sich bei einer Wiki-Einführung um eine Innovation, die zu einer Veränderung der bisherigen Arbeitsabläufe führt. Es bedarf eines Umlernens und einer Umgewöhnung, und zwar nicht nur was die Bedienung der neuen Software angeht, sondern auch was die emotionale Bindung betrifft. Die Mitarbeiter benötigen Unterstützung und Zeit, um sich an das neue System zu gewöhnen.

Normans selbstbewusstes Das-wird-schon-Lächeln ist einer ernsten, gedankenversunkenen Miene gewichen. Wir raten ihm inständig: „Tun Sie sich den Gefallen: Rollen Sie das Wiki erst aus, wenn Sie sicher sind, dass es die Anforderungen Ihrer Mitarbeiter erfüllt. Und nehmen Sie sich die Zeit für ein Pilotprojekt. In der Regel verschiebt sich der Rollout um nicht mehr als einen Monat und die Kosten steigen um maximal 5.000 Euro. Das sollte es ihnen wert sein."

Einen einzigen zulässigen Fall, in dem ein Pilotprojekt verzichtbar ist, gibt es übrigens: Wenn die vorgesehene Nutzergruppe kleiner als 15 Personen ist, kann dieses Team direkt starten. Niemals sollten einer Pilotgruppe aber mehr als 15 Mitarbeiter angehören. Aus welchen Gründen, werden wir im anstehenden Meeting diskutieren.

3   Der Wiki-Prophet

Wir haben wir uns nun abermals in einem Meeting-Raum in den Büros der Capitol AG versammelt, um also das weitere Vorgehen in Sachen Wiki-Projekt zu besprechen und organisatorische Hintergründe zu beleuchten. Wir freuen uns, dass auch Vorstand Ernst Entscheider wieder mit von der Partie ist, und beglückwünschen Norman insgeheim zu dieser offensichtlichen Unterstützung seitens der Unternehmensführung. Wie sich zeigen wird, sollen wir später noch Gelegenheit haben, uns über dieses Thema auszutauschen.

Zuvor möchten wir uns – zumindest was die Begriffswahl betrifft – auf eine metaphysische Ebene begeben: „Lassen Sie uns über eine wichtige Person reden, die im englischsprachigen Raum als *Evangelist* bezeichnet wird. Wir nennen sie den Wiki-Propheten."

 Video: http://seibert.biz/prophet

3.1   Ohne Wiki-Prophet oder Unterstützung von oben kein Wiki-Erfolg

Ein Wiki-Prophet ist keine Pflicht. Wenn es ihn aber gibt, steigen die Chancen auf ein sehr erfolgreiches Wiki im Unternehmen signifikant. Ist keine Person in Sicht, die diese Rolle ausfüllen kann und will, sollte auf jeden Fall „Strong backing from the top", also die Unterstützung der Geschäftsführung, gewährleistet sein.

Die Capitol AG ist diesbezüglich in einer guten Ausgangsposition: Mit Norman Netzaffin hat sich ein Mitarbeiter gefunden, der die Rolle des Wiki-Propheten einnehmen kann und auch dazu bereit ist, und die Unterstützung durch Ernst Entscheider ist gegeben.

Natürlich sind auch Konstellationen mit umgekehrten Vorzeichen realistisch: Dann gibt es im Unternehmen keinen Wiki-Propheten und keine Rückendeckung durch die Unternehmensführung. Der Mitarbeiter, der das Thema Wiki auf die Tagesordnung gesetzt hat, ist aus Besorgnis um die eigene Position auch nicht bereit, sich im Sinne des Wikis auf Risiken und auf Konfrontation einzulassen. Wäre dies in der Capitol AG der Fall, müssten wir ehrlicherweise raten: „Machen Sie sich noch einmal ernsthaft Gedanken über die Erfolgschancen Ihres Wikis. Einige Unternehmen sind einfach noch nicht ‚bereit' dafür, kollaborative Systeme wie Wikis zu etablieren und zu fördern. Ohne inhaltliche Treiber wird ein Wiki erfolglos bleiben."

Diese Thematik haben wir bereits behandelt, als wir mit den Beteiligten der Capitol AG über Unternehmen und die Akzeptanz neuer Technologien gesprochen haben (vgl. S. 57 ff.).

3.2   Wichtige Eigenschaften

Wir erklären Norman Netzaffin unsere Vorstellung von einem Wiki-Propheten: „Er ist ein Idealist, er ist ein Aktivist, er ist furchtlos und wissensstark. Diese Attribute vereint der Wiki-Prophet auf sich." Was meinen wir damit konkret?

Idealismus: Er hat die Wiki-Idee und die dahinterstehende Philosophie verstanden und verinnerlicht.

Aktivismus: Er ist in Wiki-Fragen der zentrale Antreiber im Unternehmen und bringt das Projekt intern voran.

Furchtlosigkeit: Wiki-Gegner sehen in ihm den konkreten Widersacher, weil er im Unternehmen mit der Wiki-Idee assoziiert wird. Diese Kritik macht ihm aber nichts aus. Er hat auch keine Angst um seine politische Position im Unternehmen, sondern steht für seine Überzeugung ein.

Wissensstärke: Er hat ein solides Wiki-Know-how erworben, um Fragen sofort beantworten und auf „Scheinriesen" reagieren zu können. Das ist wichtig, damit sich Falschinformationen und Vorurteile über Wikis nicht im Unternehmen verbreiten. Denn davon gibt es eine ganze Menge.

3.3   Aktivitäten des Wiki-Propheten

Der Wiki-Prophet beschäftigt sich im Web intensiv mit der Implementierung von Wikis und liest alles, was er hierüber in die Finger bekommt. Das Thema interessiert ihn inhaltlich weit über seine Tagesgeschäftsaufgaben im Job hinaus. Manche Wiki-Propheten sind auch in Wiki-Communities aktiv.

Der Wiki-Prophet unterhält häufig besonders intensiven Kontakt zum Wiki-Dienstleister, der ihn gut versteht und für ihn als Experte im Hintergrund fungiert. Mit dem Dienstleister bespricht er seine Ideen und holt sich Rat von ihm. Außerdem diskutiert er mit ihm Fragen, die er selbst nicht beantworten kann.

Der Wiki-Prophet hat keine Berührungsängste. Er arbeitet selbst gerne mit einem Wiki, probiert Plugins aus, legt neue Seiten und an und modifiziert diese. In großen Unternehmen betreibt der Wiki-Prophet ein Testsystem, in dem er selbst Administrator ist und das Wiki vollumfänglich ausprobieren kann. Von seinen konkreten Erfahrungen profitiert das Team, da er viele Probleme, die in der Praxis auftreten, kennt und entsprechend reagieren kann.

Der Wiki-Prophet hat verstanden, dass es im Unternehmen Prozesse gibt, die nicht optimal laufen und die mithilfe eines Wikis verbessert werden können. Er ist der festen Überzeugung, dass das Wiki einen signifikanten Nutzen stiften wird. Viele bestehende Strukturen und Abläufe hält er für veraltet und überarbeitungsbedürftig und will deshalb ein Wiki einführen.

Der Wiki-Prophet redet oft und viel über Wikis und ihre Potenziale. In der Mittagspause erzählt er seinen Kollegen davon und fragt sie nach ihrer Meinung. Er setzt sich zusammen mit ihnen an den Rechner und zeigt ihnen, wie ein Wiki funktioniert. Er freut sich, wenn die Kollegen erkennen, dass ein Wiki einen echten Nutzen stiften kann. Er bemüht sich um die Unterstützung möglichst vieler Mitarbeiter und insbesondere von denjenigen, deren Stimme Gewicht hat.

Der Wiki-Prophet hat im Idealfall politisches Geschick wie Norman Netzaffin. Es ist hilfreich, wenn er weiß, wen er überzeugen muss und wie dabei vorzugehen ist. Er muss und will nicht intrigieren, kennt aber die Mechanismen im Unternehmen und weiß, wie er sich diese zunutze machen kann.

Der Wiki-Prophet kennt oftmals die Arbeitsabläufe in einzelnen Abteilungen und macht sich Gedanken darüber, wie diese durch ein Wiki verbessert werden können. Hier ist das Prophetische seiner Arbeit am stärksten ausgeprägt: Er erkennt schon früh das Potenzial des Wikis und hat eine konkrete Vorstellung davon, wie das Wiki unternehmensweit zum Einsatz kommen könnte.

Der Wiki-Prophet kennt die Grenzen des Wikis. Er weiß, was das Wiki nicht kann und was sich besser mit einem anderen System umsetzen lässt. Er will nicht notwendigerweise alles mithilfe eines Wikis abbilden, sondern nur die Dinge, die ein Wiki auch tatsächlich abbilden *kann*.

Norman Netzaffin nickt nachdenklich: „Ich bin gerne bereit, mich mit missionarischem Eifer einzubringen und diesen Anforderungen gerecht zu werden. Ich hoffe nur, dass die redensartliche Regel vom Propheten im eigenen Lande bei uns außer Kraft gesetzt werden kann."

In dieser Frage hat Norman unser uneingeschränktes Vertrauen.

4 Wiki-Steuerungskreis und Wiki-Charta-Gruppe

Eine weitere organisatorische Instanz ist der Wiki-Steuerungskreis, eine Projektgruppe, die das Wiki gemeinsam betreibt. Dieser Steuerungskreis trifft Entscheidungen für das Unternehmen und im Auftrag der Unternehmensleitung. Die Besetzung des Steuerungskreises wird von der Geschäftsführung bestimmt, er besteht im Idealfall paritätisch aus Personen, denen einerseits Wiki-Inhalte und -Kultur wichtig sind, und andererseits aus Administratoren, die sich um technische Aspekte des Wikis kümmern. Eine paritätische Besetzung sorgt häufig für bessere Entscheidungen, die sowohl im Sinne der Anwender als auch im Sinne der Unternehmensinfrastruktur und Sicherheit sind.

In unserem Meeting stimmen wir ab, dass Ernst Entscheider zu Beginn nur zwei Mitglieder in diese Gruppe beruft: Norman Netzaffin und Marc Microsoft sollen gemeinsam Entscheidungen treffen. Die Beteiligten wissen jedoch, dass bei einem Unternehmen der Größe der Capitol AG schon bald weitere Teilnehmer aus den Fachbereichen und dem IT-Umfeld hinzustoßen werden, um Norman und Marc zu entlasten.

Damit Ernst nicht immer moderierend eingreifen muss, was ihm bekanntlich lästig ist, bestimmt er, dass Entscheidungen immer nach dem Konsensprinzip zustande kommen müssen: Alle Entscheidungen werden also immer einstimmig getroffen und Gegenpositionen sind stets zu erklären. Wenn das Team nicht funktioniert, ist das ein Versagen der Gruppe und nicht der Fehler einzelner Mitglieder.

Zu Beginn des Projekts muss der Wiki-Steuerungskreis die globale Navigationsstruktur des Wikis definieren und Projektentscheidungen über die Gestaltung der Oberfläche und der ersten Anwendungsfälle treffen. Dieser Kreis definiert, welche Anwendungsfälle im Unternehmen besonders hilfreich sein können, und versucht, Wiki-Pilotgruppen für diese Anwendungsfälle zu rekrutieren.

Aus dem Steuerungskreis wird auch die Wiki-Charta-Gruppe gebildet. Sie besteht aus Teilnehmern des Redaktionsteams und den Administratoren des Systems. Diese Gruppe trifft verbindliche Entscheidungen, erstellt, ergänzt und ändert die Wiki-Charta. Sie ist die höchste Instanz für Richtlinien im Firmenwiki. Mit ihr werden wir uns noch befassen.

5 Die Pilotgruppe

„Das ist alles recht viel an Organisation und Verwaltung", brummt Ernst Entscheider etwas missmutig. „Aber wir kommen ja offenbar nicht daran vorbei. Was mich eigentlich interessiert, ist, wann wir richtig anfangen. Das können wir doch dann langsam mal, nicht wahr?"

„Anfangen? Ja!", antwortet Norman Netzaffin. Wir denken an unseren Video-Chat und Normans Ins-kalte-Wasser-springen-Äußerungen und beißen uns auf die Unterlippe. Dieses Mal überrascht er uns positiv: „Aber ich denke nicht, dass wir einfach starten können, indem wir das System aufsetzen und sagen: *Here you go!*"

Nun erklärt er dem Vorstand den Ansatz, den auch wir für sinnvoll halten: Als wichtigen organisatorischen Schritt auf dem Weg zur Etablierung eines Enterprise Wikis empfehlen wir ein Wiki-Pilotprojekt mit einer geringen Anzahl von Mitarbeitern, die möglichst repräsentativ für das Unternehmen sind. Auf diese Weise kann die Capitol AG das Wiki in einer „sicheren" Umgebung starten.

5.1 Größe der Pilotgruppe

Die Pilotgruppe darf nicht zu groß sein und sollte aus maximal 15 Mitarbeitern bestehen. Dabei ist die Größe der Pilotgruppe nicht unmittelbar von der Unternehmensgröße abhängig: Natürlich wird ein kleines Unternehmen mit einem Dutzend Mitarbeitern auch nur ein Dutzend Mitarbeiter integrieren. Doch auch ein Unternehmen mit 150.000 Mitarbeitern sollte einen Wiki-Piloten nicht auf mehr als 15 Mitarbeiter ausrichten.

Norman wirft ein: „Aber wenn wir nun mehr Leute haben, die gerne mit dem Wiki arbeiten möchten? Das kann ich mir bei der Größe unserer Firma gut vorstellen."

Wenn das Unternehmen mehr Mitarbeiter hat, die von Anfang an im Wiki arbeiten möchten, ist das im Grunde kein Problem. Die Capitol AG kann beliebig viele Mitarbeiter auf das System zugreifen zu lassen. Allerdings ist eine größere Gruppe zu Beginn schwer zu koordinieren und das Team kann die Grundzüge des Systems nicht effizient genug aufbauen.

Wir raten daher, dass die zusätzlichen Mitarbeiter gegebenenfalls entweder eine weitere Pilotgruppe bilden, die parallel eigenständig arbeitet und zum Beispiel vom Wiki-Propheten, der Geschäftsführung oder einem Wiki-Projektleiter koordiniert wird. Oder die Mitarbeiter nutzen das Wiki unkoordiniert für ihre eigenen Bedürfnisse.

Video: http://seibert.biz/groesse

5.2   Funktion der Pilotgruppe

Im Wiki-Piloten geht es insbesondere darum, Erfahrung im Umgang mit einem Wiki zu sammeln und Probleme zu beheben. Und im Zusammenhang mit der Wiki-Etablierung ist es besser, mit einer kleinen Gruppe Fehler zu machen und Lösungen zu finden.

„Wenn Sie mit 50 oder 100 Teilnehmern starten, können Sie diese erstens kaum gezielt koordinieren und es sehen zweitens zwangsläufig viele Mitarbeiter, was noch nicht gut funktioniert. Aber nein", kommen wir irritierten Entgegnungen sogleich zuvor, „wir sprechen natürlich nicht davon, Herausforderungen unter den Teppich zu kehren und totzuschweigen, sondern es geht darum, Problemlösungen zu finden und das System so für den späteren Rollout vorzubereiten. Es genügt, wenn zehn oder 15 Personen daran arbeiten, Fehler zu beheben."

„Arbeiten Sie hier mit einer großen Gruppe, sprechen sich schlechte Neuigkeiten über Probleme und Herausforderungen, die noch zu meistern sind, natürlich auch schneller im Unternehmen herum, und Kollegen wie Gerd Gebichnichther werden sie via Buschfunk begierig aufsaugen", geben wir weiter zu bedenken. „Das wäre Wasser auf die Mühlen der Wiki-Gegner. Im schlimmsten Fall werden so neutrale Mitarbeiter gegebenenfalls zu Wikiphobikern."

Im Wiki-Piloten soll geprüft werden, ob die Mitarbeiter mit dem System zurechtkommen und an welchen Ecken und Enden noch zu feilen ist. Allerdings müssen sich Norman und sein Team von dem Gedanken verabschieden, dass eine einzelne Gruppe das Wiki für das gesamte Unternehmen vorbereiten kann und wird. Doch die Gruppe stellt die Grundlagen und Strukturen für einen oder zwei Anwendungsfälle auf, an denen sich auch alle anderen Mitarbeiter orientieren können.

Betrachten wir ein Beispiel für den Lebenszyklus eines Wiki-Pilotteams: Nehmen wir an, wir wollen in der Capitol AG ein Glossar etablieren, in dem Fachbegriffe erklärt werden. Die Pilotgruppe erstellt im Wiki zunächst einige Seiten mit solchen Begriffserläuterungen und entwickelt vielleicht auch gleich eine Vorlagenseite, die die Strukturierung einer Glossarseite definiert.

Die ersten Seiten werden zu einer Grundstruktur im Wiki zusammengefügt, beispielsweise entsteht eine schöne Übersichtsseite. In einem gemeinsamen Brainstorming legt das Team dann weitere Wiki-Seiten mit nur wenigen Inhalten an, die aber aufzeigen, welche Begriffserklärungen über die bestehenden hinaus ausgearbeitet werden sollen und welche Inhalte wohin gehören. Je nach Präsentationsniveau, das erreicht werden soll, kann die Gruppe anschließend noch fünf bis 100 weitere Glossarseiten inhaltlich befüllen. Und damit geht das Pilotteam auch schon in den „Live-Betrieb".

Die erarbeitete Struktur mit den Definitionen und Begriffserklärungen wird an alle Mitarbeiter kommuniziert und ihnen beispielsweise in einer persönlichen Präsentation und zusätzlich in einem kleinen Video nebst einem Kurzbericht im internen Newsletter oder in der Mitarbeiterzeitschrift vorgestellt. Ein Mitarbeiter des Pilotteams ist als Verantwortlicher für den weiteren Betrieb zuständig: Er überwacht künftige Änderungen von anderen Mitarbeitern und versucht, auch selbst weitere Inhalte für das Glossar einzubringen. (Falls die Capitol AG mit nur einem Wiki-Pilotteam arbeitet, sollte sie allerdings darauf achten, dass diese Gruppe immer nur einen oder sehr wenige Anwendungsfälle gleichzeitig realisiert und nicht zu viele parallel. Es ist nicht zielführend und führt erfahrungsgemäß zu Chaos, mehr als drei Anwendungsfälle gleichzeitig zu erarbeiten.)

Ein zentrales Ziel der Pilotgruppe(n) besteht darin, möglichst hochwertigen und umfangreichen Output zu generieren. Wenn etwa ein komplettes Handbuch im Wiki umgesetzt wird, verdeutlicht dies die Möglichkeiten des Tools. Je eindrucksvoller und sinnvoller die Inhalte sind, die von der Pilotgruppe geschaffen werden, desto besser ist das für die Zukunft des Wikis.

„Es geht also darum, strahlende Muster zu schaffen, die dann von allen gemeinsam weitergetrieben werden", werben wir für das Konzept. „Nichts ist eindrucksvoller als ein organisch wachsendes Themenportal oder auch nur ein umfangreiches Dokument mit hochwertigen, wichtigen Inhalten, die von mehreren Leuten im Wiki zusammengetragen wurden. Mithilfe dieser Erfolgsstorys können Sie Ihren Mitarbeitern wirkungsvoll demonstrieren, wie Ihre Pilotgruppen das Wiki genutzt haben und was das Wiki kann. Wie diese tollen Beispiele wirken, haben Sie ja bereits bei der Präsentation unserer Use-Case-Workshop-Ergebnisse erfahren."

In der anschließenden Meeting-Pause nehmen wir Norman Netzaffin zur Seite: „Ein Pilotprojekt hat einen sehr schönen Nebeneffekt: Sie schaffen nämlich eine Gruppe von Unterstützern. Wenn ein Team bereits erfolgreich mit dem Wiki arbeitet, sinkt erstens die Gefahr, dass Marc Microsoft das System aufgrund von Problemen abschaltet, was er laut Ihrer Vereinbarung ja darf. Zweitens können Sie fast sicher sein, dass die Unterstützer mit Kollegen darüber sprechen werden, wie positiv sich das Wiki auf die eigene Arbeit auswirkt, und so indirekt Werbung für das Wiki machen. Eine solche positive Mund-zu-Mund-Propaganda ist Gold wert!"

Und nicht zuletzt lassen sich aus den Teilnehmern des Wiki-Piloten die Wissensträger rekrutieren, die beim Rollout Schulungen halten, Screencasts erstellen und Wiki-Wissen weitergeben. Durch die Teilnahme am Wiki-Piloten erwerben die Mitarbeiter eine Qualifikation und bauen Expertise auf – mit dem Effekt, dass die Capitol AG später externe Dienstleistungen einsparen kann.

Zur Aufgabe der Pilotgruppe gehört übrigens auch, die Vorgaben des Steuerungskreises kritisch zu prüfen und nötigenfalls eine Anpassung anzufordern: Während der Steuerungskreis „im Elfenbeinturm" arbeitet und das Wiki und dessen Nutzung eher theoretisch durchdenkt, ist die Pilotgruppe praxisorientiert und arbeitet „im Feld". Es muss deshalb ein institutionalisiertes Feedback und ein Reporting von der Pilotgruppe an den Steuerungskreis geben.

5.3   Struktur der Pilotgruppe

Wir gehen zum gemeinsamen Mittagessen, zu dem Ernst Entscheider die Meeting-Teilnehmer eingeladen hat. Auch die Leckereien, die uns am heutigen italienischen Motto-Tag in der Kantine der Capitol AG das Wasser im Mund zusammenlaufen lassen, lenken Norman Netzaffin nicht ganz vom Wiki-Thema ab. Zwischen zwei Gabeln Lasagne fragt er: „Müssen wir über die Zusammensetzung der Pilotgruppe reden? Es dürfte eigentlich kein großes Problem sein, Kollegen zu rekrutieren. Wenn ich mich hier an den Tischen so umschaue, sehe ich sofort einige Leute, die garantiert gerne dabei sind: Paul Programmierer, Silke Social-Web, Silvio Serververwaltung. Da drüben sitzt Alex Alles-Ausprobier. Dort stehen Timo Twitter und Helge Heavy-User …"

„Ja, diese Mitarbeiter und Kollegen ähnlichen Kalibers kriegen Sie sicherlich schnell rum", unterbrechen wir Normans Aufzählung. „Aber dann hätten Sie ein Team aus Geeks und damit ein Problem. Rekrutieren Sie nicht ausschließlich die sogenannten Early Adopters, also Leute, von denen Sie genau wissen, dass sie neuen Arbeitsweisen sehr offen gegenüberstehen. Diese Mitarbeiter werden das Wiki rasch annehmen: Early Adopters lieben neue Technologien!"

„Das ist doch prima. Dann wäre immerhin schon ein Teil des Kollegenkreises aktiviert", erwidert Norman. „Ich verstehe nicht, wo der Haken ist."

Wir antworten: „Wenn Sie diese Leute für das Wiki begeistern, ist das toll und wichtig. Aber es hat einen Nachteil: Andere, weniger technologieaffine Mitarbeiter misstrauen der ganzen Sache. Das Motto: Dinge, die nur die Technik-Freaks ausprobiert haben und nach denen sie ganz verrückt sind, sind höchstwahrscheinlich ziemlich kompliziert."

Der Wiki-Pilot dient auch als Testlauf für den Einsatz im gesamten Unternehmen. Die Zusammensetzung der Pilotgruppe ist daher ebenso wichtig wie die Auswahl der Teilnehmer an einem User-Test. Es gilt das Motto *Garbage in, garbage out*: Sind nicht die richtigen Personen involviert, erhält man keine brauchbaren Ergebnisse. Insofern ist es wichtig, hier – natürlich je nach zu bearbeitendem Anwendungsfall – auch „normale" Mitarbeiter zu integrieren und Personen zu beteiligen, die eine geringe Affinität zum Thema haben.

Die Teilnehmer am Wiki-Piloten sollten einen möglichst repräsentativen Querschnitt des Unternehmens abbilden. Die Capitol AG sollte versuchen, eine möglichst heterogene Gruppe zu rekrutieren, also ältere und jüngere, weibliche und männliche, technikbegeisterte und technikfremde Mitarbeiter usw. Je mehr unterschiedliche User man hat, desto mehr Probleme im Umgang mit dem Wiki wird man aufdecken können.

„Und auch hier müssen Sie mit einem Auge auch wieder auf die Mund-zu-Mund-Propaganda schielen", erklären wir beim Nachtisch. „Nehmen an dem Pilotprojekt auch Leute teil, die bekanntermaßen eher etwas skeptisch oder vorsichtig sind, werden die ersten Ergebnisse alle beeindrucken. Wenn diese Personen dann erzählen, wie unsicher oder gar misstrauisch sie anfangs waren und wie cool sie das Wiki jetzt finden, hat das mit ziemlicher Sicherheit einen enormen Einfluss auf die Akzeptanz im ganzen Unternehmen."

Video: http://seibert.biz/struktur

5.4 Ablauf der Pilotphase

Gestärkt und begeistert finden wir uns wieder im Meeting-Raum ein. Wir führen einige weitere Aspekte an, die zu berücksichtigen aller Erfahrung nach sehr hilfreich ist.

Die Pilotgruppe muss grundsätzlich wissen, dass sie eine Pilotgruppe ist. Von vornherein muss Norman dem Team also verdeutlichen, dass es negative Seiten gibt, dass es sich um einen Versuch handelt, dass das System noch nicht ausgereift ist, dass die Mitglieder Beta-Tester sind, dass eine Menge Arbeit auf sie wartet, dass sie an vielen Stellen stolpern werden.

Gleichzeitig müssen dem Team aber auch die positiven Seiten aufgezeigt werden: Die Teilnehmer haben die ehrenvolle und wichtige Aufgabe, bei der Einführung eines neuen Systems zu helfen, sie können die Gestalt des Systems beeinflussen, sie sind für die Qualität des Systems verantwortlich. Es ist wichtig, einen Teamgeist zu schaffen und das übergeordnete Ziel zu verdeutlichen: die Einführung eines sehr coolen, neuen Tools.

Und Kommunikation ist auch hier von großer Bedeutung: Es sollte in der Pilotphase regelmäßige Treffen geben. Die Teilnehmer müssen sich darüber austauschen, was gut und was schlecht ist: Was haben wir in der letzten Woche mit dem Wiki gemacht? Was war positiv, was negativ? Hilfreich sind auch Abfragen nach dem Prinzip „Try, keep, drop". Solche Meetings kann die Capitol AG als kurze Retrospektiven konzipieren, wie sie aus dem agilen Projektmanagement bekannt sind.

6 Das Management (Strong Backing from the Top)

Das Meeting ist zu Ende. Norman Netzaffin macht für heute Schluss, schnappt sich seine Aktentasche und kommt gleich mit uns nach draußen. Wir blinzeln in den abendlichen Sonnenschein und machen uns auf den kurzen Weg zum Parkhaus mit den Stellplätzen für Mitarbeiter und Gäste der Capitol AG. Während wir an einem Straßencafé vorbeikommen, meint Norman: „Es ist wirklich gut und eine große Hilfe, dass Ernst Entscheider das Wiki-Projekt unterstützt, nicht wahr? Ich wüsste nicht, wie weit wir kämen, wenn Gerd Gebichnichther oder ein anderer Zweifler im Vorstand säße. Vielleicht wäre das alles längst Geschichte."

Das ist in der Tat ein sehr angenehmer Faktor für Norman und das Wiki-Vorhaben.

Erinnern wir uns: Durch gemeinsame Anstrengung und gute Argumente ist es Norman Netzaffin und uns schon früh gelungen, Vorstand Ernst Entscheider auf unsere Seite zu ziehen. Seine Aussage nach unserer Einführungspräsentation: „Wenn es etwas bringt und die Kommunikation verbessert, unterstütze ich das."

Wir können Norman zu diesem Thema einiges erzählen und bieten an, am nächsten Tag zu telefonieren.

„Gerne. Aber ich habe eine andere Idee – falls noch eine halbe Stunde Zeit ist." Norman nickt in Richtung des Cafés, an dem wir gerade vorbeigekommen sind. „Einen Espresso? Äppelwoi? Ein Feierabendbier? Ich lad Sie ein, wenn Sie mögen."

Wir nehmen gerne an, setzen uns unter einen Sonnenschirm, bestellen und unterhalten uns über „Strong Backing from the Top".

 Video: http://seibert.biz/strongbacking

Dieser Begriff geht zurück auf Jakob Nielsen, der ihn im Zusammenhang mit Intranets geprägt hat. Zum Glück ist diese Unterstützung „von oben" in der Capitol AG gewährleistet. Sie ist im Rahmen einer Wiki-Einführung auch kaum verzichtbar. Wir verweisen noch einmal auf die Studie von Göhring, Niemeier und Vujnovic, *Enterprise 2.0 – Zehn Einblicke in den Stand der Einführung*.

6.1 Einführungsstrategie: Von unten, von oben oder zweigleisig?

Generell unterscheidet die Studie zwischen drei Einführungsstrategien: dem Bottom-up-Ansatz, der Top-down-Strategie und dem parallele Up-down-Weg. Diese Bezeichnungen beziehen sich darauf, von wo im Unternehmen Impulse ausgehen und welche Instanzen im Unternehmen die Nutzung von Social Software und damit von Wikis vorantreiben; konkret: die Mitarbeiter bzw. einzelne Abteilungen oder die Unternehmensführung.

Die Studie versteht den Bottom-up-Ansatz als eine Strategie, die darauf basiert, dass sich ein Tool im Unternehmen durchsetzt, weil Mitarbeiter auf hierarchischen Ebenen unterhalb der Unternehmensführung dessen Potenziale und Qualitäten erkennen und seine Nutzung vorantreiben, indem sie einfach damit arbeiten und es aktiv im Unternehmen bewerben, *ohne* dass das Management diesen Prozess fördert. Ein Beispiel: Normans Abteilung nutzt ein Wiki und bewirbt es aktiv, immer mehr Mitarbeiter erkennen den Nutzen des Werkzeugs bei der täglichen Arbeit, am Ende hat es sich im Unternehmen etabliert. Die Einführung bzw. Durchsetzung des Tools erfolgt also ohne Unterstützung durch Entscheidungsträger wie Ernst Entscheider.

6.2 Unternehmen machen Social-Media-Projekte zur Chefsache

Lediglich in 17 Prozent der Unternehmen, die Social Media einsetzen und im Rahmen der Studie untersucht wurden, ist die Einführung einer solchen Software auf Initiative „von unten" erfolgt. Daraus lässt sich ableiten, dass die Bottom-up-Strategie alleine nicht zielführend ist. Darauf zu setzen, dass Enterprise-2.0-Tools sich von selbst durchsetzen, entspricht offensichtlich in den seltensten Fällen der Unternehmensrealität.

Der Großteil der Unternehmen ist vielmehr der Ansicht, dass Strong Backing from the Top erforderlich ist, um Social-Media-Projekte wie Wiki-Einführungen erfolgreich zu realisieren. 36 Prozent haben bei der Einführung einen zweigleisigen Weg verfolgt, den parallelen Up-down-Ansatz. In diesen Fällen ist die Unternehmensführung auf die Initiative von Mitarbeitern oder eines Bereichs eingegangen und hat diese zur Chefsache gemacht. In 47 Prozent der untersuchten Unternehmen ist die Initiative für Enterprise-2.0-Vorhaben direkt von der Unternehmensführung ausgegangen.

6.3 Unternehmensführung ist treibende Kraft für Enterprise 2.0

Es wird deutlich: Die treibende Kraft bei der Einführung von Social Media ist das Management. Die Studie kommt ganz klar zu dem Schluss, dass der Top-down-Approach ein erfolgskritischer Faktor ist. Auf dem Weg zur Etablierung eines Wikis sind genügend Hürden zu überwinden – ohne Unterstützung von oben, ohne Strategie und ohne die notwendigen Ressourcen ist sie fast zum Scheitern verurteilt.

Interessant ist übrigens der Zusammenhang zwischen strategischem Ansatz und Unternehmensgröße: Der Top-down-Approach wird vor allem von kleinen und mittleren Unternehmen mit bis zu 500 Mitarbeitern verfolgt. In größeren Unternehmen und Konzernen gehen die Impulse dagegen eher von einzelnen Mitarbeitern oder Abteilungen aus und werden später vom Management aufgegriffen.

Für den Erfolg von Social-Software-Projekten ist die Integration der Unternehmensführung mit ausschlaggebend, die Studie und auch wir erklären den Punkt „Führungskräfte überzeugen" zum ersten und essenziellen strategischen Schritt. Strong Backing from the Top ist ein erfolgskritischer Faktor vor allem hinsichtlich der Mitarbeiteraktivierung: Nur wenn die Mitarbeiter das Gefühl haben, dass das Management hinter einem Tool steht, dass das Werkzeug ganz offenbar ernst genommen und als strategisch wertvoll angesehen wird – etwa weil Leute wie Ernst Entscheider entsprechende Kapazitäten und Ressourcen zur Verfügung stellen –, werden sie es ihrerseits ernst nehmen.

Welche Auswirkungen hat der Faktor Unterstützung durch die Geschäftsführung nun konkret? Ganz klar: Strong Backing from the Top ist die Essenz eines erfolgreichen Firmenwikis. Wer sich nicht auf die Unterstützung des Managements berufen kann, hat es deutlich schwerer, ein Wiki intern zu etablieren, und muss sich insbesondere an allen Ecken und Enden mit politischen Grabenkämpfen, Ignoranz und schlechter Beteiligung auseinandersetzen.

„Ohne politische Unterstützung können Sie alte Prozesse nie abschaffen, sondern höchstens Alternativen anbieten, die nicht verbindlich sind", malen wir uns aus, wie sich die Situation ohne Ernst Entscheiders Segen darstellen würde. „Mit Unterstützung von oben geht dagegen alles viel schneller. Sie sehen es ja an Marc Microsoft: Skepsis und Vorurteile hin oder her – grundsätzlich nimmt die Kooperationsbereitschaft der Kollegen zu, wenn sie wissen, dass es sich um eine ‚durchgewunkene' Aktivität und nicht ein luftiges Experiment handelt."

Über internes Marketing für das Wiki werden wir uns zu gegebener Zeit noch ausführlich mit Norman und seinen Kollegen unterhalten. Ein Vorgriff sei jedoch erlaubt: Besonders positiv macht es sich bemerkbar, wenn die Geschäftsführung selbst an der „Werbung für das Wiki" teilnimmt. Das kann eine E-Mail, das kann ein Beitrag in der Mitarbeiterzeitschrift sein. Vielleicht nimmt der Geschäftsführer auch selbst Änderungen im Wiki vor oder erstellt eine neue Seite.

(Letzteres werden wir von Ernst Entscheider wohl nicht erwarten dürfen, aber jedes Unternehmen und jedes Management ist anders.)

Wie dem auch sei: Wenn die Mitarbeiter das Gefühl haben, dass das Wiki von höchster Stelle unterstützt wird, wissen sie, dass sie nicht umhinkommen werden, sich mit dem Werkzeug anzufreunden, das „gesetzt" ist – eine deutliche Botschaft an alle potenziellen User.

6.4   Art der Zustimmung

Die gerade beschriebenen Marketing-Aktivitäten seitens des Managements sind eine schöne, hilfreiche Zugabe. Man sollte sie allerdings nicht erwarten oder voraussetzen.

„Um keine Missverständnisse aufkommen zu lassen", führen wir aus, nachdem wir eine zweite Runde Getränke bestellt haben, „das, was Ernst Entscheider tut und sagt, genügt zunächst vollkommen. Sie werden nicht erleben, dass Ihr Vorstand jeden Tag aktiv für das Wiki wirbt, die Mitarbeiter ständig persönlich auf das Thema anspricht, selbst gar zum ‚Heavy User' wird und jede Möglichkeit nutzt, um vom neuen Firmenwiki zu schwärmen. Das wäre fantastisch, wird aber in Ihrem Unternehmen kaum so eintreten. Es geht zunächst um nichts anderes als Wohlwollen für das Projekt. Sie brauchen auch kein offizielles Papier und keinen Vorstandsbeschluss. Ein Satz wie ‚Ja, probieren Sie das doch mal aus!' ist alles, was Sie möchten."

Später kann Norman nach mehr fragen, wie er im Zusammenhang mit der Auseinandersetzung mit Marc Microsoft ja auch getan hat (vgl. S. 92 f.). Entscheidend ist aber vor allem, dass der Vorstand verstanden hat, dass sich diese Unterstützung tatsächlich auszahlt und keine Zeitverschwendung ist.

Gerade in großen Unternehmen kann eine effektive Strategie darin bestehen, sich auf einen Senior Manager zu konzentrieren und um dessen Zustimmung zu kämpfen. Ein starker Fürsprecher auf dieser Ebene überzeugt möglicherweise die anderen Mitglieder der Geschäftsführung. Zudem legen sich Kollegen wie Marc Microsoft selten gerne mit so einflussreichen Personen an: Bei einer solchen Konfrontation ist die Gefahr zu verlieren groß.

6.5   Angst vor Ablehnung

Einige Unternehmen starten intern Wiki-Projekte, ohne dies mit der Geschäftsführung abgestimmt zu haben. Die Gründe dafür sind vielfältig: Das Thema scheint nicht wichtig genug zu sein, der Geschäftsführer hat keine Zeit, man befürchtet, dass das Projekt schon vor dem Startschuss abgeblasen wird, man möchte erst einmal ausprobieren, ob ein Wiki im Unternehmensumfeld funktioniert, und dann mit den ersten Ergebnissen vorstellig werden. Ein solches Vorgehen mag in seltenen Fällen sinnvoll sein, in der Regel aber ist es problematisch.

Nun hat Norman eine solche Angst vor Ablehnung glücklicherweise nicht an den Tag gelegt, sondern den Vorstand von Beginn an eingebunden und ihn offensiv mit guten Argumenten konfrontiert. Norman erklärt: „Ich kenne Ernst Entscheider ja seit einigen Jahren und weiß, wie er tickt. Insofern habe ich das Risiko als sehr gering eingeschätzt. Aber Sie haben sicherlich Unternehmen kennengelernt, in denen Mitarbeiter befürchtet haben, dass die Manager ihre Wiki-Vorschläge rundheraus ablehnen würden, oder?"

In der Tat haben manche Wiki-Befürworter Angst davor, dass die Unternehmensführung die Idee eines Wikis zurückweist. Diese Gefahr besteht auch tatsächlich. Mitarbeiter, die eine Wiki-Einführung anstreben, haben jedoch gute Gründe, ihre Befürchtungen abzulegen.

Häufig interessieren sich Entscheider nämlich deutlich stärker für Systeme wie Wikis, als es das Tagesgeschäft vermuten lässt, und in der Regel ist es gar nicht schwer, der Geschäftsführung die Vorzüge eines Wikis zu verdeutlichen. Die überwältigenden und weitreichenden Erfolge von Web-2.0-Netzwerken wie Wikipedia, Facebook, Twitter, YouTube & Co. geben Mitarbeitern wie Norman starke Argumente an die Hand, um Führungskräfte zu überzeugen.

Unserer Erfahrung nach empfiehlt es sich, einfach sanft und unverbindlich nachzufragen: „Was würden Sie denn davon halten, wenn wir uns im Unternehmen die Erfolge von Wikipedia und anderen Mitmachplattformen wie Facebook, Twitter und YouTube zunutze machen könnten?"

Nochmals: Es geht nicht darum, dass das Management selbst im Wiki aktiv wird. Gefragt sind Gut-Finden – und Im-Zweifel-dafür-Stimmen.

6.6   Grundlagen für eine Zustimmung

Gesetzt den Fall, Norman Netzaffin hätte stärker um das Vertrauen der Geschäftsführung ringen müssen: Was hätten wir ihm geraten?

Es ist wichtig, dass der Wiki-Prophet und der Steuerungskreis ihre Hausaufgaben gemacht haben, wenn sie sich mit der Geschäftsführung treffen und ihre Idee vorstellen. Das Management muss zum einen begreifen, warum ein Wiki eine gute Sache ist. Zum anderen muss es den Eindruck bekommen, dass das Projekt in guten Händen ist und der Wiki-Prophet das Geschick, die Leidenschaft und die Kraft hat, um das neue Tool erfolgreich einzuführen.

Es ist wichtig zu verstehen, wie das Management tickt. Die Unternehmensführung ist an einer Verbesserung der Prozesse interessiert und will Effizienzsteigerung. Auch technologische Zukunftsfähigkeit ist für viele Manager ein zentrales Thema und ein valides Argument. Der Wiki-Prophet muss sich dessen bewusst sein und sich argumentativ auf diese Ebene begeben. Der übergreifende Nutzen muss dargestellt werden, es geht ums große Ganze.

Es ist deutlich einfacher, die Unterstützung der Geschäftsführung zu erhalten, wenn im Vorfeld Lobby-Arbeit betrieben hat. Die Geschäftsführung lässt sich schneller überzeugen, wenn eine Innovation unkritisch ist und es keine einflussreichen Gegner gibt. Deshalb sollte sich der Wiki-Prophet vor dem Treffen mit der Geschäftsführung darum bemühen, die Unterstützung anderer Abteilungen zu erhalten.

In Japan spricht man auch von „Wurzelpflege", wenn man, bevor eine Entscheidung im Unternehmen ansteht, mit allen an der Entscheidung beteiligten Personen spricht und sie beeinflusst und überzeugt. Man bereitet also die Grundlage vor, auf der die Entscheidung gefällt wird. Wenn die Frage pro oder contra Wiki schließlich ansteht, ist im Idealfall allen klar, wie die richtige Antwort lauten muss.

Unsere Gläser und Tassen sind mittlerweile leer und Norman schaut auf seine Uhr. „Oh oh, es ist jetzt doch später geworden als geplant. Ich kaufe meiner Frau rasch noch einen Blumenstrauß, und morgen widme ich mich dem Thema Wiki-Pilot und Pilotgruppe. Klasse, dass Sie sich die Zeit genommen haben!"

Nach einem langen Arbeitstag und intensiven Gesprächen danken wir unsererseits Norman für die Einladung und machen uns ebenfalls auf den Heimweg.

7 Der Betriebsrat (Wie man Ängste zerstreut)

Am nächsten Tag erreicht uns ein überraschender Anruf: Am Telefon ist Günter Gewerkschaft, der Betriebsratsvorsitzende der Capitol AG, und bittet uns um etwas Beratungszeit.

„Leider konnte ich gestern wegen eines ver.di-Termins nicht dabei sein, als Sie uns besucht haben", beginnt Günter. „Ich habe zu diesem Wiki ein paar Fragen. Es ist mir auch ganz recht, die nicht in der großen Runde ansprechen zu müssen. Und ich habe doch auch einige Bedenken. Mir wäre es lieb, wenn ich Ihre Einschätzung, also die Meinung von Fachleuten, hören könnte, bevor wir hier bei uns intern eine Diskussion anfangen."

Wie wir wissen, besteht nicht selten ein grundsätzliches Missverständnis zwischen Arbeitnehmervertretern bzw. den wahrgenommenen Interessen der Mitarbeiter und ihren tatsächlichen Interessen, wenn eine mögliche Wiki-Einführung auf der Tagesordnung steht.

7.1 Das Wiki nicht als Instrument zur Leistungsmessung missverstehen

Eine von Günter Gewerkschaft vorgebrachte Befürchtung ist die, dass das Wiki als Instrument der Leistungsmessung missbraucht werden könnte. In diesem Zusammenhang besteht der zunächst verständliche Wunsch, dass Mitarbeiter anonym im Wiki arbeiten und auch anonym auf die Inhalte zurückgreifen können sollen.

Dies ist natürlich auch möglich – aber es steht der wichtigen Mitarbeiteraktivierung entgegen. Die Erfahrung aus zahlreichen Wiki-Projekten zeigt, dass Mitarbeiter nur dann gewillt sind, sich in das Wiki einzubringen, wenn sie auch einen eigenen Benutzer haben. Die Aktivität im Wiki nimmt signifikant zu, wenn die Aktivitäten konkreten Personen zugeordnet werden können. Und das ist auch logisch: Natürlich möchte ein Mitarbeiter für seinen hochwertigen Input auch die verdiente Anerkennung ernten. Das ist aber nur möglich, wenn Inhalte personalisiert sind.

Um die Befürchtung der Leistungsmessung zu zerstreuen, hat das Unternehmen die Möglichkeit, das Wiki so zu konfigurieren, dass keine statistische Auswertung auf personalisierter Ebene möglich ist, die das Management für Leistungsvergleiche heranziehen könnte, dass also nicht ausgewertet werden kann, wer wie viele Wiki-Inhalte beigesteuert hat.

7.2 Unbegründet: Angst vor Mitarbeiterüberwachung per Wiki

Günter Gewerkschaft antwortet: „Gut, diese Kröte würde ich wohl schlucken. Wenn es für die Kollegen okay ist, ist es auch für mich okay. Eine viel fettere Kröte aber auf keinen Fall: Wenn dieses System dazu verwendet werden soll, die Kollegen zu überwachen, ist das Thema für mich gestorben. Dann werde ich dagegenarbeiten."

Häufig wird eine Gefahr darin gesehen, dass sämtliche Änderungen im Wiki nachvollzogen werden können. Diese Befürchtung ist jedoch gegenstandslos. Wikis sind so aufgebaut, dass ersichtlich ist, wer wann was an welchem Dokument bearbeitet hat – die Betonung liegt auf *Dokument*. In der Praxis lässt sich gar nicht feststellen, wer wann welche Änderungen im Wiki, sondern nur wer welche Änderungen in einem konkreten *Dokument* vorgenommen hat. Wiki-weite Änderungen auf Personenebene lassen sich nicht systematisch nachvollziehen.

Die dokumentenspezifische Revisionshistorie wird geführt, um nachvollziehen zu können, ob eine Modifikation inhaltlich sinnvoll ist. In der Theorie kann dies kritisiert werden, in der Realität ist eine Leistungsüberwachung allerdings nicht möglich und die Befürchtung, dass sämtliche Schritte der Mitarbeiter überwacht werden, unbegründet.

7.3 Eigene Inhalte kommunizieren und Unternehmenskultur positiv beeinflussen

Vielmehr bietet das Wiki dem Betriebsrat eine ausgezeichnete Möglichkeit, die eigenen Informationen im Unternehmen zentral und aktuell zugänglich zu machen und zu kommunizieren. Tatsächlich nutzen Betriebsratsmitglieder das Wiki erfahrungsgemäß sehr intensiv.

Und darüber hinaus erhalten Mitarbeiter durch das Wiki deutlich mehr Einfluss und können Prozesse aktiv mitgestalten. Der in vielen Unternehmen etablierte sogenannte Topdown-Ansatz wird durch einen kommunikativen Kreislauf ersetzt. Gerade deshalb sollte der Betriebsrat sich für eine frühe Einbindung in ein Wiki-Projekt engagieren, um so auf die Weiterentwicklung der internen Kommunikation Einfluss zu nehmen.

7.4 Datenschutz sicherstellen

Sicherlich birgt ein Wiki tatsächlich auch Gefahren für die Rechte der Arbeitnehmer. Oft wird ein Wiki für Business-Intelligence-Zwecke eingesetzt, personalrelevante Daten und Statistiken werden also im Wiki erfasst und abgelegt und über eine Rechtestruktur geschützt. Die Rechte müssen korrekt eingestellt sein, damit gewährleistet ist, dass keine

Unbefugten Daten über andere Mitarbeiter einsehen können. Hierbei kann ein erfahrener Wiki-Dienstleister wertvolle Unterstützung bieten und helfen, die Einhaltung strenger Datenschutzauflagen sicherzustellen.

7.5 Verantwortung wahrnehmen: Wiki-Einführung als taktisches Mittel

„Das ist alles gut und schön. Aber: Als Betriebsrat ist es nicht meine Aufgabe, die Sachen einfach abzunicken und durchzuwinken."

Einen Moment lang ist es still. Säßen wir uns persönlich gegenüber, würde Günter Gewerkschaft jetzt wahrscheinlich die Stirn in Falten legen und sich langsam über den Tisch beugen. Er fährt fort: „Ich sage Ihnen was, das eigentlich nicht für Ihre Ohren bestimmt ist. Wir hatten zuletzt wie viele Firmen keine so ganz leichte Zeit und die Kollegen haben ihren Teil dazu beigetragen, dass alles seinen Gang geht ..."

Wir ahnen, worauf unser Gesprächspartner hinaus will und schildern ihm zwei Situationen. Normalerweise hat das Management ein großes Interesse daran, ein Wiki voranzutreiben – sonst würde es keines einführen. Anderen Wikis wiederum fehlt es an Unterstützung von oben, etwa wenn eine einzelne Abteilung ein Wiki eingeführt hat und einen größerflächigen Rollout anregt, dessen Nutzen vom Management bezweifelt wird.

Wenn der erste Fall Realität ist, ist der Betriebsrat (wie bei jedem anderen EDV-System auch) in der Position, Forderungen zu stellen und die Zertifizierung und Unterstützung mit in die Verhandlungswaagschale zu werfen. Hierbei muss der Betriebsrat allerdings sehr vorsichtig sein: Sind die systemischen Vorteile evident? Doch er hat grundsätzlich die Möglichkeit, die Einführung des Systems genauer unter die Lupe zu nehmen, das Wiki z. B. im Rahmen von Tarifverhandlungen eingehend zu prüfen und es quasi in „Sippenhaft" zu nehmen.

Im zweiten Fall – wenn das Management also nicht davon überzeugt ist, dass es sich bei einem Wiki um das richtige Instrument für das Unternehmen handelt – sollte der Betriebsrat die ihm obliegende Verantwortung kennen. Stellt man sich quer, schnürt man dem System, dem es ohnehin schon an Unterstützung mangelt, nicht nur zusätzlich die Luft ab, sondern agiert auch kaum im Sinne der Kollegen, die das Wiki bereits als tolles Werkzeug schätzen gelernt haben: Der Betriebsrat würde sich gewissermaßen selbst ins Bein schießen und sich zudem der beschriebenen Vorteile berauben. Wenn sich der Betriebsrat hier widersetzt, wird es höchstwahrscheinlich gar kein Wiki geben. Für die Ermächtigung der Mitarbeiter ist ein Wiki allerdings sehr hilfreich und daher im ureigenen Interesse der Mitarbeitervertretung. Die Wiki-Einführung hat also durchaus eine politische Dimension und kann als taktisches Mittel eingesetzt werden. Dieser Verantwortung sollte der Betriebsrat sich bewusst sein und ebenso maßvoll wie weitsichtig agieren.

Zusammenfassend sind aus Sicht des Betriebsrats die folgenden Maßnahmen und Aktivitäten bei der Wiki-Einführung sinnvoll:

- Proaktives Engagement für ein Firmenwiki

- Einrichtung eines eigenen Wiki-Bereichs, in dem eigene Informationen zur Verfügung gestellt werden

- Die Berücksichtigung von Nutzernamen im Sinne einer selbstbewussten Belegschaft

- Weitsichtiger Einsatz der Wiki-Einführung als taktisches Mittel

- Unterstützung des Wikis aus rein systemischer Sicht, da es die Ermächtigung der Mitarbeiter unterstützt

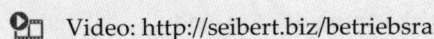 Video: http://seibert.biz/betriebsrat

Durchs Telefon hören wir Papier rascheln, ehe Günter Gewerkschaft mit nachdenklichem Unterton sagt: „Gut, haben Sie vielen Dank. Ich denke über das alles nach. Danke für die Hinweise und Tipps. Ich weiß jetzt auf jeden Fall besser Bescheid."

8 Use-Cases: Was mit dem Wiki anfangen?

Norman Netzaffin ist dabei, Teilnehmer für eine Pilotgruppe zu rekrutieren und den Wiki-Piloten konkret zu planen. Diese erfreulichen Neuigkeiten teilt er uns per E-Mail mit. In dieser Nachricht spricht er uns nochmals auf die Use-Cases an, die im Pilotprojekt realisiert werden sollen. Ihm ist ein Detail eingefallen, das im letzten Meeting etwas zu kurz gekommen ist: Warum soll eine Pilotgruppe sich eigentlich darauf beschränken, nur für eine oder sehr wenige Anwendungsmöglichkeiten des Wikis strahlende Beispiele zu schaffen? Zwanzig tolle Beispiele wären doch eindrucksvoller und überzeugender als zwei.

Wie bereits ausgeführt: Am Anfang eines Wiki-Projekts muss der Anwendungsfall definiert werden. Es ist wichtig, dass die Mitarbeiter genau wissen, was mit dem Wiki zu tun ist und was nicht. Es müssen klare Regeln aufgestellt werden, welche Inhalte in das Wiki eingefügt werden sollen und für welche Zwecke das Wiki genutzt wird. Das ist das A und O der erfolgreichen Wiki-Einführung.

Video: http://seibert.biz/usecases

Anwendungsfälle sind deshalb so wichtig, weil sie zu einer Fokussierung führen, die wiederum für das Projekt wichtig ist. Kaum ein Unternehmen stellt große Budgets für ein Thema wie ein Firmenwiki zur Verfügung, das von Skeptikern zunächst häufig als Experiment und fixe Idee angesehen wird – freundlich ausgedrückt.

Die Konzentration auf einen oder zwei Anwendungsfälle hilft dabei, einen sogenannten Leuchtturm-Effekt zu erzielen. Auch wenn es nicht viele von ihnen gibt, sind Leuchttürme aus der Ferne gut sichtbar und dienen als Orientierung. Diese Wirkung kann das Wiki der Capitol AG ebenfalls erzielen, wenn die Pilotgruppe die ersten Anwendungsfälle so umsetzt, dass andere Mitarbeiter direkt davon profitieren und von den Ergebnissen begeistert sind.

Geht eine Pilotgruppe zu viele Use-Cases auf einmal an, drohen die meist knappen Ressourcen das Projekt aufzureiben. Zu Recht werden dann die Stimmen der Wiki-Zweifler laut: „Seht her! Nur Stückwerk, lauter unfertige Dokumente. Kein durchdachtes Konzept. Keine Struktur. Das soll unser Wissensmanagement der Zukunft sein? Chaos trifft es wohl besser!"

Wir raten Norman nochmals, sich deshalb anfangs auf einen einzigen, maximal zwei Anwendungsfälle zu fokussieren. Wir haben schon viele Wiki-Projekte begleitet, bei denen die Unternehmen zwar von der Wiki-Idee begeistert waren, aber keinen spezifischen Use-Case definiert hatten. Solche Projekte sind oft Totgeburten, weil das Wiki nicht diffundiert und die Mitarbeiter das Tool nicht akzeptieren.

Fehlt der konkrete Anwendungsfall, fehlt schlicht auch die Vorstellung davon, was mit dem Wiki eigentlich anzufangen ist.

So weit unsere kompakte Antwort. Wir machen uns auf jeden Fall eine Notiz: Dieses Thema werden wir später gewiss noch einmal vertiefen (vgl. S. 182 ff.).

9   Das Erste Gebot: Teilen macht Spaß

Als Experten für Firmenwikis werden wir hin und wieder zu Fachveranstaltungen eingeladen und haben die Möglichkeit, unser Wissen vor Fachpublikum zu teilen. Genau zu diesem Thema, dem Teilen von Wissen im Wiki, haben wir einen Vortrag für einen anstehenden Community Day vorbereitet.

Über unseren Tipp hat sich Norman Netzaffin sehr gefreut und ist mit einigen seiner Kollegen aus der Pilotgruppe im Kongresszentrum erschienen – eine gute und das Beratungsbudget schonende Gelegenheit, mehr über kulturelle Veränderungen im Zuge einer Wiki-Einführung zu erfahren.

Das Teilen von Wissen im Firmenwiki ist das A und O, kein Teilen heißt: kein Content. Ohne zu weit vorzugreifen: Intern müssen Ängste vor dem Teilen abgebaut werden. Zwar haben viele Manager im Zusammenhang mit Wikis und den damit verbundenen Freiheiten Angst davor, dass die Mitarbeiter Unfug und Falschinformationen einspielen könnten, doch das entspricht in der Praxis selten der Realität. Statt bereitwillig alle möglichen Inhalte samt Falschinformationen ins Wiki zu stellen, haben viele Mitarbeiter so viel Respekt vor einem zentralen System, das alle Kollegen einsehen können, dass sie in einer Art „Schockstarre" verweilen und dem Aufruf, Informationen im Wiki abzulegen, mitunter gar nicht folgen.

Wie sich zeigen wird, soll dieses Thema in der Capitol AG tatsächlich noch auf der Tagesordnung landen. Wir werden später die Gelegenheit haben, die Angst, Wissen zu teilen, ausführlich zu diskutieren (vgl. S. 204 ff.).

Wir beginnen unseren Vortrag mit einer wichtigen Differenzierung: Es gibt nämlich unterschiedliche Formen des Teilens: das Teilen materieller und geistiger Güter. Beim Teilen materieller Güter wird etwas *auf*geteilt, d. h. der Teilende hat anschließend weniger als vorher. Beim Teilen geistiger Güter wird etwas *mit*geteilt, d. h. der Teilende hat nach dem Teilen noch genauso viel wie vorher *und* hat anderen etwas gegeben. Im besten Fall bekommt er sogar etwas zurück. Das ist eine wichtige Differenzierung, die Norman und seine Mitstreiter skeptischen Nutzern verdeutlichen müssen. Entsprechend sollten in der Firmenkultur wirksame Anreize vorhanden sein, „Silodenken" oder das Horten von Wissen möglichst zu unterbinden.

Wir lassen den Blick über unser Publikum schweifen und fragen: „Möchten wir langfristig von unersetzlichen Spezialisten abhängig sein? Oder sollte nicht vielmehr der teilende Teamplayer als besonders wertvoll und für das kollektive Firmengedächtnis als ungleich wertvoller eingeschätzt werden? Jedes Unternehmen, das ein Wiki einführen will, muss sich diese Frage stellen."

9.1 Grundregeln, die das Teilen angenehm machen

Fehler sind erlaubt: Den Mitarbeitern muss Mut gemacht werden, auch Fehler zu begehen. Eine Bestrafungskultur ist Gift für eine Wiki-Teilnahme, weil in einem Wiki Fehler ja über die Historie dauerhaft verfügbar bleiben.

Wir finden im Publikum Norman Netzaffin und wenden uns direkt an ihn und sein Team: „Wenn Sie hingehen und einer Mitarbeiterin – nennen wir sie mal prototypisch Nina Nochniegemacht – nach ihren ersten Gehversuchen im Wiki auf die Finger klopfen und beklagen, was Ihnen an dieser und jener Wiki-Seite nicht passt, schaffen Sie ein großes Problem: Nina Nochniegemacht wird das System künftig wahrscheinlich meiden wie der Teufel das Weihwasser."

Es braucht eine Kultur des Vergebens und Vergessens, um den Leuten Mut zu machen, Fehler zu riskieren. Ein Wiki-Dokument durchlebt im Idealfall einen kontinuierlichen Prozess von iterativen Ergänzungen, Änderungen und Korrekturen. Und in einem solchen Prozess wiegen Fehler weit weniger schwer als in gewohnten Arbeitsprozessen.

Quantität vor Qualität: Wenn die Mitarbeiter aktiviert werden können, viele Inhalte einzuspielen (Quantität), ergeben sich häufig schon aus der Nutzung des Wikis zahlreiche Wege, diese weiter aufzubereiten und zu verbessern (Qualität). (Hierzu werden wir uns später noch in gebotener Ausführlichkeit mit Norman und seinem Team auszutauschen haben, vgl. S. 223 f.)

Gezielt teilen: Gleichzeitig ist der Prozess des Teilens keinesfalls unsicher. Durch eine Rechtekonfiguration auf Bereichsebene kann zum Beispiel dafür gesorgt werden, dass ein Projektteam sich überhaupt keine Gedanken über die Sicherheit der Dokumente und Informationen, die geteilt werden, machen muss.

Teilen als regulärer Arbeitsbestandteil: Das Teilen von geistigen Gütern (in Form von Ideen, Gedanken oder Konzepten) mithilfe eines Wikis ist quasi ein Nebenprodukt im Rahmen der täglichen Arbeit. Anstatt sich nach getaner Arbeit noch Gedanken darüber machen zu müssen, wem das gerade verfasste Dokument zu kommunizieren ist, ist das Arbeitsergebnis bereits während der Entstehung allen anderen Wiki-Nutzern zugänglich. Dies geschieht ohne weiteres Zutun des Verfassers. Die Nutzung eines Wikis kann somit von der Bringschuld entlasten. Zudem sind andere Teammitglieder, wie wir bereits ausführlich gezeigt haben, schon sehr früh über neue Ideen informiert und haben die Möglichkeit, zeitnah Feedback zu geben.

Wir machen einen kleinen Schnitt und denken laut nach: „Nun gut, Fehler sind erlaubt, Qualität ist erst mal nicht so wichtig, etwas weniger Bringschuld – ist ja alles nett. Das können Sie Kollegen wie Nina Nochniegemacht sicherlich alles ans Herz legen. Aber der Begriff Spaß ist in diesem Zusammenhang ein bisschen zu hoch gegriffen, oder doch nicht?"

Mit Spaß meinen wir vor allem auch Nutzen: Vielen Mitarbeitern erschließt sich die „Magie" eines Unternehmenswikis genau in den Momenten, in denen sie sehen, dass Kollegen die eigenen Inhalte und Gedanken ganz ohne Aufforderung um zusätzliche Ideen erweitern und dadurch die Ergebnisse verbessern. Normalerweise entsteht eine solche Situation ja nur durch aktives Nachfragen und zahlreiche Erinnerungen: Man sendet ein Dokument mit der Bitte um Durchsicht an einen Kollegen und wartet auf dessen Anmerkungen. Im Wiki können alle Mitarbeiter ihren Kollegen helfen, wenn sie etwas Sinnvolles beizutragen haben und der Kontext und die Rechteeinstellungen es erlauben. Das Teilen von Informationen schafft echten Mehrwert. Das macht Spaß.

„Sie müssen Ihren Mitarbeitern auch die praktischen Vorteile für die tägliche Arbeit deutlich machen, die das Teilen mit sich bringt", raten wir den Zuhörern. „Beispielsweise können Kolleginnen für Nina Nochniegemacht einspringen, wenn sie plötzlich krank wird oder die Arbeitslast zu hoch ist. Teilen sorgt für Transparenz und Wissenstransfer, das wirkt sich positiv auf die gemeinsame Arbeit an einem Thema aus."

Rezeption und Kommunikation als stimulierende Elemente: Es macht Spaß, wahrgenommen zu werden. Zum Spaß am Teilen gehört weiterhin, dass man merkt, dass die eigenen Beiträge im Wiki gesehen und „konsumiert" werden. Es gibt ein Publikum. In erfolgreiche, ausgereifte Wiki-Systeme ist z. B. eine prominente Änderungsliste integriert, auf der die letzten Änderungen für alle sichtbar auf der Startseite „beworben" werden.

Tatsächlich empfinden viele Menschen das Teilen in einem öffentlichen Raum oder einer Teilöffentlichkeit als bereichernd. Wenn man anderen eine Information zur Verfügung stellt und darauf Reaktionen erhält, ist das eine Gratifikation. Dadurch baut man Verbindungen mit Kollegen auf und stärkt das Teamgefühl. Auch das macht Spaß.

Anerkennung: Während viele Unternehmen irrtümlich glauben, sie müssten Beiträge über finanzielle Anreize generieren, besteht die beste Belohnung für Wiki-Beiträge unserer Erfahrung nach in Aufmerksamkeit und Anerkennung. Wir leben in einer Aufmerksamkeitsökonomie, in der über eine Milliarde Menschen im Internet mal mehr, mal weniger wichtige Inhalte veröffentlichen, um Kommentare und Feedback zu ernten.

„Füllen Sie einen Raum mit begeisterten Zuhörern, stellen Sie eine Person aufs Podium und bitten Sie sie, über ihr Lieblingsthema zu referieren", veranschaulichen wir diesen Aspekt. „In dieser Situation mögen manche Leute Lampenfieber haben. Aber diese Hemmungen fallen im Wiki eleganterweise weg. Ein erfolgreiches Wiki ist wie ein Mikrofon mit einem Raum voller interessierter Zuhörer, nur ohne Nervosität und Herzklopfen aufseiten des Redners."

9.2   Hemmschwellen entgegenwirken

Nun leiten wir den nächsten Aspekt des Themas ein: „Trotz so offensichtlicher Anreize zeigt die Projekterfahrung, dass sich viele Mitarbeiter weiterhin scheuen, zum Wiki beizutragen. Wir können Ihnen einige Möglichkeiten vorschlagen, wie Sie dem entgegenwirken."

Mitarbeiter lernen Teilen durch Teilen: Wenn sie erst einmal anfangen, ihr Wissen und ihre Ideen zu teilen, entwickelt sich oft eine Eigendynamik. Merken die Mitarbeiter, dass das Teilen keine negativen Konsequenzen, sondern positive Effekte hat, werden sie künftig mehr teilen und häufiger Inhalte im Wiki einstellen. Das Teilen hat also einen selbstverstärkenden Effekt und führt zum Abbau von Hemmungen.

Teilen mit *Peers* fällt leichter: Menschen sind eher bereit, etwas mit vertrauten Personen zu teilen. Deshalb kann es hilfreich sein, das Wiki in Gruppen zu nutzen, die eng zusammenarbeiten und innerhalb derer ein gewisses Vertrauensverhältnis besteht. Wenn das Sharing-Problem also wirklich relevant sein sollte, ist das eine Strategie, um ihm zu begegnen.

Teilen bedeutet Stärke: In unserem eigenen Unternehmen haben wir einen Grundsatz: *Be generous with your knowledge, you've got plenty of it.* Unsere Mitarbeiter werden also explizit dazu aufgefordert, ihr Wissen zu teilen, sowohl intern als auch extern. Dieser Grundsatz entsteht aus einem gesunden Selbstbewusstsein und einem Gefühl der Stärke. In den Religionswissenschaften geht man davon aus, dass die Bereitschaft zu teilen aus einer Situation des Überflusses entsteht: Wer viel hat, kann etwas abgeben. Wer hingegen wenig hat, ist vorsichtig beim Teilen, denn er gibt etwas her, von dem er schon zu wenig hat. Übertragen wir dieses Bild auf Unternehmen und Wikis und verdeutlichen wir den Mitarbeitern, dass Teilen Stärke bedeutet, nimmt die Bereitschaft zum Teilen zu.

„Schließlich will niemand als schwach wahrgenommen werden und sich als jemand outen, dem es an Wissen mangelt", fahren wir fort und ergänzen schmunzelnd: „Ein kleiner Trick also: Es kann definitiv nicht schaden, die Mitarbeiter durch die Blume an der Ehre zu packen."

9.3   Strong Backing from the Top fördert
den Spaß am Teilen

Darüber hinaus ist es im Sinne der Aufmerksamkeitsökonomie sehr einfach und wirkungsvoll, wenn Führungskräfte und einflussreiche Mitarbeiter neue Wiki-Dokumente sichten und motivierende Kommentare darin hinterlassen. Rückmeldungen wie „Sehr guter Ansatz. Hast Du schon an XY gedacht?" oder „Tolle Idee. Bitte noch mit Meyer sprechen und sein Dokument in das Konzept integrieren!" sind für die meisten Mitarbeiter sehr befriedigend und wirksamer als finanzielle Belohnungen.

„Hier kommt es natürlich auf die Person und auch auf die Unternehmensstruktur an", müssen wir an dieser Stelle nochmals einschränken. „Im Fünftausend-Mann-Konzern dürften die Chancen gering sein, dass ein Vorstand oder die Senior Manager das Wiki überhaupt nutzen. Hier werden es eher die unmittelbaren Vorgesetzten sein, die ihre Mitarbeiter durch Feedback motivieren. Beim Geschäftsführer oder Abteilungsleiter im Betrieb mit 50 oder 500 Mitarbeitern sieht die Situation schon anders aus."

In jedem Fall macht die Beteiligung von Führungskräften und Vorgesetzten deutlich: Jeder Mitarbeiter im Unternehmen hat die Möglichkeit, von der Unternehmens- oder Abteilungsspitze mit seinen Beiträgen wahrgenommen zu werden.

„Ihr Mitarbeiter sieht: Hier ist der Vorstand, der Abteilungsleiter, der Vorgesetzte unterwegs. Ihr Mitarbeiter sagt sich: Durch meine Beiträge kann ich mein Engagement und mein Wissen innerhalb des Unternehmens darstellen. Hier kann ich Marketing in eigener Sache betreiben", kommen wir zum Schluss. „Also: Werben Sie um die aktive Beteiligung einflussreicher Personen. Und gehen Sie selbst mit gutem Beispiel voran."

Anschließend beantworten wir noch Fragen unserer Zuhörer. In der Reihe vor Norman Netzaffin meldet sich ein rundlicher Herr im Anzug zu Wort: „Mir fehlt ergänzend noch eine Differenzierung: die zwischen gutem und schlechtem Teilen. Es ist sicherlich nicht sehr sinnvoll, wahllos und vor allem unkommentiert Dokumente ins Wiki hochzuladen."

Für die wichtige Anmerkung danken wir dem Teilnehmer. In der Tat muss zwischen Informationsmüll und werthaltigen Informationen unterschieden werden. Als Faustregel geben wir aus: Unter Teilen ist nicht zu verstehen, dass ein Mitarbeiter einfach Informationen und Dateien aus Netzlaufwerken ohne weitere redaktionelle Überarbeitung in das Wiki einspielt. Das ist nicht Quantität, sondern Informationsmüll, der das Wiki weder wertvoll noch hilfreich macht.

Unter Teilen verstehen wir vielmehr aktive Beiträge von Mitarbeitern, die selbst Inhalte im Kontext der Wiki-Seiten erstellen und die vorhandenen Seiten ergänzen. Natürlich darf dabei auch kontextbasiert sinnvoll aus anderen Medien (z. B. eigene E-Mails, Word-, Excel- und PowerPoint-Dokumente) kopiert und importiert werden.

Damit geht der Community Day in die Pause. Weil es sich anbietet, setzen wir uns mit Norman Netzaffin und seinen Begleitern in die Cafeteria des Kongresszentrums und gönnen uns eine Erfrischung. Bei unserer Unterhaltung bleiben wir – wie nicht anders zu erwarten – beim Thema.

10 Die Informationsarchitektur

„Eine Sache macht mich langsam nervös", setzt Norman an. „Wir haben schon viele organisatorische Gesichtspunkte diskutiert, aber ein zentraler konzeptioneller Aspekt ist noch gar nicht zur Sprache gekommen: Wir haben noch nicht das Geringste unternommen, um das Wiki strukturell zu planen. Wie gehen Sie denn diesbezüglich in Wiki-Projekten vor? Ich würde das Wiki gerne bis in die Tiefe durchplanen, um nicht Gefahr zu laufen, dass das Wiki später im Chaos versinkt."

10.1 Strukturelle Planung

Wir können Norman in dieser Hinsicht beruhigen: Eine vermeintlich unzureichende Planung einer Informationsarchitektur ist nicht das Problem. Wie bei einer Website möchten einige Kunden in der konzeptionellen Phase eines Wiki-Projekts gerne eine umfangreiche und detaillierte Strukturierung anstoßen. Hierbei stößt man allerdings schnell an Grenzen, verliert sich mitunter in Details und vergeudet auch Projektzeit. Die Informationsarchitekturen von Websites und Wikis entwickeln und verändern sich nämlich auf ganz unterschiedliche Weise.

 Video: http://seibert.biz/ia

10.2 Voll entwickelte versus organisch entstehende Struktur

Beim Live-Schalten einer Website ist die Informationsarchitektur voll entwickelt, sämtliche Seiten sind vorbereitet und mit Inhalt gefüllt. Ein Wiki dagegen hat zu Beginn in aller Regel nur wenige Seiten, dafür wächst es kontinuierlich. Sicherlich verändern sich auch Websites, beispielsweise werden Unterseiten zusammengelegt oder es kommen neue hinzu, vielleicht entsteht mit einer Sortimentserweiterung ein neuer Hauptmenüpunkt etc. Diese Veränderungen sind aber nicht strukturell signifikant.

Bei einem Wiki ist es anders: Hier entwickelt sich ganz schnell und relativ unsystematisch viel Inhalt. Das ist in einem Firmenwiki auch völlig normal und erwünscht: Es ist ja gerade nicht das Ziel, Mitarbeitern vorzuschreiben, wann und welche Inhalte sie in welchem Kontext im Wiki ablegen.

Die Struktur eines Wikis ist somit innerhalb kurzer Zeit eine ganz andere und ihre Entwicklung lässt sich en détail nicht im Voraus planen. Es entstehen neue Portalseiten mit zahlreichen Unterseiten, neue Projekte erfordern häufig das Anlegen neuer, separater Wiki-Bereiche, es werden viele verschachtelte Strukturen entwickelt, die im Gegensatz zu einer Website keinen systematischen Strukturen folgen.

Abbildung 13   Informationsarchitekturen statischer Websites und dynamischer Wikis entwickeln sich auf unterschiedliche Weise.

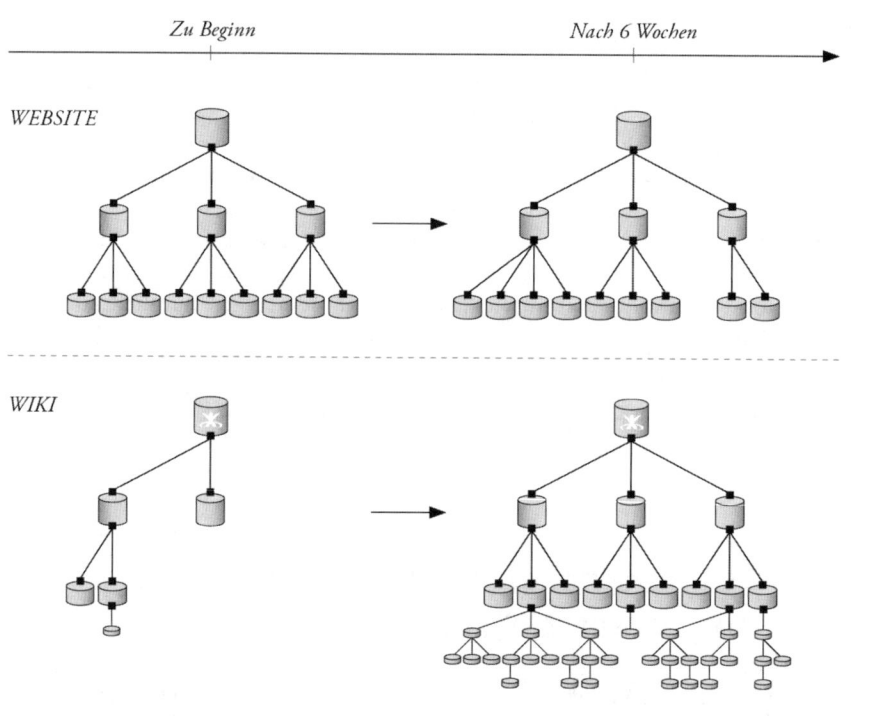

10.3   Grobe Planung genügt

Wenn man ein Wiki-Projekt plant, muss also ein Verständnis dafür vorhanden sein, dass die Informationsarchitektur eines Wikis eben nicht der einer Website entspricht (und entsprechen soll) und dass auch die Entwicklung und Planung von Navigationselementen, der Suche oder der letzten Änderungen bei einem Wiki anderen Regeln folgt.

„Sicherlich können und sollten wir das Wiki inhaltlich planen und vorbereiten und Bereiche, Portalseiten etc. in eine Informationsarchitektur integrieren", empfehlen wir.

„Eine solche, vergleichsweise grobe Strukturierung reicht unserer Erfahrung nach aber vollkommen aus, denn die Tiefenstruktur entwickelt sich organisch und sicherlich nicht so, wie wir es detailliert geplant haben."

Das von Norman befürchtete Wiki-Chaos ist damit natürlich nicht aus der Welt. Zu gegebener Zeit werden wir uns dieser Herausforderung sicherlich ausführlicher widmen müssen (vgl. S. 221 ff.). Jetzt steht jedoch erst einmal der zweite Teil des Community Days an: Im Rahmen einer Open-Space-Session wollen Nutzer von Firmenwikis gemeinsam prototypische Nutzungsrichtlinien entwickeln – eine Wiki-Charta. Wir sind gespannt, was dabei herauskommt.

11   Nutzungsrichtlinien: Eine prototypische Wiki-Charta

Am Ende des Tages steht schließlich das folgende Beispiel für eine sogenannte Wiki-Charta in einem Unternehmen, die wir gemeinsam mit unseren Ansprechpartnern in der Capitol AG gerne unternehmensspezifisch anpassen werden. (Hinweis für unsere Leser: Sie dürfen die Vorlage als Käufer dieses Buchs für Ihre eigenen Zwecke nutzen und anpassen.)

11.1   Zusammenfassung der Wiki-Charta

Die wichtigsten Regeln für unser Wiki sind folgende:

- **Teile Dein Wissen!** Ein Wiki ermächtigt Mitarbeiter, Wissen zu teilen und transparent zu machen. Dieses Ziel verfolgen wir intensiv. Alle Mitarbeiter sind aufgerufen, Ihr Prozess- und Tagesgeschäftswissen im Wiki zu dokumentieren und mit anderen zu teilen. Das gilt ausnahmslos.

- **Transparenz steht über Ordnung.** Es ist uns wichtig, neue und viele Inhalte ins Wiki zu integrieren. Wir wissen, dass Teile davon nicht ins Wiki gehören oder sogar doppelt vorhanden sein werden. Wir arbeiten lieber mit einem Redaktionsteam daran, solche Inhalte zu entfernen, als darauf zu verzichten, das Wissen unserer Mitarbeiter transparenter zu machen.

- **Vertraulichkeit wahren.** Unser Wiki folgt unseren Unternehmensrichtlinien. Unsere vertraulichen Informationen werden weiterhin vertraulich behandelt. Wer sich mit den Rechten im Wiki nicht auskennt, möge sich informieren. Vertrauliche Informationen müssen aber immer in geschützten Bereichen hinterlegt oder mit Einzelrechten versehen werden.

- **Effizienz und Effektivität vor Systemdogmatismus.** Wir möchten eine effektive und effiziente Zusammenarbeit im Unternehmen erreichen. Überall, wo das Wiki helfen kann, darf das versucht werden. Aber es steht hierarchisch weder über noch unter anderen Systemen. Software ist für uns ein Werkzeug, kein politisches Instrument. Wenn sich zwei Systeme tatsächlich im Weg stehen, entscheiden wir nach betriebswirtschaftlichen und inhaltlichen Kriterien, welches für welchen Anwendungsfall genutzt werden soll.

- **Freundlich zu anderen Systemen.** Ein Wiki hilft dabei, andere Systeme zu betreiben, und behindert oder bekämpft sie nicht. Wir etablieren im Wiki Dokumentationen und Anleitungen für andere Tools, um sie einfacher bedienbar zu machen. Wir bilden keine Funktionen anderer Systeme 1:1 ab, ohne dies mit den Betreibern abzustimmen.

■ **Business as usual: Vertrauen, Respekt, Vernunft.** Ein Wiki setzt die Grundsätze guter Unternehmensführung nicht außer Kraft. Es ist ein Werkzeug. Aber die von uns definierten geschäftlichen Abläufe verändern sich nur dann, wenn das Wiki ihren Ablauf sinnvoll ergänzen kann. Ein Wiki ist nicht Anarchie, nur weil die Rechte mehr erlauben und nicht so restriktiv wie in anderen Systemen sind. Wir vertrauen unseren Mitarbeitern und erwarten einen verantwortungsvollen Umgang mit dem Wiki. Niemand verschandelt den Eingangsbereich unseres Unternehmensgebäudes mit Graffiti. Ebenso wenig treibt jemand im Wiki Unfug. Wer es doch tut, hat mit den gleichen Konsequenzen zu rechnen wie außerhalb des Wikis. Wer das System mit Respekt und Vernunft anwendet, wird im Interesse des Unternehmens handeln.

■ **Kontrolle oder Überwachung?** Das Wiki wird nicht genutzt, um Aktivitäten einzelner Mitarbeiter oder Gruppen individuell auszuwerten. Es ist kein Leistungsmessungsinstrument und darf als solches nicht angewendet werden. Trotzdem kontrollieren wir genau, was an Inhalten eingestellt wird. Wir verbessern Inhalte und entfernen alte Informationen. Jeder darf Fehler machen. Aber jeder, der einen Fehler sieht, soll ihn korrigieren oder zumindest melden.

11.2   Was macht man mit einem Wiki eigentlich?

Die wichtigsten Gründe für ein Wiki:

■ Zusammenarbeit im Unternehmen und über dessen Grenzen hinaus fördern

■ Effizientere Teamarbeit: Neue Formen der Zusammenarbeit ausprobieren und leben

■ Steigerung der Informationstransparenz insbesondere durch den Bottom-up-Ansatz: Ein Wiki hat den Vorteil, dass alle Mitarbeiter Informationen beisteuern können. Genau das ist gewünscht und macht es stark. Während ein klassisches Intranet übersichtlich sein will, soll ein Wiki prall gefüllt mit sehr vielen und detaillierten Informationen sein.

■ Richtigkeit und Glaubwürdigkeit von Informationen durch Mehr-Augen-Prinzip verbessern

■ Ein Wiki ist der zentrale Ort, Wissen einzelner Mitarbeiter zu dokumentieren und allen zur Verfügung zu stellen.

Also: Das Wiki soll Kosten sparen und eine effiziente Zusammenarbeit im Team fördern. Wir wollen damit die Transparenz erhöhen und dafür sorgen, dass alle Mitarbeiter möglichst gut Bescheid wissen.

11.3   Konkrete Anwendungsfälle

Der größte Nutzen unseres Unternehmenswikis entsteht dadurch, dass es einfach und schnell auf die eigenen Anforderungen zugeschnitten werden kann. Nur wenn wir die für uns individuell relevanten kleinen und größeren Anwendungsfälle identifizieren und leben, wird das Wiki für uns persönlich zum Erfolg werden.

Wenn wir für uns und unsere Kollegen einen neuen spezifischen Anwendungsfall gefunden haben, fügen wir diesen in eine zentrale Liste mit Wiki-Anwendungsfällen ein und verknüpfen dort ein neues Dokument mit einer Erläuterung. Dort beschreiben wir, was wir machen und warum das sinnvoll ist. Diese Dokumentation ist nicht optional, sondern verpflichtend. Erstens wollen wir gemeinsam lernen. Zweitens wollen wir prüfen, ob Anwendungsfälle in anderen Systemen besser abgebildet werden können. Helfen wir alle mit!

11.4   Was machen wir mit einem Wiki nicht?

■ Ein Wiki ist kein Ersatz für ein E-Mail-Programm. Es versendet keine persönlichen E-Mails und beherbergt auch keine E-Mail-Software.

■ Ein Wiki ist nicht der Ersatz für jede andere Software. Es ist wichtig, dass wir zwischen Ersetzen und Ergänzen unterscheiden. Ein Wiki kann ein Netzlaufwerk mit Dateien ergänzen, aber nicht ersetzen. Ein Wiki kann E-Mail-Kommunikation ergänzen, aber nicht ersetzen.

■ Ein Wiki ist kein Selbstzweck. Jede Aktivität im Wiki muss betriebswirtschaftlichen und inhaltlichen Zielen dienen.

■ Ein Wiki ist nicht Anarchie. Es ist ein Werkzeug für erwachsene Menschen mit Vernunft und Respekt voreinander, die einander vertrauen.

■ Ein Wiki ist keine Datenhalde. Es sollen nicht wahllos Informationen importiert werden. Wir spielen nicht sinnlos Informationen aus Netzlaufwerken 1:1 ins Wiki ein.

11.5   Aktive Kommunikation mit Push und Pull

Unser Wiki erhebt keinen allgemeinen Nutzungsanspruch. Wir geben nicht vor, wie häufig es durchgesehen werden soll. Niemand überwacht, wie oft wer darin liest oder schreibt. Das Wiki basiert allgemein auf Freiwilligkeit und soll nützlich sein. Es ist ein Pull-Medium, in dem man viele Informationen findet, wenn man sucht.

Wenn Anwendungsfälle geschaffen werden, die eine aktive Teilnahme erfordern oder Push-Kommunikation erfordern, setzen wir dafür andere Medien ein. So werden unmittelbar relevante Informationen zum Beispiel per E-Mail verschickt. Push-Kommunikation kann Pflichten, Zwang und auch Aktivitäten im Wiki beinhalten. Aber niemand muss im

Wiki suchen, ob eine Aufgabe für ihn hinterlegt wurde. Alles, was getan werden soll oder muss, kommt aktiv zum Mitarbeiter. Das Wiki ist da, wenn wir es brauchen.

11.6 Abgrenzungskriterien in der Systemlandschaft

Eine Abgrenzung soll nicht dafür sorgen, dass es nur noch Schwarz oder Weiß gibt. Werkzeuge überschneiden sich in ihren Funktionalitäten. Es ist häufig von Anwendungsfällen und Situationen abhängig, welches Tool besser geeignet ist. Eine Regel wie „An Wiki-Seiten dürfen niemals Dateien angehängt werden" ist unsachgemäß und nicht sinnvoll.

Diese Abgrenzung soll unsystematische und ineffiziente Willkür vermeiden und helfen, die Werkzeuge richtig zu nutzen. Wir wissen, dass gerade diese Definition und Abgrenzung nie vollständig und „richtig" sein wird, sondern den ständigen Veränderungen von Technologie, Methodik und Werkzeuglandschaft im Unternehmen unterworfen ist. Es handelt sich um den Versuch einer allgemeinen, verständlichen Abgrenzung. Wir wissen, dass auch Handwerker häufig mehr als einen Hammer und eine Zange im Werkzeugkasten haben.

11.7 Regeln für die Eingrenzung oder Ausgrenzung von Anwendungsfällen

Wir akzeptieren, dass ein Wiki attraktive neue Formen der Zusammenarbeit ermöglichen kann. Das ist aber kein Freibrief dafür, etablierte und eingespielte Prozesse über Bord zu werfen. Wir bewegen uns auf einer Gratwanderung zwischen strikter System- und Prozesskonformität und innovativer Methodenrevolution. Beides sind keine nachhaltigen Strategien. Daher gelten folgende Regeln für Grenzfälle:

- Jeder darf allein und für sich selbst mit dem Wiki machen, was er für richtig und sinnvoll hält. Tests und Experimenten sind hier keine Grenzen gesetzt. Gegebenenfalls sind Aktivitäten jedoch mit Rechten zu schützen.

- Die Teamnutzung ab zwei Personen muss in jedem Fall transparent und in der Wiki-Charta mit einer Beschreibung des Anwendungsfalls zugänglich gemacht werden. Wer die eigenen Anwendungsfälle nicht binnen drei Monaten mit Startdatum der Nutzung dokumentiert, bricht eine Unternehmensrichtlinie.

- Die dokumentierte Teamnutzung genießt sechs Monate lang Narrenfreiheit. Das bedeutet, dass das Team (gegebenenfalls zusätzlich zu bestehenden Prozessen) einen eigenen Prozess verfolgen darf, den es für effizienter und sinnvoller hält.

- Jeder ist berechtigt, die Nutzung des Wikis für bestimmte Anwendungsfälle zu kommentieren und zu kritisieren. Es ist die Pflicht der Initiatoren, ihre Beweggründe darzulegen, Vor- und Nachteile sachlich und vollständig zu benennen und am Diskurs teilzunehmen.

- Nach Ablauf von sechs Monaten wird das Dokument mit den Anwendungsfällen vom Wiki-Steuerkreis gesichtet und kommentiert. Wird entschieden, dass die Wiki-Lösung dem etablierten Prozess nicht überlegen ist, ist sie unverzüglich und proaktiv einzustellen. Dafür gibt es keine Ausnahmen. Ist ein Wiki-Anwendungsfall einem etablierten Prozess überlegen, ist ein Verantwortlicher für ein Prozess-Review zu benennen, der innerhalb von weiteren sechs Monaten einen unternehmenseinheitlichen Prozess herbeiführen soll.

Norman Netzaffin hat sich den Link zur öffentlichen Wiki-Seite, auf der die Open-Space-Teilnehmer diese Inhalte eingestellt haben, sorgsam notiert. Mit einigen Anpassungen wird er sie später für das Wiki der Capitol AG bestimmt gut gebrauchen können.

12 Rückblick: Warum wir der Capitol AG ein professionelles Design angeboten haben

Ein zentraler Erfolgsfaktor bei einer Wiki-Einführung ist ein professionelles Design. Dieser Aspekt fällt ganz klar in die organisatorische Komponente einer Wiki-Einführung, muss im Projekt allerdings früh abgestimmt werden. An dieser Stelle halten wir es daher für angebracht, einen Blick zurück auf den Teil unseres ersten Meetings mit den Mitarbeitern der Capitol AG zu werfen, dessen Inhalte wir unseren Lesern bislang vorenthalten haben.

„In Ihrem Angebot gibt es einen Posten Wiki-Design, der nicht ‚ohne‘ ist. Es ist die Rede von *Design der Oberfläche* und *Umsetzung der Gestaltung in HTML und Implementierung in das Wiki*." Ernst Entscheider hebt den Blick von dem Ausdruck, der vor ihm liegt, und sieht uns über den Brillenrand hinweg an. Wir sitzen in einem Meeting in den Räumlichkeiten der Capitol AG und sprechen über das Angebot für eine Wiki-Einführung und -Anpassung, das wir erstellt und kommuniziert haben. Mit dabei sind auch Norman Netzaffin, Günter Gewerkschaft sowie Gerd Gebichnichther und Marc Microsoft. Letztere blicken schon die ganze Zeit skeptisch und etwas verdrießlich drein, doch bei dieser Frage des Vorstands gehen ihre Augenbrauen hoch.

„Nun", fährt Ernst Entscheider fort, „diese Wiki-Software hat doch ein Design. Ich meine: So weit ich sehe, gibt es hier Knöpfe zur Bedienung, es gibt diesen Editor, mit dem man Texte in das Wiki schreiben kann. Man kann zwischen den Seiten hin und her … na, wie nennen Sie das?"

„Navigationselemente, Brotkrumenpfad, Baumstruktur", hilft Norman Netzaffin.

„Ja, danke", nickt Herr Entscheider bedächtig. „Das alles ist ja offenbar vorhanden, nicht wahr? Man kann auch die Farben ganz einfach ändern, wie mir Marc Microsoft erklärt hat. Ich muss Ihnen sagen: Mit einem Hübsch-Machen für so viel Geld habe ich ehrlich gesagt ein Problem. Was soll hier angepasst werden und aus welchem Grund?"

Wir sind auf diese Frage vorbereitet. Zahlreiche Kunden sehen an dieser Stelle Klärungsbedarf: Für viele Unternehmen, die sich mit Wikis beschäftigen, beginnt sich die Wiki-Idee gerade erst zu entwickeln. Eine Investition in die Gestaltung des Wikis wird zunächst oftmals kritisch gesehen. Argumente wie „Unsere Mitarbeiter sind Kummer und hässliche Oberflächen gewöhnt" werden bemüht. Und im allgemeinen Kostendruck arbeiten einige Unternehmen einfach mit den Standard-Wiki-Oberflächen. Das geht, hat aber gravierende Nachteile.

Unserer Erfahrung nach gilt deswegen klipp und klar: Ein Firmenwiki braucht ein individuelles Design. Und zwar nicht als optionale freundliche Dreingabe, sondern als extrem wichtiger Bestandteil eines erfolgreichen Wiki-Projekts. Dafür gibt es triftige Gründe und überzeugende Argumente.

📽 Video: http://seibert.biz/design

12.1   Schlechte Integration behindert die Mitarbeiteraktivierung

Keine Wiki-Software passt im Standard-Layout zum Corporate Design des Unternehmens. Es hat andere Farben, ein anderes Typografiekonzept, ein anderes Layout-Raster als die übrigen Intranet-Anwendungen und die weiteren Medien (Website, Print-Materialien etc.), mit denen die Mitarbeiter vertraut sind. Das führt zu dem großen Problem, dass Mitarbeiter das Wiki ohne Design-Anpassungen als Fremdkörper in der visuell vertrauten Intranet-Umgebung wahrnehmen: Mitarbeiter sehen das nicht angepasste System häufig als externe Software an und akzeptieren es schwerer als *eigenes* Corporate Wiki. Das beruht auf dem einfachen psychologischen Phänomen, dass Fremdes immer mit Skepsis und zunächst distanziert betrachtet wird, während der Umgang mit Bekanntem weniger Hemmschwellen hervorruft.

Das ist fatal im Hinblick auf die Aktivierung der Mitarbeiter. Mit einem CD-konformen Wiki sendet die Unternehmensführung dagegen ein positives Signal an die Mitarbeiter und stellt ein System zur Verfügung, das von Anfang an vertraut wirkt.

„Gut, ich verstehe", nickt Ernst Entscheider. „Dann setzen wir oben links unser Logo ein. Die Farben und die Schrift werden sich wohl auch nicht zu kompliziert anpassen lassen, oder? Das genügt doch, dann hätten wir ja unser CD-konformes Wiki."

📽 Video: http://seibert.biz/logo

Er sieht uns mit einer gewissen Herausforderung im Blick an. Auch dieser Einwand ist ebenso nachvollziehbar wie bekannt. Allerdings: Die bloße CD-Anpassung – so wichtig sie auch ist – genügt nicht.

12.2   Design-Anpassung heißt auch Usability-Optimierung

Wiki-Software ist Software. Und keine Software ist perfekt. Auch ausgereifte Wiki-Systeme haben in der Standard-Version Usability-Probleme und zum Teil auch funktionelle Fehler, die durch Oberflächen-Anpassungen auf jeden Fall behoben werden sollten. Geschieht das nicht, sind viele negative Rückmeldungen von den Usern zu erwarten.

Gerade im direkten Vergleich zwischen den Standard-Oberflächen verbreiteter Wiki-Systeme für den Einsatz in Unternehmen und individuell für Kunden entwickelten Ober-flächen wird deutlich, wie flexibel ausgereifte Wiki-Software im Rahmen der Möglichkeiten angepasst werden kann und welcher Nutzen aus diesen Maßnahmen resultiert.

Grundsätzlich sollten neben der Anpassung an das jeweilige Corporate Design vor allem Verbesserungen der Usability vorgenommen werden, um funktionelle Schwächen und Probleme in Sachen Nutzerfreundlichkeit zu beheben. Zu gezielten Usability-Optimierungen gehören beispielsweise diese Maßnahmen:

■ Navigation entsprechend der individuellen Anforderungen integrieren

■ Marginalspalte oder einklappbare Sidebar einbinden, um individuellen Content auf jeder Seite verfügbar zu machen

■ Typografiekonzept optimieren, z. B. durch stärkere Unterscheidung der einzelnen Headline-Hierarchien

■ Zeilenlänge durch das Einführen eines Randbereichs für die bessere Lesbarkeit optimieren

■ Wichtige Funktionen gezielt auffällig gestalten, damit Nutzer sie leichter finden und schneller nutzen

Die Chancen auf einen Erfolg des Wikis steigen, wenn es also auch über die Struktur und Gestaltung der Oberfläche individuell an die Unternehmensbedürfnisse angepasst wird. Die Standard-Funktionalitäten ausgereifter Wikis sind so vielfältig und breit gefächert, dass sie gerade unerfahrene Nutzer schnell überfordern können. Deshalb ist es sinnvoll, standardmäßige Features wahlweise an- und abzuwählen, wodurch sich die Übersichtlichkeit erhöhen und die Benutzerführung verbessern lassen.

Ziel einer professionellen Design-Anpassung ist es, eine individuelle Konfiguration durch-zuführen, also die Funktionalitäten und das Design auf die individuellen Anforderungen des Unternehmens hin abzustimmen und dabei eine komfortable Bedienbarkeit sicherzu-stellen. Nur so kann das Wiki das Wissensmanagement fördern.

12.3   Professionelle Druck- und Exportfunktion spart Zeit

Darüber hinaus erfolgt im Rahmen der Design-Anpassung in der Regel auch eine Anpassung der Druckversionen der Wiki-Dokumente. Auch eine PDF-Generierung von Inhalten wird in diesem Zusammenhang vorbereitet, die ein direktes Exportieren und Versenden von Dokumenten ermöglicht.

Man sollte sich vor Augen führen, dass ohne diese Maßnahmen ansonsten viele Arbeiten erst aus dem Wiki in Word-Vorlagen kopiert und dort nochmals angepasst werden müssen. Nur damit das Layout stimmt? Reine Zeitverschwendung. Eine professionelle Druck- und PDF-Exportfunktion spart im Tagesgeschäft richtig viel Zeit.

12.4   Joy of Use und damit Wiki-Akzeptanz steigern

Ein professionelles und hochwertiges Design und eine gute Usability stärken die Akzeptanz eines Firmenwikis und fördern nicht zuletzt den sogenannten *Joy of Use,* also die Nutzungsfreude. Damit ist gemeint, dass Nutzer eine Software gerne anwenden und mit Freude mit ihr arbeiten. Wenn das der Fall ist, werden die Mitarbeiter sie auch häufiger und intensiver nutzen. Der Effekt dieser Maßnahme und ihre Nachhaltigkeit sind nicht hoch genug einzuschätzen!

„Moment bitte. Wie heißt das? Nutzungs*freude*?", unterbricht uns Gerd Gebichnichther. „Man nimmt bei Microsoft Word auch keine Design-Anpassungen vor. Es ist ein Arbeitsmittel. Ich sehe es sicherlich nicht als unsere Aufgabe an, für die Bespaßung der Mitarbeiter zu sorgen. Sie sollen arbeiten."

Damit hat Gerd Gebichnichther natürlich recht. Die Mitarbeiter der Capitol AG bekommen gutes Geld für ihre Arbeit. Und im Tagesgeschäft haben sie die Aufgaben zu erledigen, für die sie bezahlt werden, auch wenn sie weniger angenehm sind. Der springende Punkt jedoch ist, dass die Mitarbeiter im Firmenwiki ihr Wissen aus eigenem Antrieb teilen sollen, in den meisten Fällen partizipieren die Nutzer auf der Basis von Freiwilligkeit. Nur so kann ein Wiki sich zu einer organisch wachsenden Wissensbasis entfalten.

In einem Wiki, das umständlich zu bedienen ist, das zu Ärger und Frustration bei der Nutzung führt und das wie ein Fremdkörper wirkt, lässt man es einfach bleiben – im Gegensatz zu einem System, mit dem die Mitarbeiter ihre Ziele effektiv und effizient erreichen und deshalb zufrieden sind und gerne mit ihm arbeiten. Das hat nichts mit Bespaßung zu tun, sondern mit der Schaffung guter Voraussetzungen für hochwertige Arbeitsergebnisse.

Video: http://seibert.biz/joyofuse

12.5   Relevanz des Wikis untermauern

„Ja, das ist schon überzeugend", sagt Ernst Entscheider, während er sich ein paar Notizen macht. Auch Norman Netzaffin und Günter Gewerkschaft können unsere Argumente offenbar nachvollziehen und nicken.

Wir werfen abschließend eine Frage in den Raum: „Wie wichtig ist Ihnen dieses Firmenwiki?"

Norman lehnt sich vor und antwortet: „Wenn es das hält, was es verspricht, und wir die Potenziale an Produktivitäts- und Effizienzgewinn tatsächlich ausschöpfen können, ist es wirklich sehr wichtig."

„Dann sollten Sie es Ihren Mitarbeitern auch zeigen", entgegnen wir. „Mit einem professionellen Design."

Keine Layout-Anpassung durchzuführen, sondern das Wiki im Standard-Layout auszurollen, sendet ein falsches Signal an die Mitarbeiter, die mit diesem System arbeiten sollen. Es sieht so aus, als würde die Unternehmensführung dem Wiki nur einen geringen Stellenwert beimessen und es nicht als wichtig erachten. Und was dem Management „offenbar" nicht besonders wichtig ist – scheut es doch diese vergleichsweise geringe Investition –, kann im Tagesgeschäft für den einzelnen Mitarbeiter ebenfalls keine hohe Relevanz haben. Dann ist auch die eigene Teilnahme nicht wichtig.

Mit einem professionellen, Usability-optimierten und an die Bedürfnisse des Unternehmens angepassten Wiki-Design unterstreicht das Management die Bedeutung des Wikis nachhaltig. Den Mitarbeitern wird ein Tool an die Hand gegeben, mit dem man sich Mühe gegeben hat, es werden keine halben und halbgaren Sachen ausgeliefert.

Das Ausrollen des Systems ist eine ganz wichtige Phase, die man durch ein nicht angepasstes Layout leicht und unbedacht torpedieren kann, denn Standard-Layout und individuelles Design senden zwei ganz unterschiedliche Botschaften aus: „Hier ist es also, nun schauen wir, ob's was wird!" versus „Hier ist es also, wir *wollen*, dass es was wird!"

12.6   Argumente für ein professionelles Wiki-Design

Um diesen wichtigen Diskussionspunkt auf der Agenda abzuschließen, fassen wir unsere Argumente für die anwesenden Mitarbeiter der Capitol AG zusammen:

1. Das Wiki wird mit einem individuellen Layout erfolgreicher, weil die Mitarbeiter- akzeptanz steigt. Ein Layout ist wichtig für die kulturelle Komponente bei der Wiki- Einführung.

2. Im Designprozess wird die Benutzerfreundlichkeit verbessert. Denn in diesem Schritt wird entschieden, wie welche Elemente und Funktionen platziert und gestaltet werden – und auf welche Standard-Elemente verzichtet werden kann.

3. Gute Layouts sparen Zeit. Man kann nämlich mit gestalteten Druckvorlagen und PDF-Exporten direkt mit den Wiki-Inhalten weiterarbeiten und diese ausdrucken oder als PDF an einen Kunden versenden. Ohne Layout müssen Inhalte erst in eine gestaltete Word-Vorlage kopiert und dann an den Kunden verschickt werden: reine Zeitver- schwendung, die sich bei vielen Mitarbeitern und viel Kundenkontakt schnell auf- summiert.

4. Wenn der Zugriff durch Partner, Kunden oder sogar Interessenten auf bestimmte Berei- che des Wikis vorgesehen ist, ist eine Oberfläche, die in Sachen Gestaltung und Anmu- tung der der Website entspricht, sowieso Pflicht.

Diese Ausführungen machen hoffentlich deutlich, dass es sehr riskant ist, mit der Standard- Oberfläche live zu gehen. Die Projekterfahrung zeigt, dass Kunden mit nicht angepassten Wikis sehr schlechte Erfahrungen gemacht und den Verzicht auf eine Corporate-Design- Anpassung bitter bereut haben. Diese Maßnahmen sollten auf jeden Fall schon vor der Pilotphase erfolgen, ein unangepasstes System ist höchstens für die Kennenlernphase inte- ressant, die mit sehr wenigen Teilnehmern durchgeführt wird. Es können sehr hohe Oppor- tunitätskosten entstehen, wenn die Oberfläche der Anwendung nicht angepasst ist.

Diese Maßnahmen haben nichts mit Hübsch-Machen zu tun, sondern mit professionellen Lösungen. Wer ein erfolgreiches Firmenwiki-Projekt durchführen will, muss auch in ein individuelles und professionelles Layout investieren. Unternehmen, die aus Budget- Gründen zu Beginn darauf verzichten, sollten die Investition für später direkt mit einpla- nen: Das Thema wird ihnen immer wieder begegnen, wenn sie über die Wiki-Akzeptanz nachdenken.

13   Wissensaustausch (Arbeitskreise und Erfahrungsaustausch)

So wie es IT-, SEO- oder Design-Stammtische gibt, haben interessierte Leute in unserer Region einen Wiki-Stammtisch ins Leben gerufen, an dem wir immer wieder gerne teilnehmen. Hier treffen sich mehr oder weniger regelmäßig Wiki-interessierte Unternehmer, Entwickler und Berater aus der Region zum Klönen und zum fachlichen Austausch ganz ohne Agenda und Präsentation bei ein paar Runden Bier, Billard und Dart. Endlich steht mal wieder ein Termin an.

Am Tag zuvor haben wir Norman Netzaffin angerufen: „Kommen Sie doch dort mal vorbei, Sie haben es ja auch nicht weit. Der Stammtisch steht allen offen. Da lernen Sie ein paar nette Leute kennen, die sich wie Sie für Wikis interessieren, und es ergeben sich immer wieder ziemlich interessante Diskussionen."

Gesagt, getan. Am Abend treffen wir uns mit einem guten Dutzend Leuten, sitzen an einem großen Tisch und unterhalten uns in entspannter Atmosphäre.

Irgendwann erzählt ein Berater: „Heute habe ich bei einem Kunden wieder die ewig gleiche Diskussion geführt. Ein hohes Tier plustert sich im Meeting auf und grollt: ‚Wo sollen die Mitarbeiter denn die Zeit hernehmen, um das Wiki zu befüllen? Die haben bessere Sachen zu tun, die sollen produktiv arbeiten.'"

Einige Teilnehmer nicken wissend.

„Sagenhaft, dass es immer wieder Leute gibt, denen nicht selbst auffällt, dass sie da haltlose, polemische Thesen ohne fachliche Grundlage äußern."

In diesem Zusammenhang sprechen wir in der Runde an, dass Norman und sein Team sich gerade in der Pilotphase eines Wiki-Projekts befinden und sich mit solchen Vorbehalten konfrontiert sehen – denken wir etwa an Gerd Gebichnichther. Am Stammtisch entfaltet sich eine lebhafte Diskussion. Der Tenor: Trotz solcher Stimmen muss Norman dafür sorgen, dass es in seinem Unternehmen hoffähig wird, im Wiki zu schreiben, und dass es nicht akzeptiert ist, keine Zeit für das Wiki zu haben.

Eine Empfehlung, um eine bessere Akzeptanz des Wikis zu erreichen, ist die Gründung eines Wiki-Arbeitskreises, in dessen Rahmen sich die Pilotgruppe regelmäßig zusammensetzt und die Nutzung des Wikis bespricht. Es ist wichtig, dass die User ihre positiven und negativen Erfahrungen im Umgang mit der Software diskutieren und auswerten.

    Video: http://seibert.biz/arbeitskreis

Das Beeindruckende an Wiki-Arbeitskreisen ist, dass sie ebenso wirkungsvoll wie einfach zu etablieren sind und fast nichts kosten. Dennoch nutzen erstaunlich wenige Wiki-Verantwortliche diese Möglichkeit, das interne System erfolgreicher zu machen. Dabei lohnt sich ein Wiki-Arbeitskreis bereits, wenn neben Norman eine weitere Person teilnimmt. Allein die Tatsache, dass überhaupt ein solcher Termin stattfindet, hat schon interne Signalwirkung und zeigt auch den noch nicht involvierten Mitarbeitern im Unternehmen, dass es sich offensichtlich um ein Thema mit Potenzial handelt, schließlich nimmt sich jemand die Zeit.

Das Ziel eines Wiki-Arbeitskreises besteht darin, den Anwendern den Umgang mit dem System zu erleichtern und ihnen eine Plattform anzubieten, um Hilfe zu finden: Sie sollen sich mit dem System nicht alleingelassen fühlen, sondern wissen, dass es jemanden gibt, dem es wichtig ist, dass die Arbeit mit dem neuen Tool funktioniert. Darüber hinaus sollen ganz konkrete Probleme gelöst werden: Es geht um Hindernisse im Arbeitsalltag, die die Arbeit mit dem Wiki erschweren und deshalb entfernt werden sollten.

13.1   Vorbehalte gegen den Arbeitskreis

Norman stellt die Plastikfigur unseres Stammtisch-Wahrzeichens *Wickie*, den kleinen Wikinger, die er gerade lächelnd aus der Nähe betrachtet hat, zurück in die Tischmitte und gibt zu bedenken: „Okay, ganz bestimmt ein interessanter Ansatz. Aber warum sollte ich einen Arbeitskreis ins Leben rufen, an dem nur zwei oder drei von 500 Mitarbeitern teilnehmen?"

Die Antwort aus der Runde kommt prompt: „Zu Beginn müssen Sie sowieso in Einzelgesprächen die Anwendungsfälle für alle Wiki-Nutzer herausarbeiten. Ihre künftigen Wiki-Unterstützer wachsen nicht auf Bäumen. Sie werden sie leider einzeln in mühevoller Arbeit überzeugen müssen. Das Lauffeuer wird angezündet, wenn die Kollegen, die Sie für das Wiki gewonnen haben, wiederum weitere Mitarbeiter überzeugen und ihre Aktivitäten auf diese Weise multiplizieren. Dann ist das Ende einer Einführungsphase mit geringer Beteiligung, die häufig als Durststrecke empfunden wird, in Sicht."

Gegen Arbeitskreise wird häufig das Argument angeführt, dass die Themen, die im Arbeitskreis besprochen werden, doch ohnehin schon dokumentiert wären. Dieser Einwand ist oberflächlich betrachtet zwar korrekt, denn in Handbüchern und Anleitungen sind viele Informationen ja tatsächlich beschrieben. Doch diese Dokumente sind oft zu umfangreich, zu allgemein gehalten und vor allem nicht kontextsensitiv mit der Folge, dass die Anwender diese Dokumente schlichtweg nicht nutzen.

Wenn man jedoch ein institutionalisiertes Treffen schafft, bei dem es um den Nutzungsalltag mit dem Tool geht, schafft man gleichzeitig einen echten Mehrwert. Es geht also in erster Linie darum, einen Rahmen zu etablieren, in dem man sich mit der Software und deren Anwendung auseinandersetzt.

13.2   Inhalte des Arbeitskreises

Schnell dreht sich das Gespräch um die Inhalte, mit denen sich ein Wiki-Arbeitskreis beschäftigt. Der Arbeitskreis dient dazu, Probleme im Umgang mit dem Wiki zu lösen. Ein anderer User ist möglicherweise in der Lage zu helfen. Wenn nicht, wird das Problem zumindest dokumentiert und kann an einen Dritten – den Dienstleister, den Hersteller, die Community – weitergegeben werden, damit dieser für eine Lösung sorgt.

Es ist außerdem sinnvoll, Best Practices zu dokumentieren, damit andere Mitarbeiter lernen, wie einfach sich bestimmte Anwendungsfälle umsetzen lassen. Ein Beispiel: In der Wiki-Software, für die sich die Capitol AG entschieden hat, kann der Nutzer auf einer Wiki-Seite einfach in den Editieren-Modus wechseln, indem er die Taste E drückt.

    Video: http://seibert.biz/shortcuts

„Wenn Sie solche Kleinigkeiten teilen und die Kollegen daran teilhaben lassen, dann kann auch das zur Akzeptanz des Systems und zu mehr Effizienz im Umgang mit dem System beitragen", wendet sich ein Teilnehmer an Norman.

Ein Wiki-Arbeitskreis kann außerdem die Dokumentation der Anwendungsfälle und der aktuellen Nutzung vorantreiben. Die Mitglieder können sich darüber austauschen, wo das Wiki ihnen im Tagesgeschäft behilflich ist und wo andere Systeme mehr Nutzen stiften.

Inhaltlich ist es zudem sinnvoll, wenn der Wiki-Gärtner (über den wir uns noch an diesem Abend austauschen werden) Themen für den Arbeitskreis vorbereitet. Da der Gärtner sich ja um die Pflege des Wikis kümmert, weiß er am besten, was die Mitarbeiter in der täglichen Arbeit falsch machen, und kann diese Probleme gezielt aufgreifen. Auf der anderen Seite sollten auch die übrigen User Fragen notieren. Diese können sie entweder im Arbeitskreis zur Diskussion stellen oder gleich selbst Antworten recherchieren und die Probleme inklusive Lösungen präsentieren.

14   Wissenseinkauf

Etwas später stehen wir mit Norman am Billardtisch und verfolgen eine hochklassige, heißumkämpfte Partie zwischen dem regionalen Botschafter eines renommierten Wiki-Herstellers und einem Programmierer.

„Ich habe mich gar noch nicht richtig für diese Einladung bedankt", sagt uns Norman zwischen zwei Stößen. „Das ist sehr cool, dieser Stammtisch ist eine tolle Gelegenheit, Wissen zu erwerben und zu vertiefen."

Damit sich das Wiki durchsetzt und vollumfänglich genutzt werden kann, muss nicht zuletzt Wissen über das System vorhanden sein. Früher oder später ist die Phase natürlich vorbei, in der Norman und seine Kollegen uns so häufig um Rat bitten. Doch der Lernprozess ist ein kontinuierlicher.

„Genau. Sprechen Sie mit Experten, um selbst einer zu werden", antworten wir.

Doch woher kommt – von Expertenstammtischen einmal abgesehen – das Wissen über Wikis? Gehen wir Informationsquellen von günstig bis kostspielig und von weniger wirksam bis sehr wirksam durch.

Online-Informationen lesen und für das Unternehmen verarbeiten. Zu allen ausgereiften Wiki-Systemen gibt es umfangreiche Informationen im Internet. Diese zu lesen und zu verarbeiten und ggf. sogar für das eigene Unternehmen aufzubereiten, ist eine sinnvolle Maßnahme für die Unterstützung der internen Wiki-Nutzung. Auch wenn es Handbücher und Dokumentationen zu einer Software gibt, hat sich in der Praxis gezeigt, dass ein auf die individuellen Anwendungsfälle des Unternehmens abgestimmtes Destillat sehr wirksam sein kann. Diese Option ist zwar verhältnismäßig günstig in Bezug auf Fremdkosten, benötigt aber viel interne Zeit, die in vielen Unternehmen nicht vorhanden ist.

An Online-Diskussionen teilnehmen. In Diskussionsforen kann man sehr viel Zeit verbringen, ohne sichtbare Ergebnisse für das Unternehmen zu produzieren. Wir empfehlen Norman, eine pragmatische und zielgerichtete Beziehung zu Foren zu entwickeln: „Nutzen Sie diese Communities, indem Sie aktiv Fragen stellen, und versuchen Sie, eigene Probleme zu lösen. Halten Sie sich selbst mit dem Beantworten von Fragen anderer Leute zurück und vermeiden Sie extensive Diskussionen. Das entspricht zwar nicht ganz dem Geben-und-Nehmen-Charakter einer Community, aber was soll's. Stellen Sie Ihre Frage und warten Sie auf Antworten. Und dokumentieren Sie die Antworten in Ihrem Wiki."

Telefonate führen. Norman ist allerdings gut beraten, auch weiterhin mit Experten in Kontakt zu treten, wenn komplexere Herausforderungen sich nicht durch Recherche im Web lösen lassen. Telefonate sind einfach und schnell. Viele Experten freuen sich, wenn sie sich mitteilen können. Zwar ist die telefonische Beratung durch einen Dienstleister natürlich häufig kostenpflichtig, aber davon sollte Norman sich auch in Zukunft nicht abschrecken lassen: Kein Weg führt so schnell und effektiv zum Kern eines Problems wie ein Telefonat.

Wichtiger als die Frage nach den Kosten für eine telefonische Beratung ist die Herausforderung, den richtigen Ansprechpartner für die eigenen Bedürfnisse zu identifizieren. Ist ein solcher gefunden, wird er viele Abkürzungen bei der Etablierung eines Wikis aufzeigen und mit seinem Erfahrungsschatz viel Zeit einsparen können.

Desktop-Sharing-Sitzungen. Immer wieder werden (speziell technische) Herausforderungen auftreten, die die Capitol AG nicht oder nur schwer intern lösen kann. Gibt es ein neues Plugin, das die eigene IT noch nicht kennt? Soll die Funktionsweise eines neuen Features evaluiert werden? Hier bieten sich sogenannte Desktop-Sharing-Sitzungen an, bei denen die Gesprächspartner miteinander telefonieren und gemeinsam auf einen Bildschirm schauen: Ein Gesprächspartner zeigt dem anderen seinen Bildschirm, dieser wird also „geteilt". Es gelten die gleichen Empfehlungen wie bei Telefonaten. Man muss sich allerdings dessen bewusst sein, dass Vorbereitung und Aufbau der Session etwa fünf Minuten in Anspruch nehmen. Der Zeitbedarf sinkt jedoch schnell, wenn man erst einmal einige Sitzungen initiiert hat. Desktop-Sharing-Sitzungen haben den großen Vorteil, dass sie neben der auditiven auch eine visuelle Kommunikation ermöglichen und deshalb noch nützlicher als Telefonate sind. Beispielsweise kann sich Marc Microsoft die Besonderheiten bei der Konfiguration eine Wiki-Plugins bequem in Bild und Ton demonstrieren lassen. Gute und preiswerte Anbieter für eine Desktop-Sharing-Technologie sind zum Beispiel WebEx, GoToMeeting und TeamViewer.

Persönliche Treffen. Nichts geht qualitativ über ein persönliches Treffen. Das wird vermutlich sogar dann noch gelten, wenn virtuelle Treffen in holografischen 3-D-Räumen möglich sind. Aber zugleich ist das persönliche Treffen auch die kostspieligste Alternative. Kein Unternehmen kann Besprechungen und Schulungen mit den Wiki-Experten durch die Bank persönlich durchführen. Das ist weder logistisch noch kostentechnisch sinnvoll und möglich. Wir empfehlen, sich bei persönlichen Treffen daher auf die wirklich wichtigen Meilensteine zu konzentrieren (und diese Meetings natürlich immer im Wiki vor- und nachzubereiten).

Ja, viele Wikis entstehen ganz ohne externe Beratung und Hilfe. Das erfüllt viele „Macher" zu Recht mit Stolz. Natürlich sollten Unternehmen versuchen, möglichst viele Aufgaben intern zu erledigen. Das motiviert alle Beteiligten. Doch immer sollte man sich des Preises der eigenen Zeit bewusst sein: Stolz und Selbstvertrauen rechtfertigen keine Ineffizienz. Externe Erfahrung kann hilfreich sein, Abkürzungen zu finden.

Die Capitol AG hat es unserer Meinung nach richtig gemacht und von Anfang an den Schulterschluss mit erfahrenen Experten gesucht. Ein seriöser Ansprechpartner hilft dabei, Transparenz hinsichtlich der erforderlichen Maßnahmen zu schaffen und zu entscheiden, welche Prozesse intern abgebildet werden können. Je mehr, desto besser.

15 Feedbackschleifen (Wiki-Einführung als iterativer Prozess)

Der Abend schreitet voran. Während einige Teilnehmer unseres Wiki-Stammtischs inzwischen am Dart-Board stehen, sitzt eine andere Gruppe wieder an dem Tisch, dessen Mitte Wickie der Wikinger ziert, und hat eine zweite Runde Getränke bestellt.

„Wie läuft es denn in Sachen Projektmanagement und Zeitplanung bei der Wiki-Einführung eigentlich bei Ihnen in der Firma", will der Beraterkollege, der vorhin über die Ablehnungshaltung seines Kunden geklagt hat, von Norman Netzaffin wissen und spricht damit einen zentralen Punkt an. Wir haben noch den Projektplan, den uns Norman vor einiger Zeit geschickt hat, vor Augen (siehe Abbildung 14).

Abbildung 14 Ein prototypischer Plan für ein Wiki-Projekt nach dem Wasserfall-Modell

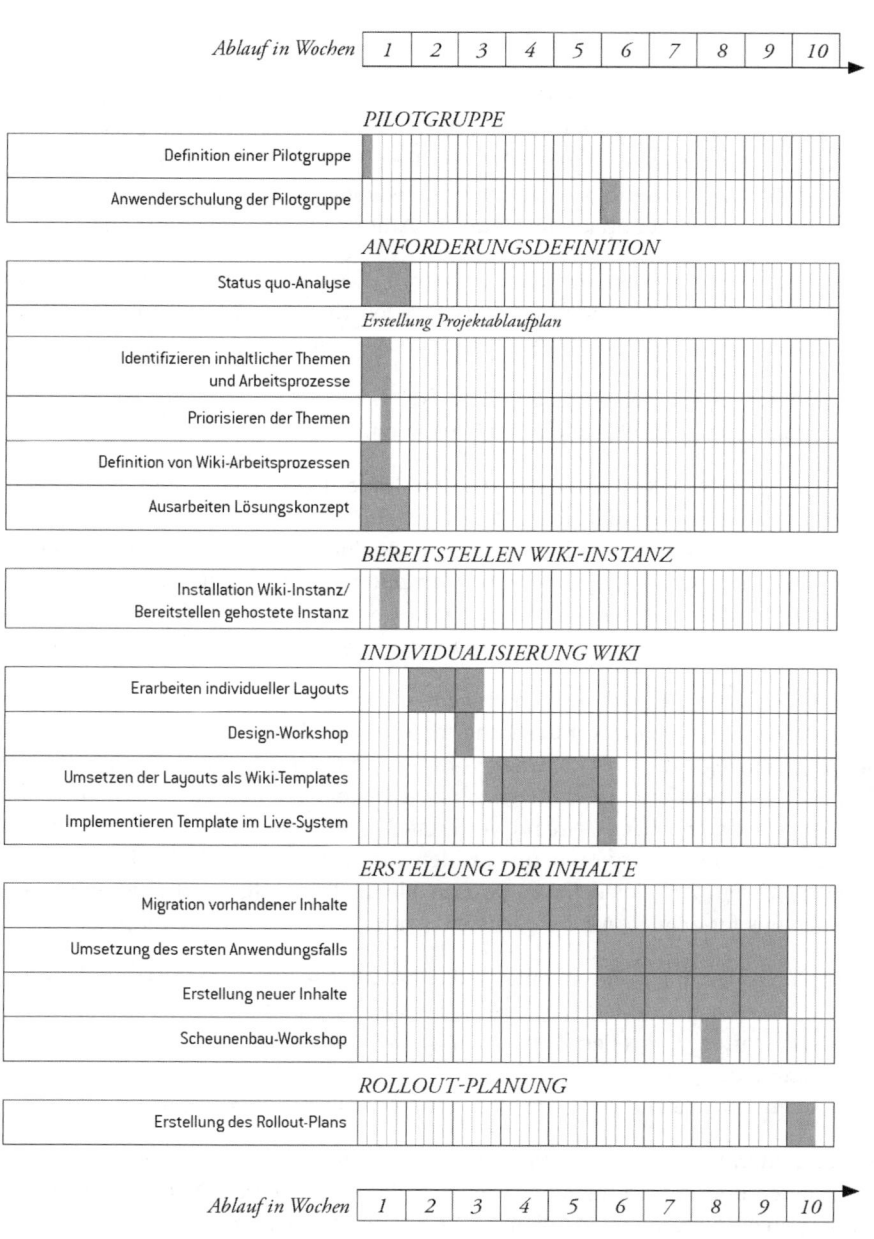

Viele Wiki-Projekte werden von den Verantwortlichen so geplant, dass von Anfang an jedes Detail feststeht. Der Projektplan der Capitol AG sieht schick aus, hat aber mit der Realität wenig zu tun. Komplexe Dinge sind komplex. Das heißt nicht, dass es eine Herkulesaufgabe ist, ein Wiki einzuführen. Aber man sollte den nötigen Respekt haben und sich darüber im Klaren sein, dass dieses Projekt und die einsetzenden internen Prozesse nicht exakt planbar sind.

Ein iteratives und evolutionäres Vorgehensmodell mit Feedbackschleifen und Retrospektiven vereinfacht die Wiki-Einführung deutlich, weil es davon ausgeht, dass der Projektplan verändert werden muss. Nein, wir schlagen der Capitol AG nicht vor, ohne Projektplan zu arbeiten. Wir raten allerdings, regelmäßig Feedbackschleifen einzuplanen, in denen der Projektplan überarbeitet und an die aktuellen Anforderungen angepasst wird.

Wir erklären Norman, was wir damit meinen: „Wenn Sie sich heute fragen, welche Maßnahmen derzeit die wichtigsten und dringlichsten für Ihren Wiki-Erfolg sind, werden Sie sehen, dass es ganz andere sind, als Sie noch vor wenigen Wochen angenommen haben."

Alle Beteiligten müssen also wissen, dass sich das Projekt verändert. Dann können sie in solchen Situationen schnell und einfach umlenken.

Stellen wir uns das Wiki-Projekt wie die Durchquerung einer Wüste vor. Wir kennen die Himmelsrichtung, in der die große Oase liegt, die wir erreichen wollen, und können uns anhand des Sonnenstandes auch grob orientieren. Statt auf eine Eingebung oder darauf zu warten, dass eine exakte Karte oder eine Computer-GPS-Unterstützung vom Himmel fällt, laufen wir einfach los. Wenn wir das tun und uns stündlich neu orientieren, kommen wir immer voran und gehen stets in die richtige Richtung.

Je nach Relief legen wir mal mehr, mal weniger Weg pro Stunde zurück, hier und da müssen wir auch eine Düne umwandern und laufen sicherlich ein paar Kilometer mehr als auf dem Luftlinienweg. Aber wir kommen voran – und zwar schnell. Und während wir gehen, stellen wir fest, dass auf unserem Weg überall Wasserstellen zu finden sind – in dieser Wüste ist offenbar noch nie jemand verdurstet. Und immer wieder treffen wir sogar auf vorgelagerte Kleinoasen, wo wir uns an den saftigen Früchten laben können, die an den Bäumen wachsen. An vielen Ecken warten kleine Teilerfolge und Belohnungen auf uns. Wir freuen uns tatsächlich auf die nächsten Schritte und das nächste Etappenziel.

Ein Teilnehmer lacht: „Ja, ein schönes Bild! Und nicht selten kommt es vor, dass die Teams, die das Ziel erreichen, feststellen, dass die anderen Expeditionsleiter immer noch auf die GPS-Geräte warten. In großen Konzernen ist die Lieferzeit für solche Teile häufig mit Antragsverfahren und langen Wartezeiten verbunden. Wer sich aber durch die Wüste kämpft, kann mit den Zwischenergebnissen oft sogar solche Bestellprozesse beschleunigen."

„Genau. Laufen Sie los!", empfiehlt ein zweiter Stammtischler. „Halten Sie oft an, um sich zu orientieren und die richtigen nächsten Schritte zu definieren. Natürlich dürfen Sie dabei nicht Ihr ganzes Unternehmen abhängen. Aber die Bewegung selbst kann gerade in größeren Unternehmen oft etwas bewegen."

15.1   Wiki-Gardening (Ordnung halten und darüber sprechen)

„Vorhin hat hier jemand von einem Wiki-Gärtner gesprochen, wenn ich mich nicht verhört habe", sagt Norman Netzaffin. „Das ist der arme Kerl, der im Wiki den anderen Leuten das Laub hinterher harkt, oder wie darf ich das verstehen?"

„Ja, Laub harken gehört auch zu seinen Aufgaben", bestätigen wir. „Aber man darf das Konzept nicht in dem Sinne missverstehen, dass der Gärtner den Kollegen ständig den Müll nachräumt."

Der Wiki-Gärtner ist ein ebenso einfaches wie überzeugendes Konzept: Im Unternehmen gibt es einen Mitarbeiter, der regelmäßig und dauerhaft einen Teil seiner Arbeitszeit in die Pflege des Firmenwikis investiert und als Gärtner aktiv ist. Er jätet, gräbt um, sägt abgestorbene Äste ab, fegt Laub von den Wegen und legt neue Pfade an, mäht den Rasen.

    Video: http://seibert.biz/gaertner

15.2   Der Garten Firmenwiki wuchert zu: Ein Gärtner schafft Ordnung

Ein Wiki ist nämlich tatsächlich mit einem Garten vergleichbar: Zunächst wird der Garten angelegt, Wege werden markiert, Beete gekennzeichnet, ein Zaun errichtet. Dann säen wir aus, gießen, und wenn alles gut geht, geht die Saat nach und nach auf (und die Mitarbeiter beginnen, das Wiki zu nutzen). Nun können wir uns zurücklehnen und unserem kleinen Paradies beim Gedeihen zuschauen: Pflanzen knospen und treiben Blüten, Samen werden hierhin und dorthin geweht, der Rasen sprießt, die Hecke rankelt sich am Zaun hoch, die Bäume tragen erste Früchte.

Dann ruft uns die Pflicht zurück in den Arbeitsalltag und wir müssen uns für eine Weile von unserem Biotop verabschieden. Als wir beim nächsten Mal das Gartentor öffnen, bietet sich ein anderer Anblick: Die Hecke ist mannshoch, der Apfelbaum hat wilde Triebe, Laub allerorten, die Wege sind zugewuchert, vor lauter hohem Gras sieht man gar nicht mehr, auf welchem Beet die Radieschen wachsen. Was tun wir? Wir zücken das Telefon und bestellen einen Gärtner herbei, der wieder Ordnung ins Chaos bringt. Oder wir werden selbst zum Gärtner.

Auch viele Unternehmen mit einem Firmenwiki benötigen über kurz oder lang einen oder mehrere Gärtner. Das ist eigentlich eine gute Nachricht, sie bedeutet, dass sich die Mitarbeiter aktiv und rege am Wiki beteiligen, viele Inhalte einstellen und das zentral verfügbare Unternehmens-Know-how ständig erweitern.

Doch damit geht auch ein Problem einher: Der Nutzwert, den ein Mitarbeiter aus dem Wiki ziehen kann, entscheidet sich daran, ob das System das Unternehmenswissen zentral abbildet oder ob es eine unüberschaubare Datensammlung darstellt. Es genügt nicht, dass Informationen einfach vorhanden sind, sie sollen auch schnell auffindbar sein. Der Wiki-Gärtner unterstützt durch seine Arbeit die Mitarbeiteraktivierung und die effiziente Arbeit mit dem System. Auf diese Ziele soll ein Gärtner hinarbeiten:

- „Zerbrochenes-Fenster-Syndrom" vermeiden: Wenn ein Wiki nicht vorzeigbar ist, verliert es an Akzeptanz.

- Routineaufgaben erfüllen, die in der Summe relativ viel Zeit verschlingen, aber keine übermäßige Herausforderung darstellen (Stichwort: Fleißarbeit)

- Für eine konsistente formale Aufbereitung sorgen

- Kollegen eine intensivere Wiki-Nutzung durch Konzentration auf den Content ermöglichen

Ein Wiki-Gärtner leistet hier wertvolle Hilfe. Dies sind seine Aufgaben:

- Regelmäßige, systematische Überwachung neuer Inhalte

- Organisation, Strukturierung und sinnvolle Ein- und Unterordnung von Seiten

- Herstellen von Kontext z. B. durch Verlinkung von Seiten auf Wiki-Portalen, Verlinkung von Wiki-Dokumenten untereinander etc.

- Beseitigung von Redundanzen und Zusammenführung deckungsgleicher Inhalte

- Kategorisierung und Tagging

- Überarbeitung, Archivierung, Kennzeichnung oder Löschen veralteter Inhalte

- Kosmetische Aufgaben übernehmen, damit das Wiki nicht mit „Unkraut" zuwuchert (Tippfehler, Grammatik- und Rechtschreibfehler, unverständliche Formulierungen usw.)

- Einheitliche nutzerfreundliche Aufbereitung von Wiki-Seiten (Formatierung, seiteninterne Strukturierung etc.)

- Klarheit und Lesbarkeit von Seiten verbessern

- Monitoring der bestehenden Plugins und Organisation von Updates

- Schaffen von exemplarischen Beispielen für andere Nutzer, die zeigen, wie das Wiki genutzt werden kann

Die Arbeit des Wiki-Gärtners lässt sich folgendermaßen zusammenfassen: Nein, der Wiki-Gärtner hat nicht die Aufgabe, allen den Müll nachzuräumen. Ja, der Wiki-Gärtner hat die Aufgabe mitzudenken, zu strukturieren, dafür zu sorgen, dass das Wiki ordentlich ist und die Wiki-Seiten aktuell sind.

„Mit einem Wiki-Gärtner bringen Sie Struktur in Ihr Wiki und erhalten diese bei", werben wir bei Norman Netzaffin für das Konzept.

Ein Wiki-Gärtner soll andere Mitarbeiter dabei unterstützen, sich primär auf die inhaltliche Arbeit konzentrieren zu können. Das bedeutet nicht, dass der Wiki-Gärtner derjenige ist, der in den sauren Apfel beißen und jeden Abend die gesammelten Kaffeetassen der Kollegen in der Unternehmensküche abwaschen muss, und der Wiki-Gärtner verteilt auch keine Freifahrtscheine für schlampig erstellte Wiki-Dokumente. Vielmehr übernimmt der Gärtner eine katalysierende Funktion: Er jätet Unkraut und hilft anderen, ihre Schwächen auszugleichen.

15.3   Tolle Idee: Selten umgesetzt

Unserer Erfahrung nach sind die meisten Unternehmen vom Gärtnerkonzept begeistert. Die Idee erntet stets Verständnis und Anerkennung. Doch ebenso selten, wie wir Kritik für dieses Konzept hören, finden wir dann auch tatsächlich einen Mitarbeiter vor, der konsequent, systematisch und zuverlässig Gartenarbeit verrichtet.

Vielmehr raffen sich viele Unternehmen höchstens dann und wann und in unregelmäßigen Abständen auf und erledigen das Gröbste. Sicher, natürlich zeigen auch eine Hauruckaktion im März und ein landschaftlicher Frühjahrsputz im Garten Wirkung. Doch mit solider, nachhaltiger Pflege hat dies nicht viel zu tun, wenn anschließend wieder abgewartet wird, bis alles zugewuchert ist.

Dabei ist es überhaupt kein Drama, intern einen Gärtner zu rekrutieren und regelmäßig mit den entsprechenden Arbeiten zu betrauen. Man muss nur wissen, was ein sogenannter „Wiki Gnome" tut und warum und wer auf das Anforderungsprofil passt.

„Ich kann eine solche Herangehensweise aber durchaus verstehen. Durch einen Gärtner entstehen ja nochmals laufende Kosten zulasten des Wikis", wendet Norman Netzaffin ein.

Wir erwidern: „Wiki-Gardening ist keine Kostenfrage, sondern eine Frage der Priorisierung."

Wenn das Wiki dauerhaft als ein zentrales System im Unternehmen etabliert werden und langfristig seinen Return on Investment entfalten soll, ist auch ein Wiki-Gärtner sehr sinnvoll und unbedingt zu empfehlen. Wenn das Wiki eh nicht so wichtig ist, braucht es auch keinen Gardener. Das ist bei der Capitol AG nicht der Fall.

„Wir können doch ganz grob durchrechnen", knüpfen wir an das Thema ROI an, das wir schon in unserem Meeting zur Wiki-Philosophie diskutiert haben (vgl. S. 56 ff.). „Wenn von 500 Mitarbeitern, die das Wiki nutzen, jeder ein Mal pro Woche nur fünf Minuten weniger benötigen würde, um Dokumente zu finden und weil er einheitlich webgerecht aufbereitete Texte schneller erfassen könnte …"

Von E-Mails und Telefonaten unter den Kollegen mit Fragen wie „Welches dieser beiden Wiki-Dokumente ist denn das aktuelle?" oder „Wo hast Du diesen Inhalt gleich abgelegt?" (und einer anschließenden Suche zu zweit) ganz zu schweigen.

15.4   Wer kann Gärtner werden?

„Dafür habe ich aber beim besten Willen nicht auch noch Zeit", seufzt Norman.

Das muss er auch nicht. Und es ist auch nicht nötig, extra einen neuen Mitarbeiter als Wiki-Gärtner zu rekrutieren. Im Grunde kann jeder Mitarbeiter die Aufgaben eines Wiki-Gärtners übernehmen. Sicherlich empfiehlt es sich weniger, diese Tätigkeiten Kollegen zu übertragen, die in Kundenprojekten direkt Umsatz erwirtschaften. Doch in der Capitol AG gibt es viele Mitarbeiter, die rein intern arbeiten.

„Nina Nochniegemacht hat schon im bestehenden Intranet Inhalte hochgeladen und ver-waltet. Was liegt näher, als ihr nun die Pflege des Wikis anzuvertrauen?", fragen wir. Diese Kollegin wird problemlos auch die Wiki-Pflege übernehmen können.

In zahlreichen Unternehmen gibt es auch Kollegen, die Arbeit geradezu suchen. Sind Mit-arbeiter in Elternzeit? Viele Kollegen, die sich ihrem Nachwuchs widmen, möchten sich in dieser Zeit dennoch nicht gänzlich aus dem Tagesgeschäft zurückziehen und würden gerne weiter aktiv am operativen Betrieb teilnehmen. Technisch ist es kein Problem, die Aufgaben eines Wiki-Gärtners aus dem Home Office zu erfüllen. Oder gibt es Teilzeitmitarbeiter, die ihr Stundenkontingent aufstocken möchten?

Natürlich muss ein Wiki-Gärtner das System sicher bedienen können, den Markup-Code und die wichtigen Makros beherrschen und möglichst auch die Plugin-Verwaltung in Grundzügen kennen. Grundsätzlich sollte die Anforderungen an einen Wiki-Gärtner jeder Mitarbeiter mit Junior-Status erfüllen können – eine gewisse Wiki-Affinität vorausgesetzt. Es besteht also kein Bedarf, beispielsweise einen hochqualifizierten Kollegen aus dem Pro-jektbetrieb für Gardening-Aufgaben abzuziehen.

Erfahrungsgemäß geling es häufig, relativ „unvorbelastete" Mitarbeiter wie Nina Noch-niegemacht zum Wiki-Gärtner auszubilden und auch für diese Aufgabe zu begeistern und zu motivieren. Nina kann mit der komplexen und komplizierten bestehenden Intranet-Software einigermaßen umgehen. Also wird sie auch tiefer in das nutzerfreundliche Wiki eintauchen können. Wichtig sind praxisorientierte Schulungen, die ein interner Wiki-Fachmann oder auch ein Dienstleister durchführen kann, und vor allem die Routine, die Nina rasch erwerben wird.

Wir fassen zusammen: „Ein Naturgarten hat seinen Reiz. In einem Wiki aber sind faulende Äpfel und nicht sichtbare Wege auf Dauer definitiv hinderlich."

16   Budget (Warum weniger nötig ist)

Am späten Abend – aber morgen ist glücklicherweise Samstag – greifen wir noch ein letztes Thema auf: „Wenn wir gerade schon die Budget-Frage angerissen haben: Der Aspekt spielt natürlich immer eine Rolle. Manchmal allerdings eine, die etwas überraschend ist."

Je größer die Unternehmen werden, desto größer werden die Vorhaben. Ein Werkzeug, das allen Mitarbeitern Nutzen stiften soll, hat in einem Unternehmen mit zehn Personen weniger Gewicht als in einem Konzern mit 100.000 Mitarbeitern. In der Beratungspraxis werden wir manchmal mit Situationen und Diskussionsverläufen wie dem folgenden konfrontiert:

> **Kunde:**   „Was kostet denn ein Wiki-Projekt?"
>
> **Berater:**   „Schwer pauschal zu sagen: Fängt bei 2.500 Euro an und hört bei 25.000 Euro auf. Der Median liegt etwa bei 15.000 Euro."
>
> **Kunde:**   „Aber wir sind ein riesengroßer Konzern ..."
>
> **Berater:**   „Macht nichts. Jedes Wiki-Projekt fängt klein an."
>
> **Kunde:**   „Aber das ist bei uns kein Projekt."
>
> **Berater:**   „Das verstehe ich nicht. Was meinen Sie damit?"
>
> **Kunde:**   „Projekte fangen bei uns ab 100.000 Euro an. Ich bin Projektleiter. Wenn das nur 15.000 Euro kostet, kann ich das nicht machen."

Früher haben wir in der Beratungspraxis darüber gelächelt. Aber in dieser Budget-Diskussion steckt eine fundamentale Herausforderung, gerade was große Unternehmen betrifft. Wichtige Projekte sind teuer. Teure Projekte werden ernst genommen. Teure Projekte werden vorab genau geplant, um sicherzustellen, dass keine Fehlinvestition stattfindet.

Wirklich teuer sind bei der der Implementierung eines Wikis nur die Arbeitszeiten, die intern initial erbracht werden. Das Tolle für die Budget-Planung ist, dass schon kurz nach dem Anrollen des Wikis und der Einarbeitung der Mitarbeiter ein Produktivitätsniveau erreicht werden kann, das für eine positive Nutzen-Investitions-Bilanz des einzelnen Mitarbeiters sorgt. Die Arbeit mit dem Wiki ist also effizienter als die Arbeit ohne. Ab diesem Zeitpunkt ist die Arbeitszeit, die der Mitarbeiter im Wiki verbringt, nicht mehr unter *Kosten für das Projekt* zu kalkulieren.

Nun stellt sich die Frage, wie lange ein Mitarbeiter benötigt, um im Wiki produktiv zu werden. Wie lange dauert die Einarbeitungszeit? Eine pauschale Antwort auf diese Frage gibt es nicht, sie hängt davon ab, wie technologieaffin der Mitarbeiter ist, wie hoch sein interner Stundenlohn ist und wie gut das Wiki im Hinblick auf die Anwendungsfälle vorbereitet wurde.

Kommen wir noch einmal auf das Beispiel Unternehmensglossar als Anwendungsfall zurück. Ist das Wiki leer, muss der Mitarbeiter die Suchfunktion finden und verstehen. Wenn er einen Suchbegriff eingibt, erhält er kein Ergebnis. Er probiert noch etwas herum, versucht, den gewünschten Inhalt auf anderem Wege zu finden, und stellt gegebenenfalls nach Rücksprache mit einem Kollegen fest, dass es noch kein Dokument gibt, das seinen Suchkriterien entspricht.

Nun legt er eine neue Wiki-Seite an und fügt die Informationen ein, die er kennt und von denen er weiß, dass sie korrekt sind. Seine eigentlichen Fragen integriert er ebenfalls, erhält jedoch natürlich zunächst keine Antworten.

Um das Dokument anzulegen, muss der Mitarbeiter allerdings wissen, wie das geht und wie man vorgeht. Möglicherweise benötigt er dafür eine Schulung oder Coaching – ein ziemlich aufwändiger Vorgang, bei dem der Mitarbeiter keinerlei produktive Ergebnisse erzielt. Sicher hat er für das Unternehmen gearbeitet. Aber seine Nutzen-Investitions-Bilanz schlägt negativ aus. Ein eher demotivierendes Erlebnis, das im Zusammenhang mit Wikis leider häufig vorkommt.

Wie verhält es sich nun, wenn im Wiki ein gut vorbereitetes Unternehmensglossar zur Verfügung steht? Der Mitarbeiter loggt sich in das Wiki ein und findet die Suche. Schon während der Eingabe des Suchbegriffs werden Ergebnisse per Instant Search in der Vorschlagsliste angezeigt, er kann sie direkt anklicken. Das gewünschte Dokument erscheint und beantwortet die meisten Fragen. Offene Fragen fügt der Mitarbeiter als Kommentar ein und beantwortet seinerseits die Frage eines Kollegen und ergänzt eine unvollständige Passage im Dokument.

Die Belastungen und Lernerfordernisse für die Aktivität auf der Nutzen-Investitions-Bilanz des Mitarbeiters sind genauso groß wie zuvor. Doch inzwischen wird ein erheblicher Nutzen geboten: Der Informationsbedarf, der überhaupt erst zur Recherche geführt hat, konnte nämlich erfüllt werden. Der Mitarbeiter ist produktiv. In diesem idealtypischen Szenario ist die Bilanz des Mitarbeiters bei der ersten Nutzung bereits positiv. Darin liegt das Potenzial: Im besten Fall und bei guter Vorbereitung wird die Einarbeitung in ein Wiki vollständig durch den gebotenen Zusatznutzen aufgewogen.

„Von einem professionell eingeführten Wiki sind sehr schnell sehr viele Mitarbeiter ohne erheblichen Aufwand zu begeistern. Das ist hochinteressant für Ihre Budget-Planung. In Ihrer internen Kalkulation können Sie in einer solchen Situation darauf verzichten, umfangreiche Einführungskosten einzuplanen", argumentieren wir. „Umso wichtiger wird es jedoch sein, dass Ihr Wiki für Ihre Anwendungsfälle gut vorbereitet ist."

Das ist der springende Punkt: In einem Wiki sind die inhaltliche Arbeit, die Qualität der Verankerung der Anwendungsfälle und viele andere technische, organisatorische und kulturelle Dinge deutlich wichtiger als ein großes Budget: Statt nach viel Geld sollten Wiki-Champions wie Norman intern lieber nach viel Freiheit – vielleicht sogar nach Narrenfreiheit – fragen!

Ein unbegrenztes Budget erhöht die Wahrscheinlichkeit eines erfolgreichen Wiki-Projekts kaum maßgeblich. Ein Wiki-Projekt mit allen erforderlichen technischen, organisatorischen und kulturellen Freiheiten ist hingegen geradezu zum Erfolg verdammt. Wir haben noch kein Projekt erlebt, in dem diese Rahmenbedingungen nicht unmittelbar zu einem großen Erfolg geführt haben.

Video: http://seibert.biz/budget

„Versuchen Sie also, eine Umgebung zu schaffen, in der Sie mit Ihrem Projekt die Freiheiten haben, die Sie brauchen, um die Dinge richtig zu machen. Das ist in größeren Unternehmen wie dem Ihren wichtig: Erwirken Sie von der Führungsetage eine Art ‚Lizenz zum Experimentieren'."

Norman stellt fest: „Das ist gar keine so schlechte Nachricht. Es dürfte deutlich leichter sein, von Ernst Entscheider ein paar Freiheiten statt ein paar Hunderttausend Euro zugesagt zu bekommen. Das gefällt mir. Darum kümmere ich mich."

Damit gehen unsere interessanten und gewinnbringenden Stammtischdiskussionen zu Ende und wir ins verdiente Wochenende.

17   Rollout: Lobbyarbeit

Wie wir in der nächsten Zeit häppchenweise erfahren, ist in der Capitol AG das Pilotprojekt nunmehr angelaufen. In einer E-Mail berichtet Norman Netzaffin uns, dass er eine erste Pilotgruppe zusammengestellt hat und zunächst nur mit diesem Zwölf-Mann-Team arbeiten möchte. Die Ansetzung weiterer Pilotteams hält er sich offen.

Tage später lesen wir in seinem Twitter-Account:

> Intern endlich Wiki-Pilotprojekt gestartet. Auf geht's! #Firmenwiki #kämpfenundsiegen

In einem kurzen Skype-Chat erzählt uns Norman in der darauffolgenden Woche, dass er froh ist, endlich zur Sache gekommen zu sein, und berichtet uns von ersten Erfolgen und positiven wie negativen Aha-Erlebnissen. Es freut uns, dass es vorangeht, und wir halten es hier für sinnvoll, nochmals auf das übergeordnete Ziel zu sprechen zu kommen.

Für den Erfolg des Wikis ist es wichtig, eine möglichst breite Akzeptanz für das Tool aufzubauen. Deshalb sollte Norman Netzaffin bereits in einem frühen Stadium damit beginnen, auch Kollegen aus anderen Abteilungen für das Wiki und das Konzept der Kollaboration zu begeistern. Per E-Mail schicken wir ihm für die anstehenden Wochen des Rollouts noch ein paar Ratschläge:

Treffen Sie sich mit Kollegen aus anderen Bereichen und erzählen Sie ihnen vom Wiki. Die Idee des „Open, edit, save" wirkt auf Personen, die bislang noch nicht mit ihr in Berührung gekommen sind, erfahrungsgemäß interessant, neuartig und anziehend.

Nehmen Sie sich die Zeit, um sich mit anderen Abteilungsleitern an den Rechner zu setzen und ihnen das Wiki live zu zeigen. Die Kollegen müssen zum einen die grundsätzliche Idee verstehen (vgl. S. 117 – Phase 1 des Diffusionsprozesses, *Knowledge*), zum anderen sollen sie das Wiki in Aktion erleben und mit ihm in Berührung kommen.

Erzählen Sie Ihren Kollegen, wie Sie das Tool in Ihrer Abteilung einsetzen wollen. Fragen Sie sie bei diesen Gelegenheiten, ob sie ihrerseits womöglich Ideen haben, wie das Wiki ihnen weiterhelfen würde und welche Anwendungsfälle sich herausbilden könnten. Es muss Ihnen einerseits darum gehen, Fürsprecher und Unterstützer für das Wiki zu finden, andererseits sollten Sie immer den Eindruck zu vermitteln, Ihren Kollegen helfen und sie mit einer nützlichen Innovation bekannt machen zu wollen.

Außerdem bietet es sich an, auch Kollegen von außerhalb der Pilotgruppe zu Wiki-Retrospektiven einzuladen, sofern die Mitglieder damit einverstanden sind. So sehen die anderen Abteilungsleiter, wie das Werkzeug bei den Mitarbeitern selbst ankommt und ob es wirklich einen Nutzen stiftet. Ein solcher Praxistest ist oft wirksamer als stundenlange Debatten auf theoretischer Ebene.

Nach dem Rollout kann es sinnvoll sein, intern einen Vortrag über die Wiki-Einführung zu halten: Reden Sie über Probleme, die Sie meistern mussten, und über den Nutzen, den das Wiki bereits gestiftet hat. Durch solche Erfahrungsberichte können Sie andere Abteilungen dazu ermutigen, ebenfalls mit einem Wiki zu arbeiten.

Im Verlauf des Projekts werden Sie viele Erfahrungen sammeln, die Ihren Kollegen bei der Nutzung und Etablierung des Wikis helfen werden. Das betrifft beispielsweise die Integration in die IT-Infrastruktur, mit der Sie sich ja bereits intensiv beschäftigt haben, die Rechteverwaltung, die Anpassung des Layouts etc. Punkte, die für andere Abteilungen relevant sein könnten, sollten Sie zentral dokumentieren, um einen möglichst großen Nutzen für das Unternehmen zu schaffen.

Hilfreich wird es auch sein, wenn Sie eine „Open Door Policy" etablieren. Lassen Sie Ihre Kollegen aus den anderen Abteilungen wissen, dass sie jederzeit zu Ihnen kommen können, um sich zum Thema Firmenwiki auszutauschen: Die Tür zu Ihrem Büro steht immer offen, Ihr Wissen teilen Sie intern gerne. Das ist so etwas wie die analoge Fortsetzung des Wiki-Prinzips.

In diesem Zusammenhang ein praxisbezogener Tipp: Legen Sie Entscheidern aus anderen Abteilungen Accounts im Wiki an und richten Sie ihnen womöglich sogar eigene Bereiche ein, in denen sie das Wiki „gefahrlos" ausprobieren können. Es darf für Ihre Kollegen keine technischen Hindernisse wie z. B. Installation, Hosting oder Betrieb geben. Vielmehr müssen Sie es ihnen so einfach wie möglich machen, mit dem Wiki in Berührung zu kommen.

Einen nicht zu vernachlässigenden positiven Nebeneffekt hat dieses Engagement für Norman Netzaffin übrigens ganz persönlich: Neben der Werbung in anderen Abteilungen geht es für ihn nicht zuletzt darum, sich einen Namen als Wiki-Experte in der Capitol AG zu machen. Wissensmanagement ist ein Bereich, der im Unternehmen gefördert werden soll, und es kann ein entscheidender Vorteil sein, sich in dieser Beziehung zu profilieren. Norman hat also legitimerweise durchaus auch ganz egoistische Motive, viel über Wikis, konkrete Anwendungsfälle und messbaren Nutzen zu sprechen.

Richtig praktisch wird es, wenn in größeren Unternehmen oder Konzernen mehrere Abteilungen Interesse an einem Firmenwiki zeigen: Möglicherweise kann das Budget für Anschaffung und Einführung in diesem Fall auf mehrere Kostenstellen verteilt werden. Interessant ist das insbesondere bei Plugins und Erweiterungen, die über den Standard hinausgehen und individuell entwickelt werden sollen. Wenn es solche spezifischen Anforderungen in mehreren Unternehmensbereichen gibt, entstehen rasch höhere Kosten, die dann nicht alleine getragen werden müssen.

In großen Unternehmen ist es immer auch sinnvoll, sich zu erkundigen, ob vielleicht andere Abteilungen bereits ein Wiki eingeführt haben, welche Software sie nutzen, welche Erfahrungen sie gemacht haben, welche Ratschläge sie geben können. Mitunter gibt es intern bereits Referenzprojekte, die nur nicht über die Abteilungsgrenzen hinaus bekannt sind. Unser Rat: Wiki-Champions sollten das intern vorhandene Wissen nutzen und mit ihren Kollegen sprechen. Es fallen keine externen Kosten an und oft freuen sich die Kollegen darüber, ihre Erfahrungen teilen zu können. Ihre Erkenntnisse können für das eigene Projekt sehr hilfreich sein. Auch in der Capitol AG hat es ja, wie Marc Microsoft in seiner Brandrede angemerkt hat (vgl. S. 84 ff.), bereits einen auf die Entwicklungsabteilung begrenzten Wiki-Versuch gegeben. Möglicherweise kann Norman von negativen Erfahrungen profitieren.

18 Rollout: Identifikation weiterer Use-Cases

Norman Netzaffin beherzigt unsere Empfehlung, sich von Zeit zu Zeit telefonisch mit Beratern abzustimmen, weiterhin. Er erzählt uns, dass der Wiki-Pilot seiner Einschätzung nach schöne Früchte trägt. Unser Thema ist die Ausweitung der Wiki-Nutzung auf einen größeren Mitarbeiterkreis und die Notwendigkeit, weitere Anwendungsfälle zu identifizieren.

 Video: http://seibert.biz/anwendungsfaelle

Beim Rollout auf andere Abteilungen und auch bei der allgemeinen Ausweitung der Wiki-Nutzung ist es wichtig, keinen Druck auszuüben. Dass ein Unternehmensbereich mit dem Wiki produktiv arbeitet, heißt noch lange nicht, dass sich weitere Abteilungen einfach von diesem guten Beispiel überzeugen lassen: Der Mensch ist ein Gewohnheitstier, wie Norman in diesen Wochen ein ums andere Mal feststellen muss.

18.1 Informationsangebote machen

Wir regen daher an, ein umfangreiches Informationsangebot zu machen, in dessen Mittelpunkt die praktische Präsentation des Werkzeugs und die Vorstellung erfolgreicher Anwendungsfälle stehen: „Ein zentraler Punkt: Integrieren Sie Ansprechpartner, die sich für die Optimierung und Verbesserung der Abläufe mit einem Wiki interessieren. Es müssen die Anwendungsfälle herausgearbeitet werden, die für die jeweilige Abteilung wirklich relevant sind."

Die nachfolgenden Strategien bieten sich an, um schnell und wirksam zu überzeugen und die wahren Probleme und die wertvollen Lösungen zu erkennen:

- Erst mal genau zuhören und Herausforderungen identifizieren

- Nach passenden Anwendungsfällen suchen und diese beschreiben

- Live im System zeigen, wie man die Anwendungsfälle umsetzt und „lebt"

- Die Szenarien gemeinsam mit und ohne Wiki modellieren und dadurch aufzeigen, wie viel effizienter die Arbeit mit einem Wiki ist

- Die Kür: Die Kollegen dabei unterstützen, selbst zu erkennen, wo das Wiki wie helfen kann. Gerade auf theoretischer Ebene klappt das erstaunlich schnell und gut. Der Vorteil liegt darin, dass die Motivation zur Umsetzung viel größer ist, wenn man die eigenen und nicht von außen herangetragene Ideen umsetzt.

„Aber wie findet man denn jetzt genau die Anwendungsfälle, die für meinen Kollegen X in der Abteilung Y interessant sind?", fragt Norman sich und uns. „Was ist, wenn der keine Ideen hat oder die Probleme nicht richtig benennen kann? Wie kitzle ich aus ihm heraus, was sein ganzes Team schmerzt?"

Wir können einige konkrete Vorschläge für die Generierung von Ideen und neuen Anwendungsfällen beisteuern. Vor allem gilt: Die „Feinde" eines Wikis sind nicht andere Systeme wie Intranet, CMS, DMS, CRM- oder ERP-System, wie irrtümlich immer wieder angenommen wird. Der alte Rivale all dieser Tools ist die E-Mail. Und genau hier können wir ansetzen, um Anwendungsfälle zu identifizieren.

„Nehmen Sie einen Ihrer Kollegen zur Seite, der selbst nach Use-Cases sucht, und werfen Sie mit ihm zusammen einen Blick in sein E-Mail-Postfach", schlagen wir Norman vor. „In einem ersten Schritt macht schon ein grobes Durchsehen deutlich, in wie vielen Fällen die E-Mail sich als problematisch erweist."

Konkrete Anhaltspunkte findet man, indem man nach zwei Kategorien von E-Mails Ausschau hält: nach solchen mit Dateianhängen und solchen, in denen Aufgaben delegiert werden.

18.2   E-Mail-Anhänge analysieren

Norman und sein Kollege suchen für einen bestimmten Zeitraum alle E-Mails heraus, die Dateianhänge enthalten. Dabei unterscheiden sie zwischen eingegangenen und gesendeten E-Mails: Zunächst sind nur die gesendeten Nachrichten interessant, die der Kollege also selbst verfasst hat. Aus den gesendeten E-Mails mit Anhängen werden anschließend diejenigen aussortiert, die an Kunden und externe Empfänger gegangen sind.

(Würde die Capitol AG den Wiki-Zugriff intern beschränken und nicht allen Mitarbeitern Zugangsrechte einräumen, müssten auch die E-Mails an Kollegen herausgefiltert werden, die nicht mit dem Wiki arbeiten können. Eine solche Einschränkung würde den Nutzen des Systems allerdings dramatisch reduzieren. Wir gehen hier davon aus, dass das Wiki der Capitol AG allen Mitarbeitern, bislang aber noch keinen Kunden und Partnern offensteht.)

Die Übersicht über die internen E-Mails mit Dateianhängen, die Normen und sein Kollege nun erhalten, ist eine wahre Fundgrube. Über den Daumen gepeilt: 80 Prozent dieser Nachrichten sind als Wiki-Anwendungsfälle prädestiniert.

Nach der Diagnose lautet Normans Empfehlung dann: „Diese Datei hätten Sie nicht per Mail verschicken sollen. Viel besser: Fügen Sie den Anhang doch an ein relevantes Wiki-Dokument an und senden Sie per E-Mail nur den Link in die Runde." Die Gründe dafür haben wir ausführlich behandelt.

Nehmen sich Normen und sein Kollege nun etwas Zeit, um jede einzelne E-Mail durchzugehen und zu notieren, was inhaltlich unternommen werden könnte, um Transparenz, Datenhaltung, Zusammenarbeit und Kommunikation durch das Wiki zu verbessern, ergeben sich häufig noch viel mehr Möglichkeiten. Einige Beispiele:

- Oft stellt sich heraus, dass eine angehängte Datei eine schlechte Alternative ist, weil die Inhalte viel besser auf einer entsprechenden Wiki-Seite aufgehoben sind, wo sie inklusive Revisionskontrolle einfach und schnell von allen Beteiligten verändert werden können.

- In manchen Fällen wird rasch offensichtlich, dass beispielsweise eine manuell erstellte und per E-Mail kommunizierte Auswertung im Wiki vollautomatisch mithilfe einer einfachen, kleinen Schnittstelle realisiert werden kann, was nicht nur regelmäßig mehrere Stunden Arbeit einsparen, sondern auch die Qualität und Aktualität der Informationen verbessern würde.

- Immer wieder wird deutlich, dass Berichte durch die gemeinsame Arbeit an Wiki-Dokumenten in deutlich kürzerer Durchlaufzeit erstellt werden können.

Bei diesen Beispielen belassen wir es: „Es ist unmöglich, sämtliche Möglichkeiten einer solchen E-Mail-Anhangsanalyse darzustellen. Aber das Potenzial ist gigantisch. Sie werden sehen."

18.3   Aufgaben in E-Mails analysieren

Wie verhält es sich nun mit der zweiten Kategorie, den E-Mails mit Aufgaben? Es ist fast immer problematisch, wenn ein Mitarbeiter per E-Mail Aufgaben an Kollegen verteilt. Ein Wiki bietet hier zahlreiche Vorteile wie Transparenz, Kontrollmöglichkeiten und Erinnerungsoptionen, es hilft, Redundanzen zu reduzieren und Reibungsverluste in Projekten zu minimieren.

Gerade in der Projektorganisation sind die Möglichkeiten des Wiki-Einsatzes vielfältig. In diesem Zusammenhang kann es durchaus sinnvoll sein, Wiki-Dokumente mit kurzer „Lebensdauer" zu etablieren: Die Lebensdauer eine E-Mail beträgt nur wenige Minuten. Sobald man im Rahmen des Aufgabenmanagements damit beginnt, E-Mails zu organisieren, zu verwalten, wieder herauszusuchen usw., ist eine Situation erreicht, in der ein Wiki großen Nutzen stiften kann.

Doch wie erwähnt: Der Wiki-Prophet muss auch wissen, was das Wiki nicht oder nicht optimal kann. Fairerweise müssen wir also zugestehen, dass Wikis zwar kleine, hilfreiche und durchaus ansehnliche Projekt- und Aufgabenmanagementfunktionen anbieten, die jedoch Nachteile haben. Hier sind hauptsächlich fehlende Strukturierungs- und Abfragemöglichkeiten zu nennen (die E-Mails allerdings ebenfalls nicht bieten).

Die Optimallösung ist sicherlich ein professionelles Aufgabenverwaltungssystem mit Wiki-Integration. Kleinere Lösungen lassen sich mithilfe spezieller Wiki-Plugins schaffen. Doch dieses Thema bietet genügend Stoff für ein eigenes Buch und kann hier nicht vertieft werden. (Weitere Informationen zum Thema Aufgabenmanagement erhält der interessierte Leser auf http://seibert.biz/jira und http://seibert.biz/taskdock.)

18.4   Hindernisse bei der E-Mail-Analyse

„Von einem Kollegen wie Gerd Gebichnichther, der vom Wiki sowieso nichts wissen will, mal abgesehen – Der und mich an seine E-Mails lassen? Den Teufel wird er tun!", wirft Norman ein. „Aber was mache ich, wenn sich ein anderer Ansprechpartner, der am Wiki grundsätzlich interessiert ist, seine E-Mails nicht mit mir zusammen ansehen will, weil er mir nicht wirklich vertraut? Oder warum auch immer."

Das wäre für Normans Überzeugungsarbeit gewiss nicht eben förderlich. Hier sollte er auch nicht zu lange bohren und die Leute nerven, sondern so vorgehen:

Stärkere Filterung: Norman sollte seinem Ansprechpartner klarmachen, dass es ihm nicht darum geht, in dessen E-Mails „herumzuschnüffeln". Ziel ist es, mit dem Kollegen zusammen an Wiki-Anwendungsfällen zu arbeiten, die diesem etwas bringen.

Unser Vorschlag: „Empfehlen Sie ihm, im Vorfeld eine Filterung durchzuführen, sodass nur die für die Analyse sinnvollen E-Mails angezeigt werden. Er kann zum Beispiel im Ordner ‚Gesendete Objekte' nach allen E-Mails filtern, die an Empfänger innerhalb der Capitol AG gegangen sind. Wenn Ihr Gesprächspartner nicht gerade ein unternehmensinternes Techtelmechtel unterhält, das geheim bleiben soll, oder andere interne Kommunikation unbedingt vor Ihnen verbergen will, sollte das ein wirksamer Filter sein."

Fremdanalyse: Norman kann mit oder ohne Zustimmung des Kollegen in seinem eigenen E-Mail-Postfach oder im Briefkasten eines engen Mitarbeiters des Ansprechpartners nach relevanten Nachrichten suchen, die dieser versendet hat. Das sind natürlich weniger E-Mails, doch auch auf diesem Wege ergeben sich häufig schon valide und gute Anhaltspunkte.

Delegieren an den Ansprechpartner selbst: Wenn die ersten beiden Optionen nicht gangbar oder zielführend sind, raten wir Norman, seinem Ansprechpartner zu erklären, was zu tun ist, und ihn seine E-Mails selbst analysieren zu lassen. Die Herausforderung hierbei: Wiki-Laien haben oft keine rechte Vorstellung davon, wie man die verschickte E-Mail in einen erfolgreichen Wiki-Anwendungsfall umwandeln kann. Aber einen Versuch ist jedenfalls wert, wenn die zuvor genannten Strategien erfolglos geblieben sind.

„Und sonst?", fragt Norman. „Was kann man außer der E-Mail-Analyse noch machen?"

Auch hier sind der Kreativität keine Grenzen gesetzt. Als wirksam bieten sich unserer Erfahrung nach an:

- Brainstormings mit vielen Abteilungs- und Teammitgliedern
- Prüfung der etablierten oder angestrebten Prozessübersichten im Bereich
- Weitere Wiki-Use-Case-Workshops mit professionellen Beratern

Hätte Norman zu diesem Zeitpunkt bereits dieses Buch im Regal gehabt, wäre zudem ein Hinweis auf den umfangreichen letzten Abschnitt angebracht gewesen: „Schlagen Sie doch mal Seite 243 auf. Dort haben wir zusammenfassend 66 prototypische Anwendungsfälle angeführt, die auf viele Unternehmen übertragbar sein dürften und die Sie vielleicht auf Ideen bringen."

Nun gibt es das Buch leider noch nicht, und so trennen sich unsere Wege vorerst. Wir wünschen unserem Wiki-Propheten Norman Netzaffin alles Gute und viel Kraft für den anstehenden Rollout in der Capitol AG – allerdings nicht ohne uns vorzunehmen, demnächst mal nach dem Rechten zu schauen.

Teil 4:
Wiki-Nutzung ankurbeln

1 Unternehmenspraxis: Welche Probleme treten bei der Wiki-Nutzung auf?

Einige Monate sind ins Land gegangen, als wir der Capitol AG einen weiteren Besuch abstatten. Auf Einladung von Ernst Entscheider und Norman Netzaffin wollen uns ansehen, wie das Wiki läuft. Norman berichtet uns: Das Wiki hat die ersten Wochen und Monate im Unternehmen überstanden und Norman ist nicht müde geworden, seine Kollegen immer und immer wieder mit der Tatsache Wiki zu konfrontieren. Zwar findet Marc Microsoft immer noch, dass ein anderes System besser in die IT-Landschaft gepasst hätte. Und Gerd Gebichnichther und seine direkten Kollegen machen im Wiki gar nichts. Aber es hat sich zumindest so weit durchgekämpft, dass kaum jemand noch die Daseinsberechtigung des Systems bestreitet.

Von einem organischen Wissensmanagement mithilfe des Wikis ist die Capitol AG jedoch noch ziemlich weit entfernt – die Mitarbeiteraktivierung läuft einfach nicht so an, wie man es sich vorgestellt und gewünscht hat. Normans E-Mail-Postfach platzt nach wie vor aus allen Nähten, weiterhin kursieren Präsentationen, Tabellen, PDF- und Word-Dokumente per E-Mail, immer noch sind wichtige Informationen gar nicht zentral verfügbar und/oder nur mit viel Aufwand zu finden etc.

Ernst Entscheider hat Norman gefragt, was er unternehmen wolle, um noch mehr Mitarbeiter mit dem Wiki bekannt zu machen und davon zu profitieren. Er hat uns wieder ins Boot geholt, damit wir ihn dabei unterstützen.

Mit den Problemen, von denen Norman uns berichtet, steht die Capitol AG nicht alleine da. Leider ist ein Wiki im Intranet kein Selbstläufer und hängt der Erfolg von vielen Faktoren ab. Welche Probleme stehen der wirklich effektiven und effizienten Wiki-Nutzung im Wege und welche Faktoren verhindern, dass das Potenzial eines Wikis voll ausgeschöpft werden kann?

Wir ziehen nochmals die Studie von Henriksson, Mikkonen und Vadén heran, für die 50 große Unternehmen zur Wiki-Nutzung befragt wurden. Wieder sollten diese Firmen die Relevanz bestimmter Aussagen bewerten:

- Zu wenige Mitarbeiter stellen aktiv und häufig Informationen in das Wiki ein. (4 von 5)

- Den Teilnehmern wird der Nutzen des Wikis nicht schnell genug klar. (3,6 von 5)

- Es ist schwierig, Teilnehmer für das Wiki zu motivieren. (3,5 von 5)

- Die Zeit für die Wiki-Nutzung reicht nicht aus. (3,4 von 5)

- Wiki-Teilnehmer nutzen lieber alte Tools und steigen nicht auf das Wiki um. (3,2 von 5)

- Es ist schwer, die Informationen aktuell zu halten. (3,2 von 5)

- Die Arbeitsteilung und Nutzungsregeln für das Wiki sind unklar. (3,2 von 5)

Durchschnittlich wurde für alle Fragen ein Wert von 2,8 von 5 vergeben, was ebenfalls für den hohen Nutzen von Wikis spricht. (Die Mitte liegt bei 3,0.) Deutlich wird aber auch, dass die Wiki-Einführung mit der technischen Integration längst nicht beendet ist (sondern vielmehr erst richtig anfängt) und dass professionelle Konzepte wie beispielsweise Wiki-Piloten, die konsequente Umsetzung einer Graswurzelstrategie und natürlich Überzeugungsarbeit nötig sind, um insbesondere die Mitarbeiteraktivierung zu unterstützen.

1.1   Lessons Learned

Dementsprechend hätten einige der befragten Unternehmen mitunter andere Herangehensweisen verfolgt bzw. sich noch stärker auf bestimmte, erfolgskritische Faktoren konzentriert, wenn sie über das Erfahrungswissen verfügt hätten. Was würden die Unternehmen heute anders machen?

Einige Aussagen:

- „Der Zweck der Nutzung und die Tagesgeschäftsabläufe im Wiki sollten von Anfang an gut definiert werden."

- „Das Wiki sollte früher breit ausgerollt und genutzt werden." (Das halten wir aus den genannten Gründen gar nicht für sinnvoll!)

- „Es sollte zu Beginn nicht nur Schulungen zur technischen Nutzung des Systems geben, sondern auch zu den Konventionen und Nutzungsregeln."

- „Wir hätten das Intranet direkt abschalten sollen, statt es parallel weiterlaufen zu lassen." (Auch das halten wir nicht für sinnvoll: Sämtliche Funktionen eines Intranets wird ein Wiki nicht abbilden können; so erfüllt etwa ein CMS im Intranet grundsätzlich ganz andere Aufgaben. Auch Marc Microsoft würde natürlich Sturm gegen eine solche Forderung laufen.)

- „Mehr Training und Anleitungen für Nutzer sind wichtig und hilfreich."

- „Die Anwendung des Wikis im täglichen Geschäft sollte den Nutzern besser erklärt werden."

1.2　Wiki-Nutzen entfaltet sich langfristig, Wikis haben einen hohen ROI

Nicht zuletzt geht aus der Studie hervor, dass ein Wiki seine Wirkung ganz offensichtlich langfristig entfaltet und eine Investition in ein solches System sich auf Dauer rechnet.

Einige zusammenfassende Erkenntnisse:

- Je länger ein Unternehmen ein Wiki einsetzt, desto höher schätzt es den Nutzen des Wikis ein.

- Unternehmen, die das Wiki zunächst sinnvoll in einer Pilotgruppe real testen und kontrolliert einführen, sind häufig erfolgreicher damit.

- Die Anwendung von Wikis für die Generierung von Ideen und zu Dokumentations-zwecken steigt mit zunehmender Nutzung des Wikis.

Damit ein Wiki zu einer umfangreichen und organisch wachsenden Wissensbasis wird, gilt es, Strategien zu entwickeln und gezielt anzuwenden, um die Nutzung des Systems zu fördern und Probleme aus dem Wege zu räumen – dies sind unserer Meinung nach sogar die Hauptaufgaben und die wesentlichen Herausforderungen bei der Wiki-Etablierung.

2 Best Practice: Per Scheunenbau inhaltliche Grundgerüste erstellen

„Zeigen Sie uns doch mal den Wiki-Bereich Ihrer Abteilung", bitten wir Norman. Wir sehen uns den Stand der Dinge an, finden auch einige Wiki-Seiten mit Inhalten vor, aber für fast alle Änderungen ist laut Dashboard Norman zuständig gewesen. Richtig viel ist noch nicht passiert, vor allem ist so etwas wie ein Grundgerüst an Inhalten nicht zu erkennen.

„Seit Wochen predige ich montags im Wochen-Meeting: Helft mir doch, stellt doch da auch was ein und tragt dazu bei, dass das Wiki wächst. Aber selbst unser Wiki-Bereich nimmt nicht so schnell Fahrt auf, wie ich es mir gewünscht habe, obwohl ich das vorantreibe", berichtet Norman unglücklich.

Die „Angst" vor einem leeren Firmenwiki und vor leeren Wiki-Seiten ist ein bekanntes, negatives Wiki-Muster, das die Mitarbeiteraktivierung massiv behindern kann. Das Nutzerverhalten im Firmenwiki gleicht manchmal doch dem Web: In ein leeres, verwaistes Internet-Forum schreibt niemand etwas; enthält es dagegen viele Inhalte und wird es offenbar rege frequentiert, übt es eine viel größere Anziehungskraft aus. So ist das auch bei einem Wiki.

„Wir sollten es mit einem Scheunenbau-Workshop versuchen", schlagen wir ihm vor und empfehlen, die Mitarbeiter „abzuholen", indem ihnen ein solides inhaltliches Grundgerüst zur Verfügung gestellt wird. Um ein solches Gerüst effizient und systematisch zu errichten, haben sich Maßnahmen bewährt, die wir als Scheunenbau bezeichnen – ein guter Start für die weitere inhaltliche Befüllung des Firmenwikis.

 Video: http://seibert.biz/scheune

2.1 Umzusetzende Inhalte priorisieren

„Trommeln Sie ein kleines Team von Mitarbeitern zusammen, von denen Sie wissen, dass sie das Wiki gut finden und es unterstützen. Lassen Sie uns in einem Workshop gemeinsam den Anfang machen."

Für den Einstieg schlagen wir vor, Themenkarten zu erarbeiten und diese vorbereitend zu diskutieren. Auf diesen Karten sollen verschiedene Inhalte beschrieben werden, die eigentlich in allen Firmenwikis Relevanz besitzen. Am Anfang des Workshops stellen wir diese Karten vor und priorisieren sie mithilfe eines sogenannten „Business Value Pokers", wie man ihn von modernen agilen Projektmanagementmethoden kennt.

2.2 Viele Dokumente mithilfe von Vorlagen erstellen

Der eigentliche Scheunenbau beginnt dann mit dem Anlegen vieler leerer Seiten, die zunächst nur Seitentitel enthalten. Anschließend werden diese Dokumente hierarchisch sortiert und mit ersten Notizen befüllt. Hierfür sollten erfahrene Wiki-Berater zahlreiche nützliche Vorlagendokumente für fast alle erdenklichen Anwendungsfälle in den Workshop einbringen können. Natürlich können solche Vorlagen auch intern entwickelt werden, sofern das entsprechende Know-how im Unternehmen vorhanden ist. Zu diesen Musterseiten sollten beispielsweise gehören:

- Dokumente für das Projektmanagement wie Projektchecklisten, die Meeting-Vorbereitung, Projektauswertungen, PM-Handbücher etc.

- Vorlagen für das Personalwesen wie Erste-Schritte-Dokumente, das Unternehmen von A bis Z, Event-Organisation, Teilnehmerlisten, Vorlagen für Zielvereinbarungen, Schwarzes Brett, Bücherbestellliste u. v. m.

- Dokumentenvorlagen für die IT-Abteilung, den Betriebsrat, das Qualitätsmanagement usw.

Den zunächst letzten Schritt in unserem Workshop bildet die gemeinsame Definition der nächsten Aufgaben. Mit der Abarbeitung dieser (vor allem redaktionellen) Tasks entstehen die eigentlichen Inhalte.

2.3 Je mehr angefangene Seiten, desto besser!

Der Scheunenbau ist genau dann erfolgreich, wenn das Maximum an neuen Inhalten eingebracht ist. Dabei kommt es nicht auf die Anzahl der hochgeladenen Dateien, komplette Dokumente und durchweg operationalisierte Inhalte an, sondern auf grob strukturierte und gerne auch unfertige Wiki-Seiten. Je mehr es davon gibt, desto besser. Es wird die Aufgabe aller Mitarbeiter im Tagesgeschäft sein, die im Rahmen des Workshops erstellten Rahmengerüste mit Inhalten zu füllen und regelmäßig zu aktualisieren.

Am Ende unseres Workshops fragt uns ein Teilnehmer, wie wir eigentlich auf die Bezeichnung Scheunenbau gekommen sind. Ganz einfach: In diesem Workshop soll etwas Praktisches und Nützliches schnell aufgebaut werden, kein gemütliches Wohnhaus und schon gar keine Kathedrale, sondern eben eine Scheune, denn es geht hier um Funktionalität und auch um Kosteneffizienz, nicht jedoch um Schönheitspreise für durchgehend optimal und einheitlich formatierte Seiten bzw. um Idealvorstellungen von einem organisch gewachsenen Wiki.

Mit einem Scheunenbau-Workshop entsteht schnell ein stabiles inhaltliches Gerüst, durch das die Angst vor dem leeren Wiki abgebaut wird, mit dem die Mitarbeiter sofort weiterarbeiten können und das für viele unterschiedliche Informationsbedürfnisse bereits Antworten parat hat – eine gute Möglichkeit, um das Wiki zu einem „Inhaltsmagneten" zu machen und das negative Muster des leeren Wikis zu vermeiden.

3 Kleine Maßnahmen mit großem Effekt

„Ein Grund für die noch schwache Mitarbeiteraktivierung ist dieser: Sie haben einfach noch keine richtige PR für Ihr Wiki gemacht!", stellen wir fest, als wir später mit dem *Inner Circle* des Wiki-Teams der Capitol AG und Vorstand Ernst Entscheider zusammensitzen.

Norman Netzaffin antwortet: „Also, viel Tamtam gab's nicht. Eine ausführliche E-Mail an die Mitarbeiter, in der wir das alles beschrieben haben. Eine Präsentation vor zahlreichen Kollegen. Einige Mitarbeiter haben wir auch schon zu den Funktionen geschult."

Das Rollout des Wikis findet in der Praxis zumeist ohne große Feierlichkeiten statt. Es gibt keine Luftballons, keine festliche Rede des Geschäftsführers, keinen Sekt und keinen Kollegen, der im Garten hinter dem Bürokomplex den Grill aufgebaut hat. Der Rollout ist kein Event in dem Sinne, dass ein Schalter umgelegt wird und das Wiki damit seine Tore öffnet. Vielmehr findet auch der Rollout sukzessive statt, meist gibt es im Vorfeld Schulungen und die Zugangsdaten der Mitarbeiter werden nach und nach kommuniziert.

„Das haben Sie auch alles gemacht, als Sie Ihr Intranet eingeführt haben: E-Mail, kurze Präsentation, eine Schulung, richtig?"

„Ja, sicher ...", bestätigt Norman, ehe er stutzt. Offenbar ist ihm eingefallen, was es gebracht hat, nämlich kaum etwas.

Das Wiki soll für die Mitarbeiter der Capitol AG ein Arbeitsmittel sein, das sie jeden Tag nutzen. In einem Unternehmen, in dem das System politisch schon etabliert ist und in dem nicht das Problem besteht, dass das Wiki gar nicht akzeptiert wird und die Mitarbeiter es überflüssig finden, lauten die zentralen Fragen: Wie können die Mitarbeiter der Capitol AG für die Wiki-Nutzung gewonnen werden? Wie lässt sich das Wiki im Bewusstsein der Mitarbeiter verankern?

Eine ausführliche E-Mail haben die Mitarbeiter der Capitol AG Norman Netzaffin zufolge erhalten. Das ist eine erste sinnvolle PR-Maßnahme. Die Nutzer sollten allerdings eine Mail erhalten, die nicht nur die Zugangsdaten enthält (sofern keine Single-Sign-on-Lösung besteht), sondern die vor allem erklärt, wozu das Wiki da ist und für welche Idee ein Wiki steht. Menschen verstehen Innovationen besser, wenn sie die Zusammenhänge kennen und einen Gesamtüberblick haben. Eine solche E-Mail ist jedoch nur ein Schritt von vielen.

 Video: http://seibert.biz/marketing

3.1   Wiki-Merchandising

„Sehen Sie mal", sagen wir, holen unsere Mitbringsel aus der Aktentasche und reichen jedem Anwesenden ein kleines Präsent: einen Kugelschreiber in den Farben der Capitol AG mit der Aufschrift *Ich schreib's noch ins Wiki rein!*

Norman dreht den Stift in der Hand, klickt, schreibt ein paar Krakel auf seinen Notizblock und lächelt: „Ah, Merchandising für das Wiki? Das ist nicht schlecht." Das finden wir auch. Und deshalb empfehlen wir der Capitol AG, an alle Mitarbeiter solche Kugelschreiber auszugeben und so Aufmerksamkeit zu schaffen.

Wie in jedem Unternehmen wird auch in der Capitol AG natürlich mit Papier gearbeitet. Papier und Stift sind einfach, schnell und unaufdringlich, die Verfügbarkeit ist hoch. Im Meeting bevorzugen es die Teilnehmer, sich handschriftliche Notizen zu machen anstatt auf dem Notebook herumzuklappern, sie können durchstreichen, Schemas zeichnen usw. Der Kugelschreiber kommuniziert im Moment des Aufschreibens: Ja, jetzt handschriftlich festhalten, weil es praktisch ist, aber später gehören diese Notizen und Aufzeichnungen in unser zentrales Wissensmanagementsystem, unser Wiki.

Merchandising-Artikel wie diese Kugelschreiber verteilen sich unserer Erfahrung nach fast wie von selbst und diffundieren durch die Belegschaft. Sie weisen Mitarbeiter wie Nina Nochniegemacht immer wieder aktiv darauf hin, dass das geschriebene Wort nicht nur aufs Papier, sondern auch für alle Mitarbeiter zugänglich ins Wiki gehört. Dafür eignen sich natürlich auch Notizbücher und Abreißzettel-Blöcke. Die Entwicklungs- und Herstellungskosten sind in Anbetracht des Effekts marginal.

3.2   Aufsteller und Aufkleber

„Vielleicht können Sie sich ja gelegentlich Zeit für eine kleine Foto-Session nehmen", wenden wir uns an Vorstand Ernst Entscheider.

Was wir im Sinn haben, sind Aufsteller mit einem lebensgroßen Foto des freundlich lächelnden Chefs und der Sprechblase: „Steht im Wiki!" Auch auf diese Weise kann es gelingen, sehr vielen Kollegen zu kommunizieren, dass im zentralen Wiki-System viele wichtige Informationen zu finden sind. „Postieren Sie diese Aufsteller dort, wo die Mitarbeiter sind: in der Cafeteria, in der Kantine, im Eingangsbereich, im Meeting-Raum für interne Besprechungen."

Natürlich muss es kein Bild des Vorstandes oder Geschäftsführers sein: In jedem Unternehmen gibt es andere Befindlichkeiten und nicht in jedem Unternehmen möchten die Mitarbeiter dem Vorgesetzten auch noch auf allgegenwärtigen Plakaten täglich begegnen. Auch „kleinere" Maßnahmen tragen ihren Teil dazu bei, Interesse zu wecken. Beispielsweise könnte das Wiki-Team der Capitol AG Aufkleber mit Texten wie „Steht schon im Wiki!" oder „Alles schon im Wiki!" bestellen.

Diese Sticker können auf Leitz-Ordner, Papierkörbe, Aktenvernichter, Scanner und überall dorthin geklebt werden, wo es um klassische Papierarbeit geht.

„Betreiben Sie ein bisschen Guerilla-Marketing im Unternehmen", fordern wir Norman auf und sehen über Ernst Entscheiders gerunzelte Stirn hinweg. „Es lohnt sich."

3.3   Hall of Fame und Incentivierung durch Aufmerksamkeit

„Es gibt noch viel mehr solcher Werbemöglichkeiten: Kleben Sie Zettel an die Bürotüren, auf denen steht, was man im Wiki alles finden kann", fahren wir fort. „Machen Sie die Haupteingangstür oder die Tür zur Kantine zur Tabelle, zum Schaukasten und zur Hall of Fame. Heben Sie besondere Wiki-Leistungen hier für alle sichtbar hervor. Kündigen Sie an: Wer einen guten Artikel schreibt, wird hier geehrt. Küren Sie den Wiki-Mitarbeiter des Monats. Schreiben Sie für besonders hochwertige neue Wiki-Dokumente ein Mittagessen mit dem Vorstand oder dem Abteilungsleiter aus. Belohnen Sie die Abteilung, aus der die meisten Änderungen im Wiki kommen, am Monatsende mit einer Ladung Pizza."

Um diesen wichtigen Aspekt nochmals aufzugreifen: Wir leben in einer Aufmerksamkeits-ökonomie, die Leute teilen gerne, wenn sie ein Publikum haben. Das gilt im Web ebenso wie im Firmenwiki. Blogger möchten Kommentare und Trackbacks generieren, Forenmitglieder wollen Antworten auf ihre Diskussionsbeiträge, Nutzer wünschen sich Retweets ihrer Twitter-Nachrichten. Auch im Wiki ist Feedback der Lohn für die Teilnahme: Wenn andere auf den eigenen Input reagieren, lohnt sich der Wiki-Beitrag. Und ein Wiki bietet dafür ausgezeichnete Voraussetzungen.

Vor allem während der Anlaufphase sollten Führungskräfte deshalb regelmäßig und in kurzen Abständen ein Monitoring des Wikis auf neue Inhalte durchführen. Das ist nicht nur ganz einfach über regelmäßige Blicke auf das zentrale Dashboard und in die letzten Änderungen möglich, sondern auch über automatische Abonnements von Bereichen oder einzelnen Seiten: Per E-Mail oder via RSS teilt das System Änderungen tagesaktuell mit.

Am Anfang lohnt es sich, jedes neu angelegte Dokument kurz zu kommentieren: „Sehr gut, danke für den Bericht! Bitte arbeite das weiter aus!" Der beste Weg, Wiki-Aktivität zu fördern, ist Aufmerksamkeit: Auch im Firmenwiki schreiben die Leute, um gelesen zu werden. Und wenn durch solche Maßnahmen die Aufmerksamkeit auf bestimmte Dokumente gerichtet wird, dann erreicht die Capitol AG genau das, wofür die Dokumente überhaupt eingestellt werden. Deshalb ist diese Form der Förderung systemisch sehr konsistent und sinnvoll.

3.4   Messestand

„Denken Sie an Ihren großzügigen, sonnendurchfluteten Eingangsbereich, der ist wie dafür gemacht, ein Teil der Einführungskampagne zu sein", schwärmen wir und schlagen vor: „Installieren Sie dort neben dem Kaffeeautomaten einen Stand wie auf einer Messe, hängen Sie Ihre Plakate und Schaubilder auf: Screenshots von besonders schönen, hochwertigen Wiki-Seiten, eine Liste mit Inhalten, die die Mitarbeiter im Wiki jetzt schon finden, immer mal wieder einen Ausdruck mit den letzten Änderungen, eine Kurzanleitung, die das Open-Edit-Save-Konzept erklärt. Stellen Sie ein Notebook dazu, auf dem das Wiki läuft. Morgens von 7 bis 9 ist der Stand besetzt, und wer fünf Minuten Zeit investieren möchte, erhält eine kurze Einführung in das unternehmenseigene Firmenwiki. Und wer interessiert ist, vereinbart dort einen Termin für eine ausführliche Einführung."

So kann die Capitol AG sehr viele Mitarbeiter erreichen, die hier tatsächlich im Vorbeigehen die Gelegenheit haben, das Wiki zu verstehen und Anwendungsfälle kennenzulernen. Je alltäglicher ihnen das Vorhandensein des Wikis vorkommt, desto eher werden sie auch auf das Wiki zurückgreifen, um Informationen zu recherchieren oder selbst etwas beizutragen.

3.5   Individuelle Werbe- und Plakatkampagnen

„Je nach Budget können Sie Ihren Ideenreichtum nach Herzenslust austoben, je mehr Promotion Sie machen, desto besser", wollen wir weiter Begeisterung wecken. „Eine interne Kampagne zur Einführung eines Wikis ist gerade in größeren Unternehmen ein sehr wirksames Instrument, sofern Sie kreativ und sympathisch rüberkommen."

Wir beschreiben ein Beispiel für eine Einführungskampagne aus unserem Tagesgeschäft unter dem Motto „Das Wiki als Wissensbaum" – eine Metapher, um den Mitarbeitern die Bedeutung des Wikis zu veranschaulichen: Ein Baum steht für organisches Wachstum, Leben, Vielfalt, Effektivität ... Ein Baum wird gesetzt und wächst verzweigt in alle Richtungen. Er bekommt Blätter, Blüten. Damit irgendwann Früchte heranreifen, benötigt er allerdings verschiedene Nährstoffe und Wasser. Nur im Zusammenspiel bewirken diese das Wachstum. Im Wiki entspricht das System dem Stamm, die Äste der wachsenden Struktur, die Blätter, Blüten, Früchte dem Wissen. Die Mitarbeiter sind die Gärtner, die den Wissensbaum mit ihrem Wissen zum Wachsen bringen. Je mehr Gärtner sich engagiert beteiligen, desto schneller bringt das System Früchte hervor.

„Ist das nicht cool?" Wir schauen erwartungsfroh in die Runde und ernten Nicken und interessiert hochgezogene Augenbrauen.

Es gibt zahllose Maßnahmen im Detail, die im Rahmen einer solchen PR-Kampagne ebenso nett wie sinnvoll sind:

- Zur Wiki-Einführung werden Tüten mit Samenkörnern oder kleinen Pflänzchen verteilt.

- Die Wiki-Schulung für Mitarbeiter heißt *Baumschule.*

- Statistiken zur Wiki-Nutzung werden in Form eines Baumes präsentiert. (Um wie viel ist der Wissensbaum im letzten Monat gewachsen?)

- Die Früchte, die das Wiki trägt, könnten in Form eines Obstkorbs in der Unternehmens- oder Abteilungsküche stehen: Je mehr das Wachstum, desto voller der Korb mit kostenlosem Obst.

- Eine Broschüre „Die zehn ersten Schritte im Wiki" wird verteilt, in der anhand der Analogie die Vorteile des Tools und die ersten Gehversuche im System beschrieben werden.

„Und so weiter. Oder: Schaffen Sie im Rahmen Ihrer Kampagne antiquierte Arbeitsmethoden im übertragenen Sinne ab!", erzählen wir von einem weiteren Beispiel aus der Praxis. Die Capitol-Mitarbeiter sollen sich beispielsweise eine interne Anzeigenkampagne in Form von Bildern im Flur, Flyern in der Kantine, Inseraten in der Unternehmenszeitschrift vorstellen:

- Ausgebildeter Locher, zuverlässig und belastbar, sucht feste Anstellung ab sofort ...

- Diplom-Tacker sucht nach Massenkündigung neue Herausforderung ...

- Leitz-Ordner will sich neu orientieren, nachdem sein alter Arbeitgeber ein Firmenwiki zur Datenarchivierung eingeführt hat ...

Wir klatschen in die Hände und brainstormen: „Ein Wiki weckt so viele Assoziationen. Die Ideen warten nur darauf, dass Sie sie abpflücken. Lassen Sie Poster drucken: Ein Regal mit Leitz-Ordnern und dem Kommentar *Brauchbarkeitsdatum abgelaufen.* Ein E-Mail-Postfach mit vergrößertem Ausschnitt eines leeren Posteingangs, der per Sprechblase *Laaangweilig!* nörgelt. Richten Sie im Eingangsbereich ein Fake-Museum mit Vitrinen ein, in dem Sie ‚antikes' Werkzeug ausstellen: Locher, Papier, leere Toner, eine Installations-CD von MS Outlook. Es liegt an Ihnen: Lassen Sie sich was einfallen. Oder fragen Sie erfahrene Kommunikationsdesigner, die können Ihnen mit Sicherheit helfen."

3.6   Namensgebung

„Haben Sie schon darüber nachgedacht, Ihr Wiki ordentlich zu taufen?", wollen wir anschließend wissen.

Viele Unternehmen geben ihrem Wiki einen Namen. Das soll zu einer größeren Akzeptanz und einem persönlicheren Verhältnis zum Wiki führen: Mitarbeiter verstehen etwas, das sie beim Namen nennen können, vielleicht einfach besser. Doch die Namensfindung ist ein schwieriger Prozess und bedarf viel kreativer Energie. Einfach nur den Unternehmensnamen zu verwenden und *Wiki* anzuhängen, wirkt womöglich etwas gekünstelt und lieblos.

„Lassen Sie mich mal überlegen", denkt Norman Netzaffin laut nach. „Wie könnte das denn heißen. Capipedia ... Wikipediol ... Capitopedia ..." Er unterbricht sich und sagt zu uns: „Nanu, Sie schauen mich ja an, als hätten Sie schmerzempfindliche Zähne und gerade Eiswasser getrunken!"

So sehen wir wohl in der Tat aus, können aber nichts dafür – es handelt sich um eine reflexartige Abwehrhaltung. Leider tappen immer wieder Unternehmen in dieses Fettnäpfchen: Mit offensichtlichen Anspielungen auf Wikipedia stellen sie nicht nur mangelnde Kreativität unter Beweis, sondern auch, dass sie den Sinn und Zweck des Systems noch gar verstanden haben.

„Wenn Sie dem Wiki einen Namen geben wollen, verzichten Sie auf alles, was mit Wikipedia zu tun hat. Ihr Wiki ist kein Wikipedia, es ist keine interne Enzyklopädie, es basiert auch nicht auf der Wikipedia-Software. Lassen Sie's. Sie sorgen nur für Missverständnisse. Ihr Wiki ist etwas vollkommen anderes."

Es gibt hervorragende Beispiele dafür, wie Unternehmen ein passendes Thema für das Wiki gefunden und um dieses herum eine ganze Kampagne aufgebaut haben. Aber die Namensgebung ist und bleibt eine Gratwanderung. Unserer Erfahrung nach ist ein Name keine Pflicht; das Wiki kann auch ohne einen eigenen Namen ausgezeichnet funktionieren. (*Wiki* ist an sich ja schon ein schönes und reizvolles Wort.) Wenn man sich aber ernsthaft Gedanken über einen Namen macht, empfiehlt es sich, kreative Profis hinzuzuziehen.

3.7   Anstrengen und am Ball bleiben!

„Ja, diese Maßnahmen sind teilweise etwas aufwändig und binden wiederum auch interne Ressourcen, da ein Mitarbeiter das Heft in die Hand nehmen und dauerhaft am Ball bleiben muss", geben wir abschließend ganz offen zu. „Sie müssen diese Strategie auch eine Zeitlang durchhalten, bis Ihre Mitarbeiter verstanden haben, was Sie von ihnen wollen. Aber durch die Gesamtheit solcher und ähnlicher PR-Aktivitäten rückt das Wiki in der Erinnerungsliste der Mitarbeiter immer wieder nach oben. So wird die Aktivierung unserer Erfahrung nach signifikant unterstützt."

Für unser Wiki-Team heißt es: viel schwitzen! Es muss jeden Tag aufs Neue dafür sorgen, dass die Mitarbeiter verstehen, was die Capitol AG mit dem Wiki machen will, es muss die Ergebnisse und Ideen auf freundliche, nette Art und Weise ans Herz legen. Das ist ein relativ langwieriger Prozess, dieses Vorgehen erweist sich aber sehr oft als erfolgreich und nachhaltig.

Mithilfe von aufmerksamkeitsstarken Aktionen können Unternehmen passgenau auf die Anwendungsfälle des Unternehmenswikis hinweisen. Umsetzungsmöglichkeiten beginnen bei Streuartikeln wie einfachen Kugelschreibern oder Notizblöcken, die – mit der richtigen Botschaft versehen – an die Nutzung des Wikis erinnern. Mehr Raum für individuelle Botschaften bieten Plakate oder Pappaufsteller, die dort, wo sich viele Mitarbeiter aufhalten, wahrgenommen werden.

Norman macht sich noch Notizen, während Ernst Entscheider langsam nickt. Als der junge Kollege fertig ist, sagt der Vorstand: „Aber schreiben Sie das nachher noch ins Wiki, ja?" Mit einem Zwinkern steht er auf.

4 Warum die Angst, Wissen zu teilen, unbegründet ist

Norman Netzaffin erzählt uns nun von einem Gespräch mit Gerd Gebichnichther, der als Abteilungsleiter bisher noch mit keinem Wort zum Wiki beigetragen hat. Dabei spielt Gerd Gebichnichther als Experte auf seinem Gebiet und als Wissensträger eine zentrale Rolle in der Capitol AG. Norman hatte ihn gebeten, einige wichtige Prozesse im Wiki zu dokumentieren und dieses Wissen für alle Mitarbeiter zentral verfügbar zu machen.

„Was?", hat Gerd Gebichnichther geantwortet. „Das kann ich doch nicht da reinschreiben!"

„Aber warum denn nicht?"

„Nein, das kommt für mich nicht in Frage. Basta."

Nicht jeder Mitarbeiter lehnt es so schroff ab, Know-how beizutragen. Andere Kollegen würden auf diese Frage hin eher etwas um den heißen Brei herumreden. Aber wir ahnen, worum es diesem und anderen Mitarbeitern geht: Wenn sich in der Anfangsphase einer Wiki-Einführung die Mitarbeiteraktivierung und die Beteiligung am Wiki als problematisch erweisen, liegt das häufig daran, dass Mitarbeiter nicht abgeholt werden und sie das Wiki-Konzept missverstehen. Eine Ausprägung dessen ist die Angst, Wissen zu teilen.

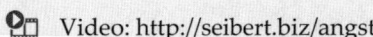 Video: http://seibert.biz/angst

4.1 Warum haben Mitarbeiter Bedenken, ihr Wissen zu teilen?

Grundsätzlich ist das Wissen eines Mitarbeiters sein wertvollstes Gut: Wegen seines Wissens hat das Unternehmen ihn eingestellt, das eigene Know-how bildet seine Daseinsberechtigung im Unternehmen. Nun wünscht der Arbeitgeber also, dass der Mitarbeiter sein Wissen allen zentral zur Verfügung stellt.

Die Projekterfahrung zeigt, dass viele Mitarbeiter hierdurch einen Machtverlust und einen Verlust an Wert für das Unternehmen befürchten. Ein Gedankengang wie der folgende dürfte Normans Kollegen durch den Kopf gehen: „Warum soll ich mein Wissen allen zur Verfügung stellen? Ich werde dadurch ja weniger wichtig im Unternehmen, verbaue mir gegebenenfalls Aufstiegschancen und mache mich entbehrlich. Ich würde doch selbst daran mitwirken, meinen ‚Marktwert' zu senken!"

In dieser emotionalen Konstellation dürfte sich nahezu jeder Mitarbeiter befinden, wenn sein Arbeitgeber ihn auffordert, sein Wissen im Firmenwiki abzubilden. Hierin liegt eine Herausforderung, die auf dem Weg zu einem erfolgreichen, produktiv nutzbaren Firmenwiki gemeistert werden muss.

4.2 Missverständnis: Informationen versus Wissensanwendung

Das grundsätzliche Missverständnis besteht darin, *was* die Mitarbeiter konkret eigentlich im Wiki teilen sollen. Stark vereinfacht müssen wir „Wissen" nämlich in Daten, Informationen und Wissensanwendung unterteilen, also 1) pure Daten, Zahlen und Fakten, 2) die Daten in einem bestimmten Kontext (Informationen) und 3) die Anwendung von Informationen in einer bestimmten Situation.

Diese Fähigkeit, Wissen im Kontext richtig anzuwenden, ist der Grund, warum das Unternehmen einen Mitarbeiter eingestellt hat und beschäftigt, *hierin* besteht sein Wert für das Unternehmen. Und das kann man nicht in einem Wiki-Dokument festhalten. Mitarbeiter sollen also gar kein Wissen, sondern vielmehr Daten und Informationen im Wiki teilen.

Ein Beispiel: Wir können die Daten einer Studie zum Thema Firmenwikis in einem Wiki-Dokument zusammenfassen. Wir können diese Daten im Wiki auch interpretieren und in einen Zusammenhang mit der Herausforderung der Mitarbeiteraktivierung stellen. Wir können allerdings nicht im Wiki abbilden, wie wir diese Daten und Informationen in einer bestimmten Projektsituation anwenden, beispielsweise bei einer Frage in einem Wiki-Workshop oder im Rahmen unseres Beratungsgesprächs mit Norman. Wir können auch nicht darstellen, wie wir mithilfe der verfügbaren Informationen eine individuelle Aktivierungsstrategie entwickeln, die die spezifischen Anforderungen beispielsweise der Capitol AG berücksichtigt. Und wir können im Wiki auch nicht darlegen, wie wir ein möglichst rundes, verständliches Buchkapitel über die Angst, Wissen zu teilen, erstellen. Das, was den „Marktwert" eines Mitarbeiters im Unternehmen definiert, *kann* im Wiki gar nicht abgebildet werden.

4.3 Das Wiki-Dashboard gibt Mitarbeitern etwas zurück

Dennoch, so könnte ein Einwand lauten, würden Mitarbeiter ja die Exklusivität an bestimmten Informationen verlieren. Das ist zweifellos richtig. Doch ein Experte, der im Unternehmen nicht als solcher wahrgenommen wird, ist letztlich eher angreifbar als ein Kollege, der Informationen ins Wiki stellt und dessen Expertise im ganzen Unternehmen bekannt ist.

Hier spielen Dashboards eine wichtige Rolle, über die jedes professionelle Wiki-System verfügt: Wenn ein Mitarbeiter die Startseite des Firmenwikis aufruft, sieht er sofort, wer wann in welchen Dokumenten Änderungen vorgenommen hat. Alle Mitarbeiter sehen: Dieser Kollege verfügt offensichtlich über Know-how, er kann zum Wiki etwas beitragen, er ist Wissensträger in einem bestimmten Bereich – auf ihn kann man bei Problemen zugehen. Die Folge ist eine breite und wachsende Wertschätzung des Expertenwissens quer durch die Abteilungen. Tatsächlich steigen also die Reputation und die Attraktivität des Mitarbeiters für das Unternehmen.

4.4 Weniger interne Fachfragen führen zu mehr Produktivität

Damit nicht genug: Legt ein Mitarbeiter Exklusivinformationen im Wiki zentral ab, sinkt zwangsläufig das Aufkommen an Fachfragen per E-Mail oder gar per Besuch im Büro und somit auch der Zeitaufwand für die aufwändige Bearbeitung von fachlichen Problemen per E-Mail. Der Effekt ist klar: Der Mitarbeiter hat mehr Zeit für die produktive Arbeit und sein Engagement in Projekten. Aufgrund seiner Aktivitäten im Firmenwiki wird er produktiver und letztlich wertvoller als vorher.

„Erklären Sie das Ihren Kollegen", raten wir Norman Netzaffin. „Nehmen Sie sich die Zeit. Zeigen Sie Verständnis für die Bedenken und Befürchtungen. Mit ein bisschen Überzeugungsarbeit und diesen Argumenten können Sie diese wahrscheinlich zerstreuen."

Es tritt nämlich genau das Gegenteil von dem ein, was Normans Kollege zunächst befürchtet: Durch die zentrale Abbildung von Teilen seiner Expertise wird er noch wichtiger und kann sich noch deutlicher als Fachmann profilieren. Die Angst, Wissen zu teilen, beruht auf einem Missverständnis: Sie ist unbegründet, weil der Gewinn an Reputation und Zeit für produktive Aufgaben deutlich höher einzuschätzen ist als der Verlust von Know-how-Exklusivität.

Aber ob diese Argumentation allein bei Gerd Gebichnichther fruchtet? Wir sind ebenso skeptisch wie Norman. Bei ihm haben wir es nämlich mit einem weiteren bekannten negativen Wiki-Muster zu tun, der Wikiphobie.

5 Der Umgang mit Wiki-Gegnern

Gerd Gebichnichther hat nicht nur Angst, Wissen zu teilen. Es steht dem Wiki grundsätzlich voreingenommen und bislang aus vollem Herzen negativ gegenüber. Solche Mitarbeiter bezeichnen wir als Wikiphobiker. Seit dem Meeting zur Wiki-Kultur, aus dem er zur Halbzeit verschwunden ist, hat Gerd nicht mehr viele Gedanken an dieses Wiki verschwendet. Ein paar Monate lang ist das überhaupt kein Thema gewesen. Doch neuerdings hat sich Norman Netzaffin angewöhnt, ihm damit richtig auf die Nerven zu gehen. Gerd Gebichnichther runzelt die Stirn, als er seine E-Mails abruft.

5.1 Konfrontation mit dem Wiki

In der Capitol AG findet ein abteilungsübergreifendes Meeting statt. Die vorläufige Agenda hat Norman Netzaffin ins Wiki gestellt und den Link zur Wiki-Seite mit der Bitte um Input per E-Mail an die Teilnehmer, darunter Gerd Gebichnichther, geschickt, ohne Anhang, ohne weitere Inhalte in der Mail.

Gerds Antwort hat Norman per E-Mail enthalten, diese Ergänzungen solle er bitte in die Agenda aufnehmen. Norman lächelt. Okay, Gerd Gebichnichther muss sich ja wohl oder übel ins Wiki geklickt haben, um die Tagesordnung zu lesen und seine Ergänzungen ausarbeiten zu können. Kurzerhand ergänzt Norman die Agenda um Gerds Themenwünsche – direkt im Wiki.

„Hallo zusammen, schön dass Sie da sind. Die Agenda haben wir ja zusammen vorbereitet, hier ist der Ausdruck unseres zentralen Dokuments." Norman verteilt das Dokument, als das Meeting schließlich beginnt. Gerd Gebichnichther überfliegt die Seiten wortlos. „Gut, fangen wir an, das Protokoll erstelle ich."

Im Anschluss an das Gespräch schreibt Norman seine Notizen inklusive der To-dos, Aufgaben und der besprochenen nächsten Schritte in das Wiki-Dokument und schickt per E-Mail den Link an die Beteiligten. Auch an Gerd Gebichnichther.

5.2 Konfrontation mit Personas

Norman Netzaffin hat einen Gesprächstermin mit Gerd Gebichnichther vereinbart.

„Ich habe hier ein paar Dokumente mitgebracht. Personas, haben Sie davon schon einmal gehört?" Norman legt ein paar Ausdrucke auf den Tisch.

„Nein, was ist das nun wieder?", antwortet Gerd Gebichnichther und wirft einen kurzen Blick auf die Blätter.

Norman nimmt eine Seite und hält sie hoch. „Stellen Sie sich diese Person als Mitarbeiter in unserem Unternehmen vor, als prototypischen Nutzer." Norman erklärt seinem Kollegen in wenigen Sätzen das Personas-Konzept (vgl. S. 14). „Wissen Sie, wer das hier sein könnte?" Norman nennt den Namen eines Kollegen aus Gerds Abteilung. „Lesen Sie mal."

„Na gut", atmet Gerd Gebichnichther theatralisch ein und aus, ehe er die Beschreibung überfliegt. „Wenn das Unternehmen ein erfolgreiches Firmenwiki etabliert hätte, würde der Mitarbeiter insbesondere Meetings organisieren und Aufgaben mit dem Wiki verwalten. Das hat er bisher immer zeitraubend per E-Mail erledigt. Aber im Wiki kann nach dem Meeting jeder direkt auf die Inhalte zugreifen und auch Änderungen vornehmen. Der Mitarbeiter würde es lieben, endlich nicht mehr per E-Mail nachfragen zu müssen, wie der Stand in einem bestimmten Projekt ist. Viel effizienter wäre eine zentrale, aktuelle Projektübersicht. Allein durch diese Vorteile würde er einige Stunden pro Woche für produktive Arbeit gewinnen."

Norman hat für sich mitgelesen, obwohl er den Text auswendig kennt. Aus den Augenwinkeln sieht er zu Gerd Gebichnichther, der, stur geradeaus schauend, weiterliest: „Das Unternehmen würde noch stärker als der Mitarbeiter selbst von einem erfolgreichen Wiki profitieren, denn Mitarbeiter wie er sind selten. Wenn deren Effizienz auch nur ein bisschen gesteigert werden kann, bringt das viel."

„Gerd", spricht Norman den Kollegen bewusst vertraulich mit Vornamen an. „Sie verstehen, was ich meine. Sie wollen, dass es unserem Unternehmen gut geht. Und es geht ihm gut, wenn wir viel produktiv arbeiten können. Dem hier beschriebenen prototypischen Kollegen kann ermöglicht werden, effizienter zu arbeiten und dadurch mehr Arbeitszeit in unsere Leistungen und Produkte einzubringen, mit denen wir Umsatz erwirtschaften. Und solche Kollegen gibt es in Ihrer Abteilung, das könnte jeder Ihrer Projektmanager sein. Für die Capitol AG, für Ihre Abteilung wäre das doch gut. Das Wiki trägt dazu bei. Wir reden hier nicht von einem Spielzeug."

Gerd Gebichnichther knurrt: „Und diese Leute brauchen wochenlange Schulungen, so viel zur Produktivität und …"

„Nein, brauchen sie nicht", unterbricht Norman ihn. „Ich zeig Ihnen das."

„Nein, nein, lassen Sie", hebt Gerd Gebichnichther offenbar instinktiv die Hände.

„Das geht ganz schnell", ignoriert Norman ihn, und schon hat er das Capitol-Wiki aufgerufen. Er öffnet eine Seite, tippt ein paar Buchstaben, speichert ab. „Das ist das Öffnen-Schreiben-Speichern-Prinzip. Und wenn Ihnen das nicht gefällt …" (Norman klickt auf die Revisionsübersicht) „… dann stellen Sie die ursprüngliche Version per Klick wieder her."

Norman grinst Gerd Gebichnichther mit hochgezogenen Augenbrauen an. Verdrießlich erwidert Gerd: „Von mir aus sollen die damit arbeiten, ich werde niemanden daran hindern. Ich behalte das aber im Auge."

5.3   Rezepte gegen Wiki-Zweifler

Gerd Gebichnichther ist ein exemplarisches Beispiel. Sicherlich ist nicht jeder Wikiphobiker wie Gerd Gebichnichther. Hin und wieder trifft man in Unternehmen auch Mitarbeiter, die Bernd Blockierer heißen könnten. Wikiphobiker sind unter Umständen also Leute, die das Wiki schlichtweg verhindern wollen, und sei es im Nachhinein. Fundierte Gründe sind dabei in der Regel Mangelware, vielmehr basiert eine solche Haltung zumeist auf diffusen Emotionen und Vorurteilen. Solchen Mitarbeitern kommt man mit sachlichen Argumenten kaum bei.

Unserer Erfahrung nach sind die meisten (der wenigen) Wikiphobiker im Unternehmen früher oder später wenn schon nicht zur Mitwirkung, so doch immerhin zur Ignoranz „bereit" und damit recht zufrieden, da sie auch kein Interesse daran haben, sich intensiver mit dem Wiki zu beschäftigen. Im Zweifelsfall ist ein solcher „Waffenstillstand" ein akzeptabler Status quo. In vielen Fällen ist es auch durchaus vernünftig, die wenigen Wiki-Zweifler schlichtweg so lange zu akzeptieren, bis diese aus dem Tagesgeschäft heraus den Nutzen sowie die Vorteile erkennen und letztlich schrittweise beginnen, sich am Wiki zu beteiligen.

Unsere grundsätzlichen Tipps für Norman Netzaffin:

- Versuchen Sie, diese Mitarbeiter in der Wachstums- und Evaluationsphase des Wikis außen vor zu lassen.

- Vermeiden Sie im Umgang mit diesen Mitarbeitern das Wort *Wiki*. Sprechen Sie lieber von *Intranet* und *internen Webseiten*.

- Hofieren Sie diese Mitarbeiter, sobald das Wiki so viel Fahrt aufgenommen hat, dass es nicht mehr zu stoppen ist. Machen Sie ihnen klar, dass es unerlässlich ist, dass sie das Wiki unterstützen. Weisen Sie auf die Bedeutung und Kompetenz hin, die ohne Teilnahme im Wiki einfach fehlt.

- Versuchen Sie, mithilfe von Wiki-Personas deutlich zu machen, dass das Wiki zwar nicht für den Verweigerer, aber für andere Mitarbeiter sehr sinnvoll und hilfreich ist. Das wirkt häufig.

- Die beste Kur gegen eine Phobie ist die Konfrontation: Bringen Sie Ihre Mitarbeiter in Kontakt mit dem Wiki. Das baut Vorurteile ab und kanalisiert Kritik in konstruktivere Bahnen.

6 Überzeugungsstrategien, um Wiki-Zweifel zu zerstreuen

Zwei Wiki-Zweifler in der Capitol AG haben wir kennengelernt: Gerd Gebichnichther (inhaltliche Vorbehalte) und Marc Microsoft (technische Vorbehalte). Nun ist es an der Zeit, eine dritte Persona einzuführen, die bei manchen Wiki-Einführungen eine unrühmliche Rolle spielt: Bernd Blockierer, den politische Vorbehalte umtreiben. Dies sind einige wichtige Tipps und Hinweise, die wir nicht nur Norman mit auf den Weg geben.

Video: http://seibert.biz/zweifler

Der erste Schritt besteht darin herauszufinden, welcher Typ Wiki-Zweifler uns gegenübersteht. Das ist essenziell. Und leider gibt es komplizierte Hybrid-Versionen, bei denen die Überzeugungsarbeit richtig anstrengend und frustrierend ist.

Gerd Gebichnichther hat vor allem inhaltliche Probleme mit dem Wiki und versteht die Kultur nicht. Bei Marc Microsoft ist es die Technik. Beide sind jedoch mehr oder weniger offen für sachliche Argumente. Und davon gibt es einige. Hier kann man schön und professionell ansetzen und wird langfristig auch überzeugen, wenn man hartnäckig, sachlich und freundlich ist. Mit diesen Personas haben wir uns bereits prototypisch intensiv auseinandergesetzt.

Bei Bernd Blockierer sind politische Vorbehalte die treibende Kraft. Er will nicht, dass das Wiki erfolgreich ist, weil das System Zielen, die er für wichtiger hält, vermeintlich entgegensteht. Bernd ist kompliziert, weil er sich nicht gerne offen zu erkennen gibt. Und er ist häufig ein Teil von Gerd Gebichnichther und Marc Microsoft, was bedeutet, dass wir uns für diese Hybrid-Versionen eine differenzierte Strategie zurechtlegen sollten.

Gehen wir davon aus, dass wir nicht wissen, wen wir vor uns haben, außer dass es sich eben um einen Wiki-Zweifler handelt. Gerd Gebichnichther und Marc Microsoft in „Reinform" können wir leicht voneinander unterscheiden. Doch ob und wie viel Bernd Blockierer diese Mitarbeiter in sich tragen, ist zunächst nicht klar. Deshalb sollten wir immer davon ausgehen, dass wir eine Hybrid-Version überzeugen und bearbeiten müssen. Dabei raten wir allerdings, strikt getrennt vorzugehen.

6.1 Strategien, die zu allen Wiki-Zweiflern passen

Kommunizieren Sie einzeln mit diesen Mitarbeitern. Sprechen Sie möglichst persönlich mit den Wiki-Zweiflern. Suchen Sie aktiv Kontakt und investieren Sie Zeit, wann immer es möglich ist. Bieten Sie das Gespräch an und suchen Sie es.

Erfahrungsgemäß lassen Wiki-Zweifler Sie gerne abblitzen, weil sie „Wichtigeres" zu tun haben, und fühlen sich gut dabei.

Lassen Sie diesen Leuten den „Spaß" und das Machtgefühl, Sie zu ignorieren und nicht mit Ihnen zu sprechen, denn dann können Sie immer sagen, dass Sie das Gespräch ja angeboten haben – Sie waren aktiv, Sie waren offen. Durch die Ablehnung der Wiki-Zweifler – und erst durch diese – bekommen Sie überhaupt das Recht, diese Personen Ihrerseits zu ignorieren. Dieses haben Sie im Rahmen einer Wiki-Einführung nicht, bevor Sie nicht freundlich die Hand gereicht haben. Hofieren Sie die Wiki-Zweifler. Machen Sie ihnen Komplimente. Heben Sie deren Bedeutung für das Unternehmen hervor. Schmeicheln Sie ihnen. Das kann Überwindung kosten und etwas lästig sein – aber auch hilfreich.

Passen Sie einen geeigneten Moment ab, um herauszufinden, wie die sachlichen Argumente lauten, die hinter der negativen Einstellung zu einem Wiki stehen. Identifizieren Sie, ob es sich um Gerd, Marc oder Bernd handelt. Das ist wichtig.

6.2   Was Sie nicht tun dürfen

Versuchen Sie nicht, emotional zu argumentieren: Arbeiten Sie nicht mit Totschlagargumenten und Meinungen. Versuchen Sie nicht, an den guten Willen des Wiki-Zweiflers zu appellieren. Bitten Sie nicht offen und händeringend um Unterstützung, schon gar nicht, wenn diese wirklich wichtig für das Wiki-Projekt ist.

Machen Sie sich nicht von Wiki-Zweiflern abhängig. Versuchen Sie, diese aus Pilotprojekten herauszuhalten, damit sie nicht von vornherein die Stimmung vermiesen können.

Bieten Sie Wiki-Zweiflern kein Forum, in dem sie ihrerseits emotional argumentieren können. Gerade Wiki-Zweifler nutzen digitale Systeme ungern, weil in diesen bestimmungsgemäß nur sachliche Botschaften gut vermittelt werden können. Wiki-Zweifler sind überzeugt, im Recht zu sein, doch kaum einer ist wirklich bösartig und fädelt Intrigen ein.

Kurz: Nehmen Sie sich die Wiki-Zweifler persönlich und am besten im Einzelgespräch vor. Auf digitalem Wege können die Zweifler Bedenken natürlich äußern, tun das in der Regel aber nicht.

6.3   So überzeugen Sie Marc Microsoft und Gerd Gebichnichther

Hören Sie genau zu, um zu verstehen, worin die Probleme bestehen, bevor Sie Lösungen und Argumente anbieten. Fassen Sie die Herausforderungen zusammen und lassen Sie sich bestätigen, dass Sie richtig verstanden haben, wo diese Mitarbeiter Probleme sehen.

Sprechen Sie mit Marc und Gerd. Viel. Legen Sie Studien und wissenschaftliche Erkenntnisse vor. Suchen Sie den Kontakt. Marc und Gerd werden mit Ihnen reden und darlegen, warum Sie gegen ein Wiki sind.

Erstellen Sie eine Argumentebilanz mit Pro- und Contra-Listen. Gewichten Sie diese Argumente. Vergleichen Sie das Wiki mit anderen Systemen. Seien Sie möglichst objektiv.

Früher oder später gehen Marc Microsoft und Gerd Gebichnichther die Gegenargumente aus. Dann gibt es in der Regel drei Reaktionen. Entweder sie lenken ein und übernehmen Ihre Position. Dann können sie zu wirklich großartigen Verbündeten werden. Vielleicht ziehen sie sich auch in eine Egal-Haltung zurück. Auch das ist gegebenenfalls erst einmal ein hinnehmbarer Kompromiss und allemal besser als aktives Gegensteuern. Manchmal gleiten sie aber auch in die Rolle von Bernd Blockierer ab und können (je nach Position und Stellenwert im Unternehmen) dem Wiki gefährlich werden.

Achten Sie genau darauf, was passiert. Es ist wichtig für Ihren Wiki-Erfolg.

6.4 So bearbeiten Sie Bernd Blockierer

Da Bernd Blockierer politische Ziele verfolgt und nicht offen für sachliche Argumente ist, überzeugen Sie ihn mit solchen auch nicht. Suchen Sie keine ernsthaften Gespräche mit ihm. Reden Sie mit ihm, aber bleiben Sie genauso oberflächlich, wie er Sie behandelt.

Lassen Sie sich auf keine Spielchen ein. Wetten Sie nicht, ob das Wiki überlebt. Und wetten Sie auch nicht, ob Sie Bernd Blockierer überzeugen können. Sie können es einfach nicht. Viele Wiki-Champions wie Norman Netzaffin frustriert es, dass sie nicht alle Mitarbeiter vom Wiki überzeugen können. Finden Sie sich damit ab. Das ist ein Fakt, den Sie nicht ändern werden.

Ignorieren Sie Bernd bei allen Wiki-Projekten und Meetings. Laden Sie ihn nicht ein. Involvieren Sie ihn nicht. Versuchen Sie, einen Weg zu finden, der für Sie unschädlich ist und der es Bernd erlaubt, Sie ebenfalls zu ignorieren. Konfrontieren Sie Bernd nicht mit einem Entscheidungszwang. Geben Sie ihm die Möglichkeit, Ihr Anliegen als obsolet oder unwichtig abzutun.

Bearbeiten Sie Bernds Vorgesetzten oder seine gleichrangigen Kollegen, politisch auf ihn einzuwirken. Das ist deren Aufgabe (zumindest die Politik), nicht Ihre. Wenn Bernd Blockierer Ihr Geschäftsführer oder Vorstand ist, ändert das nichts an Ihrer Strategie, solange er Sie ignoriert. Wenn Bernd Blockierer allerdings eine Entscheidung gegen das Wiki fällen darf und es auch tut, stoppen Sie Ihre Aktivitäten. Wenn Sie jetzt weitermachen, gefährden Sie womöglich Ihre eigene Position. Ein hoher Einsatz kann zwar gegebenenfalls sogar sinnvoll sein, aber natürlich werden wir Ihnen hier nicht unreflektiert und pauschal raten, mit dem Feuer zu spielen.

Wenn das Wiki verboten wird, können Sie es in Intranet „umbenennen". Aber insbesondere müssen Sie jetzt selbst zu einem Bernd Blockierer und politisch aktiv werden, also dafür sorgen, dass das Wiki eine starke Lobby bekommt. Wenn Sie das nicht schaffen, dürfte es unheimlich schwer werden, das Thema noch erfolgreich zu machen. Deshalb vermeiden Sie unbedingt ein Verbot von „Wikis" durch Bernd. Geben Sie ihm die Möglichkeit, Sie und Ihr Projekt einfach zu ignorieren.

In seltenen Fällen schafft es Bernd Blockierer aus seinem Schneckenhaus oder Prunkpalast – je nach Machtstellung – heraus und wechselt von sich aus ins Lager von Marc Microsoft oder Gerd Gebichnichther. Häufiger wird er jedoch von einem Unternehmensoberen oder vom Markt („Die ganzen Konkurrenten nutzen bereits Wikis. Wir sind die letzten Hinterwäldler, die keines haben!") unsanft dazu bewogen, die Kröte zu schlucken. Ein solcher Prozess kann jedoch Jahre dauern.

Versuchen Sie dann, den richtigen Moment abzupassen und ihn ehrlich und mit offenen Armen zu empfangen. Lassen Sie ihn nicht spüren, dass er sein Gesicht verloren haben könnte. Nehmen Sie alle „Schuld" auf sich und zeigen ihm den Weg zum Wiki-Champion. Sie können noch gute Freunde werden.

7 Texterstellung: Warum Mitarbeiter immer noch die E-Mail nutzen

Von: **PR-Mitarbeiter**
An: **Norman Netzaffin**

„Hallo Norman, im Anhang schicke ich Dir schon mal eine vorläufige Version des gewünschten Textes, schau doch bitte mal rein."

Von: **Norman Netzaffin**
An: **PR-Mitarbeiter**

„Warum stellst Du den Text denn nicht in unser neues Wiki?"

Von: **PR-Mitarbeiter**
An: **Norman Netzaffin**

„Nee, das möchte ich noch nicht. Ich arbeite alles erst noch komplett aus, dann kannst Du ihn ja immer noch in das Wiki stellen, wenn Du das für sinnvoll hältst."

So ist gerade die E-Mail-Kommunikation zwischen Norman Netzaffin und einem Kollegen verlaufen. Dieser Dialog inklusive des angehängten Word-Dokuments stört Norman ziemlich.

Bei der Capitol AG bieten sich seit der Wiki-Einführung verschiedene Vorgehensweisen an, um Texte zu entwickeln und zur Weiterbearbeitung zur Verfügung zu stellen. So können Norman und seine Kollegen einen Text zunächst in Word schreiben und die finale Version im neuen Firmenwiki ablegen. Sie können einen Text auch per E-Mail herumschicken mit der Bitte an die Kollegen, ihn zu lesen und gegebenenfalls Veränderungen vorzunehmen. Es gibt aber auch die Möglichkeit, einen Text direkt im Wiki zu entwickeln. Was ist von diesen Arbeitsmethoden zu halten?

7.1 Gründe von Mitarbeitern für das Erstellen und Versenden von Texten per E-Mail

Norman fragt sich, warum Mitarbeiter der Capitol AG es weiterhin vorziehen, Texte per E-Mail zu versenden. Wir kennen vier vornehmliche Gründe:

- E-Mail und Word sind die gewohnte Umgebung des Nutzers. Viele sind noch nicht firm in der Nutzung von Wikis und fühlen sich im eigenen E-Mail-Programm oder in Word eher heimisch.

- Man glaubt, Zeit einzusparen. Dabei wird häufig außer Acht gelassen, dass die Erstellung eines Textes direkt im Wiki keinesfalls zeitraubender ist.

- Grundsätzlich machen sich viele Mitarbeiter eher wenig Gedanken über die Nachhaltigkeit und Effizienz ihrer Kommunikation und denken daher häufig gar nicht darüber nach, ein Wiki zu nutzen. Man könnte das als „Ignoranz-Vorteil" bezeichnen.

- Wiki-Inhalte werden als nicht „aktiv" genug wahrgenommen. Wer einen Text entwickelt hat, will schnelles Feedback haben. Dabei wird häufig nicht beachtet, dass ja trotzdem eine E-Mail mit dem Link zum entsprechenden Wiki-Artikel verschickt werden kann. (Eine solche Info-Mail ist für den Empfänger deutlich schneller zu bearbeiten. Wenn man zudem eine Funktion nutzt, bei der man neben dem Link auch noch den Inhalt des Wiki-Dokuments per E-Mail gleich mit verschickt und Antworten per E-Mail als Kommentar im Wiki gespeichert werden, wird die Interaktion für den Empfänger noch einfacher, übrigens auch mobil.)

7.2 Nachteile der Texterstellung per E-Mail

Wenn man darüber nachdenkt, muss man zu dem Schluss kommen, dass es sich bei diesen Punkten um keine besonders guten Argumente handelt. Tatsächlich würde bei besserer Information und Aufklärung schnell klar, dass diese Vorteile im Prinzip gar keine sind. Es gibt grundsätzliche und gewichtige Einwände gegen das Erstellen und Versenden von Texten per Word und E-Mail, wenn ein Firmenwiki zur Verfügung steht:

- Die wertvolle Arbeit an einem Text per E-Mails ist nicht sinnvoll, da sie für das Unternehmen nicht verwertbar dokumentiert wird. Wenn später jemand nach diesem Text sucht, kann er ihn über die Suchmaschine des Wikis oder eines anderen zentralen Suchsystems nicht finden.

- Informationen, die nur in persönlichen E-Mails gespeichert sind, fördern das Herrschaftswissen im Unternehmen. Das bedeutet, dass die Mitarbeiter, die sowieso schon mehr als andere wissen, noch mehr wissen, und die Kollegen es immer schwerer haben, auf dem aktuellen Stand zu bleiben. Ihre Unkenntnis darüber, was im Unternehmen passiert, wächst.

■ Es ist unwahrscheinlich (und eigentlich auch arrogant zu glauben), dass andere Mitarbeiter aus einem per E-Mail ausgetauschten Text schon ein Wiki-Dokument machen werden, wenn sie es für erforderlich halten. Auch unter psychologischem Aspekt ist das in der Regel nicht ganz einfach, weil im Wiki dann der Eindruck erweckt wird, der Ersteller des Wiki-Dokuments hätte auch den Text verfasst. Das stellt eine Hemmschwelle dar.

■ Der Versand der Informationen ausschließlich per E-Mail fördert den E-Mail-Stress und die E-Mail-Flut, weil statt einfach nur einer Benachrichtigung, die lediglich gelesen werden muss, eine Aufgabe mit exklusivem Inhalt, der zu bearbeiten ist, verschickt wird. Die Bearbeitungszeit beim Empfänger ist daher deutlich länger.

7.3   Vorteile der Wiki-Nutzung

Dem stehen Argumente gegenüber, die ganz eindeutig für die Nutzung des Unternehmenswikis bei der Erstellung und Weiterverarbeitung von Texten sprechen:

■ Das Anlegen eines Wiki-Artikels mit einem Text, den man in Word oder in einer E-Mail erstellt, ist rasch erledigt und dauert keine fünf Minuten. Wenn der Text aber von Anfang an im Wiki entwickelt wird, geht das noch deutlich schneller.

■ Ein Wiki-Dokument ist dauerhaft zentral verfügbar. Bei einem E-Mail-Anhang muss im besten Fall der Empfänger sein Postfach durchforsten, wenn er den Text später wieder benötigt. Im schlimmsten Fall, etwa wenn ein Mitarbeiter das Unternehmen inzwischen verlassen hat, muss die IT das Backup der E-Mails durchstöbern. Oder die Inhalte sind irgendwo verschollen und man kann sie gleich noch einmal erstellen.

■ Im Wiki gibt es eine Änderungshistorie, die vermeidet, dass Redundanzen entstehen und mehrere Änderungen von unterschiedlichen Kommentatoren zusammengeführt werden müssen.

■ Das Wiki hat den Vorteil, dass alle immer an einer aktuellen Version arbeiten. In der E-Mail-Alternative bekommen die Kommentatoren von den Ideen und Einwürfen anderer gar nichts mit und können demzufolge auch nicht voneinander profitieren. Das heißt: Wenn man das Wiki nicht nutzt, vereitelt man mögliche gute Einfälle und sich ergänzende Ideen sogar.

Es sollte als „No-brainer", als etwas, das auf der Hand liegt, angesehen werden, dass Informationen und Texte im Wiki erstellt, geteilt und bearbeitet werden. Es gibt keine guten Argumente dagegen. Trotzdem nutzen selbst Profis häufig weiterhin die E-Mail – und erschweren dadurch die Unternehmenskommunikation. Im Grunde ist es ein bisschen wie mit der Disziplin bezüglich Sport und guter Ernährung: Die Förderung der Gesundheit ist weithin anerkannt. Die Umsetzung ist dennoch keineswegs überall konsistent und konsequent.

Kurzentschlossen öffnet Norman ein leeres Textdokument, tippt einige Wörter und druckt den Text aus. Seit heute hängt an der Eingangstür zur Abteilung ein weithin sichtbares Schild mit dem Text: „Norman will immer alles im neuen Wiki haben. Immer! Alles!"

8 Gewerbliche Mitarbeiter einbinden

Gustav Gabelstapler ist eine Persona in unserem Buch, die für gewerbliche Mitarbeiter im Unternehmen steht. Auch in der Capitol AG gibt es solche Mitarbeiter, die nicht mit Computern arbeiten und auch keine eigene geschäftliche E-Mail-Adresse haben. Das beginnt mit Reinigungskräften, geht über Pförtner und betrifft natürlich produzierende Bereiche.

Nicht alle Unternehmen haben das Ziel, den Informationsfluss und die Transparenz auch bis auf diese operative Ebene zu bringen. Wir sind aber fest davon überzeugt, dass ein Wiki auch in der Produktion, im Lager und eben bei Gustav Gabelstapler zu einer wertvollen Informationsquelle werden kann.

> Video: http://seibert.biz/gewerbliche

Heute ist er zu einem Telefon-Meeting eingeladen, in dem Norman Netzaffin, Marc Microsoft und externe Berater mit ihm über ein Projekt sprechen möchten. Zunächst hat Gustav keinen blassen Schimmer gehabt, worum es überhaupt geht. „Ach du liebe Zeit, was wollen denn *die* von mir?", so sein Gedankengang.

Am Telefon hat Norman Netzaffin ihm dann ausführlich erklärt, welches neue System es im Unternehmen gibt und was damit alles gemacht werden soll. Jetzt hat Gustav zumindest eine vage Ahnung davon, was da besprochen werden soll. Aber: „Was habe ich denn damit zu tun? Ich arbeite doch hier im Lager."

Das hat sich Norman auch gefragt, als er von Ernst Entscheider den Auftrag erhalten hat, ein Konzept zu erarbeiten, wie gewerbliche Mitarbeiter in das Unternehmenswiki integriert werden können. In einer Telefonkonferenz wollen wir nun Wege und Lösungen suchen und sprechen über die Einbindungsmöglichkeiten der fünf Lageristen, der Haustechnikabteilung und der Reinigungskräfte in das Firmenwiki der Capitol AG.

Gemeinsam erarbeiten wir die folgende allgemeingültige Liste mit Ideen:

- Es werden Terminal-Rechner mit anonymen Wiki-Zugängen installiert, das Wiki ist direkt nach Systemstart aktiv.

- Es gibt optionale Logins für Gustav Gabelstapler und seine Kollegen.

- Ein großes Display soll zunächst im Lagerbereich implementiert werden, auf dem eine wechselnde Folienpräsentation läuft, die automatisch aus dem Wiki befüllt wird. (Das fände Norman auch in Fahrstühlen oder auf Toiletten interessant, aber er verwirft den Vorschlag zunächst noch.)

- Die Capitol AG will Zugriffsmöglichkeiten von zu Hause aus evaluieren. Das bietet sich nicht nur für Kollegen wie Gustav an, die daheim einen PC haben und ihn regelmäßig nutzen, sondern für Mitarbeiter wie Norman ebenfalls, die häufig auch abends, am Wochenende oder unterwegs arbeiten. Marc Microsoft spricht in diesem Zusammenhang von einem VPN-Zugriff (ggf. in eine DMZ). Norman kommt an dieser Stelle nicht ganz mit, freut sich aber sehr über Marcs Unterstützung.

■ Der Zugriff über Smartphones soll geprüft werden. Das ist für alle Mitarbeiter interessant. Marc wird sich damit beschäftigen.

Wir heben noch ein paar weitere Tipps, um für das Wiki auch bei Mitarbeitern zu werben, die sonst nicht mit Intranet-Anwendungen arbeiten: „Finden Sie heraus, welche privaten E-Mail-Adressen Ihre Mitarbeiter ohne geschäftlichen E-Mail-Account haben. Diese können vielleicht auch für Benachrichtigungen genutzt werden. (Hier sind natürlich immer Compliance-Richtlinien zu berücksichtigen, nach denen der Versand geschäftlicher Infos an Privatadressen möglicherweise problematisch ist.) Für den Erfolg des Wikis ist eine E-Mail-Benachrichtigungsfunktion jedenfalls sehr hilfreich."

Die Capitol AG sollte zudem die Möglichkeit nutzen, Newsletter an ihre Mitarbeiter zu verschicken und über interessante Inhalte und Funktionen im Wiki zu berichten. Der Newsletter-Anbieter MailChimp bietet beispielsweise einen kostenlosen Versand für bis zu 2.000 Empfänger. So viele aktive Wiki-Nutzer haben die wenigsten Unternehmen. Und auch im produzierenden Bereichen können sich die schon besprochenen Merchandising-Artikel als hilfreich erweisen (Kugelschreiber, Notizblöcke, Aufsteller, Plakate), um die Präsenz zu verstärken.

Nach dem Meeting stehen die nachfolgenden möglichen Anwendungsfälle für gewerbliche Mitarbeiter in Normans Konzept:

■ Dokumentationen über elektronische Systeme, die die gewerblichen Nutzer verwenden (z. B. Maschinen)

■ Tracking von Gegenständen und deren Abfrage im Wiki (Patientenakten, Bücher und Gegenstände aus einer Bibliothek etc.)

■ Reservierung von Unternehmensressourcen wie Autos, Meeting-Räume und andere Werkzeuge

■ Teilnahme an internen Unternehmensveranstaltungen und Weiterbildungsmaßnahmen zu- und absagen

■ Informationen über personalrelevante Regeln (Urlaub, Krankheit, Gehalt, Altersteilzeit usw.)

■ Statistiken über das Unternehmen und den Unternehmensbereich

■ Blog-Artikel, Audio- und Video-Botschaften zur Schulung und zur Information (z. B. vom Vorstand)

■ Zahlreiche weitere Anwendungsfälle, die für andere Mitarbeiter auch gelten

Demnächst erhalten die Mitarbeiter im Lager und in der Haustechnik jeweils eigene öffentliche Rechner in den Aufenthaltsbereichen. Es soll sich dabei um Surf-Terminals handeln, die ohne Anmeldung Zugang zum Internet bieten. Ein Browser mit dem Wiki als Startseite wird nach dem Starten des Rechners standardmäßig geöffnet.

Gustav Gabelstapler und seine Kollegen werden über den Rechner einen anonymen Zugriff auf das Wiki erhalten. Die eingeschränkten Rechte ermöglichen es, auf nicht geschützte Bereiche zuzugreifen. Norman wird noch überlegen, welche Inhalte das sein werden. Aber vorläufig können erst einmal alle Informationen, die auf den Schwarzen Brettern, auf Zetteln und in der Eingangshalle hängen, genauso gut auf einem Terminal für Gustav Gabelstapler ohne Anmeldung verfügbar gemacht werden. Damit ist auch Marc Microsoft einverstanden.

9 Wiki-Chaos

Wieder sind einige Wochen vergangen, als wir einen Anruf von Norman Netzaffin erhalten. Wir fragen ihn, wie es läuft, und sehen ihn durch das Telefon förmlich strahlen.

„Gut, deutlich besser. Unsere Maßnahmen zeigen offenbar langsam Wirkung und immer mehr Mitarbeiter kommen ins Wiki. Nur entsteht leider allmählich etwas Chaos im System."

Auch hier ergeht es dem Wiki der Capitol AG nicht anders als vielen anderen Wikis. Technisch ist das Anlegen eines neuen Dokuments in einem Wiki keine komplizierte Sache, inhaltlich und organisatorisch aber kann es gerade für unerfahrene Wiki-User eine große Herausforderung darstellen. Häufig herrschen im Wiki deshalb Redundanzen, stehen Dokumente nicht im Kontext und sind schwer aufzufinden. Wodurch entsteht dieses Chaos konkret?

9.1 Neue Wiki-Dokumente richtig anlegen: Wo und wie einsortieren?

Oft ist Mitarbeitern, die neue Dokumente anlegen wollen, nicht klar, wo der Inhalt im Wiki am besten untergebracht ist. Oder aber sie sind sich unsicher, ob sie ein neues Dokument anlegen oder ein bereits bestehendes Dokument ergänzen sollen. Leider wissen sie aber häufig auch nicht, wo bereits bestehende Dokumente zu finden sein könnten. Die Folge: Der Mitarbeiter fühlt sich hilflos und möchte nichts falsch machen. Dies führt im schlimmsten Fall dazu, dass er lieber ganz davon absieht, Inhalte einzustellen.

 Video: http://seibert.biz/einsortieren

9.2 Probleme mit der Einordnung und Auffindbarkeit von Dokumenten

Hier können wir drei Problembereiche aufteilen:

1. Dokumente existieren mehrfach in unterschiedlicher Ausführung und in verschiedenen Iterationsstufen, was den Nutzer verunsichert und in den meisten Fällen nicht dazu führt, dass er diesen Umstand beseitigt. So bleibt das Problem bestehen und wiederholt sich immer wieder.

2. Es gibt keine sinnvolle Möglichkeit, Inhalte zu finden. Es besteht nur die Suche und diese funktioniert womöglich nicht verlässlich. Dokumente und Inhalte werden deshalb nicht gefunden.

3. Inhalte sind unsortiert und können nicht themen- und kontextbasiert gefunden werden. Dazu bedarf es einer entsprechenden Hierarchie (Taxonomie) und der Verschlagwortung (Tagging); Funktionen, die in vielen Wikis kaum genutzt werden. Dadurch, dass Inhalte außerhalb des Kontextes stehen und somit praktisch unauffindbar sind, bleibt es dem Nutzer verwehrt, neue Inhalte zu entdecken, wodurch das Wiki für ihn an Wert verliert.

9.3   Die optimale Organisation des Wissens

Ein gut strukturiertes Wiki ermöglicht es den Mitarbeitern, einen Überblick über die Inhalte zu erlangen. Es verfügt sowohl über eine gute und präzise Suche als auch über Strukturierungs- und Filtermechanismen, die das Auffinden von gesuchten Informationen genauso einfach machen wie das Entdecken von neuen, interessanten Inhalten. Verwandte Themen sind über Links und Hinweise miteinander verbunden.

9.4   Wie kann man das Wiki-Chaos vermeiden?

Die folgenden Maßnahmen unterstützen eine bessere Strukturierung und Organisation des Firmenwikis:

- Vor dem Anlegen eines neuen Dokuments sollte sich der Nutzer einen umfassenden Überblick (am besten durch die Nutzung mehrerer offener Tabs im Browser) über bereits bestehende Dokumente zum Thema verschaffen. Dazu dient die Suchfunktion. Dieser Vorgang nimmt nur wenig Zeit in Anspruch.

- Bei der Entscheidung darüber, ob man ein neues Dokument anlegen oder besser ein bereits bestehendes Dokument ergänzen sollte, kann man einen Richtwert von zehn Zeilen heranziehen. Besteht der Inhalt aus weniger als zehn Zeilen, ist das Anlegen eines neuen Dokuments wahrscheinlich nicht sinnvoll.

- Das Anlegen eines neuen Dokuments sollte immer aus dem am besten passenden bestehenden Dokument heraus erfolgen. So wird es automatisch zum Tochterdokument und verwandte Inhalte können schneller gefunden werden. Eine spätere Zuordnung ist zwar auch noch möglich, aber umständlicher und zeitaufwändiger.

- Um das eigene Wissen bzw. den eigenen Inhalt sinnvoll einzufügen und zu vernetzen, können verwandte Themen, die bestenfalls in den Tabs noch geöffnet sind, mit Links zum neu geschaffenen Inhalt versehen werden. Dies führt auch zu einer Verbesserung der Qualität der bestehenden Dokumente.

■ Inhalte sollten mit Schlagwörtern versehen werden (Tagging). So lassen sich Artikel auf verschiedenen inhaltlichen Ebenen miteinander verknüpfen. Diese Verschlagwortung kann auch der Leser jederzeit vornehmen. Grundsätzlich gilt: Je mehr passende Tags pro Wiki-Dokument vergeben werden, desto besser.

■ Die Erstellung von Themenportalen fördert die Auffindbarkeit von Inhalten im Wiki. Ein solches Portal lohnt sich ab einer Anzahl von etwa 20 thematisch relevanten Wiki-Dokumenten. Hier ist die Integration eines Brotkrumenpfads sehr sinnvoll. Bei einer großen Anzahl von Themenportalen ist es üblich, ein übergeordnetes Portal anzulegen. Die Übersichtsseiten sollten stets auf der Wiki-Startseite verlinkt werden.

■ Durch die Visualisierung des Wiki-Aufbaus in Form eines Strukturbaums wird dem Nutzer die Orientierung im Wiki erleichtert. Mithilfe des Strukturbaums lässt sich aber auch die mangelhafte Verortung einzelner Dokumenten aufdecken. Diesen Missstand sollte ein erfahrener Wiki-Nutzer dann rasch beheben.

Um Struktur und Ordnung in ein Firmenwiki zu bringen und aufrechtzuerhalten, muss die verwendete Wiki-Software die eben beschriebenen Maßnahmen natürlich unterstützen. Durch das Zusammenwirken der geeigneten Maßnahmen und den Einsatz einer wirklich ausgereiften Wiki-Lösung steigt der Wert des Wikis für jeden einzelnen Mitarbeiter (und damit für das gesamte Unternehmen) und es wird neuen Nutzern der Einstieg so leicht wie möglich gemacht.

9.5   Qualität statt Quantität?

Norman hat uns aufmerksam zugehört und immer wieder kurze Zwischenfragen gestellt. Nun antwortet er: „Ich sitze jetzt leider ein bisschen zwischen den Stühlen. Ja, einerseits will ich, dass unser Wiki ordentlich, aufgeräumt und sinnvoll strukturiert ist. Dazu kommt es also darauf an, einen Prozess zu finden, um durchweg auch eine hohe, einheitliche Qualität der Dokumente sicherzustellen. Aber ehrlich gesagt: Wenn ich die gerade besprochenen Best Practices durchsetzen will, laufen die im Wiki aktiven Kollegen schneller weg, als sie gekommen sind."

Diese Befürchtung ist vollkommen berechtigt. Ein Wiki lebt auch von seiner Unkompliziertheit. Keinesfalls sollen unsere Empfehlungen die Wiki-Nutzung verkomplizieren, daher richten sich obige Hinweise vor allem an erfahrene Nutzer.

Gewiss: Von Kindesbeinen an lernen wir, die Güte der eigenen Arbeit der Fülle vorzuziehen und entsprechend höher zu gewichten. Wenn es um den Zugang zu digitalen Informationen geht, ist die Qualität besonders wichtig. Nur was vereinheitlicht und kategorisiert wird, ist auch auffindbar. Gerade bei einem Firmenwiki, dem Inbegriff für die gemeinsame Er- und Bearbeitung eines zentralen Wissensbestands, sollte über diesen Ansatz eigentlich keine Diskussion nötig sein. Tatsächlich muss es sie aber doch geben, denn im Unternehmenswiki steht die Quantität klar vor der Qualität – zumindest vorerst am Anfang.

9.6   Einheitliche Aufbereitung aller Dokumente ist unmöglich

Es geht um die Frage, ob man nicht grundsätzlich sicherstellen kann, dass alle im Wiki befindlichen Dokumente richtig eingeordnet, kategorisiert und verschlagwortet werden. Dies ist in Wikis häufig nicht der Fall und eigentlich sollte man dieses Thema daher intensiv verfolgen. Unsere Antwort auf diese Frage lautet dennoch: Nein!

Tagging, Verschlagwortung oder Kategorisierung sind zusätzliche Möglichkeiten, um die Auffindbarkeit einzelner Dokumente zu verbessern. Es ist unseres Erachtens aber nicht möglich, eine einheitliche Qualität von Inhalten in einem internen System wie dem Wiki zu erreichen: Immer wird es hochqualitative Dokumente auf der einen und grobe, unfertige Entwürfe auf der anderen Seite geben. Der Versuch, sämtliche Dokumente auf ein einheitliches Niveau zu heben – und sei es nur durch Kategorisierung, Verschlagwortung oder die Formatierung der Überschrift – ist in der Realität zum Scheitern verurteilt. Dafür gibt es letztendlich in Unternehmen auch gar kein Budget.

9.7   Die Existenz von Inhalten ist wichtig, nicht die Form

In einem Wiki zählt vielmehr, dass die bisher nicht digital und zentral erfassten Informationen überhaupt verfügbar sind und von allen Beteiligten eingesehen werden können. Die meisten Unternehmen sind froh, wenn Inhalte und Konzepte einfach zentral und für alle transparent dokumentiert werden. Es ist aus unserer Sicht ein sinnvolles Opfer, zunächst auf die Kategorisierung und die Verschlagwortung von Dokumenten zu verzichten. Befindet sich der Inhalt erst einmal im Wiki, kann die Pflege der Informationen nachgeholt werden. Dafür sollte die Capitol AG wie erwähnt beispielsweise einen Wiki-Gärtner etablieren.

Das Prinzip „Qualität vor Quantität" muss im Zusammenhang mit Wikis also teilweise revidiert werden. Zu Beginn eines Wiki-Projektes ist die digitale, zentrale Existenz von Informationen deutlich wichtiger als formale Qualität. Um diese kann und sollte man sich erst später kümmern. Das heißt natürlich nicht, dass es nicht weiterhin sehr wichtig ist, dass die im Wiki existenten Inhalte hochwertig sind. Es geht hier um die formale Aufbereitung, nicht um die inhaltliche Güte.

10 Scheinriesen bekämpfen?

„Eine weitere Sache liegt mir noch auf dem Herzen", geht Norman Netzaffin in unserem Telefonat zum nächsten Thema über. „Vor ein paar Tagen habe ich mir zusammen mit Ernst Entscheider das Wiki angeschaut, er wollte sehen, welche Fortschritte wir hier machen. Auch er war zufrieden, bis wir auf ein Dokument gestoßen sind, in dem es etliche Rechtschreibfehler und auch eine offensichtlich falsche Information gab. Davon war er alles andere als begeistert und hat laut darüber nachgedacht, ob es nicht doch sinnvoll wäre, einen Freigabeprozess zu etablieren. Ja, wir haben darüber schon in einem Meeting gesprochen, aber dieses Thema sollten wir noch einmal etwas ausführlicher angehen."

Wir haben in der Projektpraxis einige Führungskräfte kennengelernt, die ähnliche Bedenken vortragen: Eine Qualitätssicherung und ein Schutz vor Kontrollverlust, Qualitäts-GAU, Verantwortungslosigkeit und Chaos sei ohne Inhaltsfreigabe doch gar nicht möglich. Wer so argumentiert, sitzt jedoch einem Missverständnis auf, denn er unterscheidet offenbar nicht zwischen absichtlich und versehentlich gemachten Fehlern.

 Video: http://seibert.biz/scheinriesen

10.1 Vandalismus

Erstere (absichtliche Fehlinformationen) sind aus dem Internet und gerade aus Wikipedia, dem größten Wiki überhaupt, gerade bei emotional besetzten Themen natürlich bekannt. Drei Beispiele vom grünen Rasen: Auf Wikipedia.de trug der FC Schalke 04 für kurze Zeit den zweifelhaften Spitznamen *Die Uschis* – So bezeichnen die Fans des Lokalrivalen Dortmund die Mannschaft des „Erzfeindes" abfällig. Eintracht Frankfurt war einmal für einige Stunden *ein vom DFB künstlich am Leben erhaltener Sportverein mit Großmannssucht aus Frankfurt am Main.* Zur Historie von Borussia Mönchengladbach war auf der Wikipedia-Seite einst folgende Information zu lesen: *1. August 1900: Der Verein wird gegründet, nachdem ein paar Schweinehirten ihren dritten Mann beim Skat erschlugen und nun ein neues Hobby suchten.*

Phänomene wie dieses, also Vandalismus und auch bewusst verbreitete Fehlinformationen, haben der deutschen Wikipedia so lange zu schaffen gemacht, bis die Community eine inhaltliche Vorabkontrolle etabliert hat: Heute wird jede Änderung erst gesichtet, ehe sie freigeschaltet wird.

Aber ein Firmenwiki ist kein öffentliches Wiki, kein Forum und kein Blog: Es kann nicht mal eben ein Nutzer aus dem Internet vorbeikommen und Unheil anrichten. In einem Firmenwiki sind diese Phänomene Scheinriesen: Hier gibt es keinen Vandalismus und keine Trolle! Im Enterprise Wiki kann jede Bearbeitung zurückverfolgt werden: Alle Änderungen sind personalisiert und über die Revisionskontrolle nachvollziehbar, selbst wenn ein Mitarbeiter nur ein einziges Zeichen ändert. Es wird deshalb im Unternehmen keinen Mitarbeiter geben, der böswillig Dokumente manipuliert.

„Sie werden es in Ihrem Wiki nicht erleben, dass auf Ihrer Profilseite im Wiki ein Witzbold Ihren Namen zu *Norman ‚Vorstandsliebling‘ Netzaffin* verunstaltet", stellen wir fest. „Und schon gar nicht wird ein Kollege, sofern ihm irgendetwas an seinem Job liegt, wichtige Informationen absichtlich verfälschen. Im Firmenwiki arbeitet niemand anonym, und deshalb hat die Vandalismusfrage hier keine Relevanz, faktisch tritt Vandalismus nicht auf."

10.2   Edit Wars

Norman denkt an ein weiteres Wikipedia-Phänomen, als er nachhakt: „Ich habe es bei uns zum Glück noch nicht beobachtet, aber wir lesen immer wieder mal von Editierkriegen, die groteske Ausmaße annehmen. Wäre hierfür nicht so etwas wie ein Peer-Review-Prozess angebracht?"

Sogenannte Edit Wars sind in der Wikipedia nach wie vor an der Tagesordnung. Ein bekanntes aktuelles Beispiel, dem sogar der „Spiegel" einen mehrseitigen Artikel gewidmet ist, ist der inhaltliche Streit um den Wiener Donauturm innerhalb der Autoren-Community: Es ging um die Frage, ob der Donauturm als Fernsehturm gilt oder nicht (sic!). Die Diskussionsbeiträge zum Thema nehmen inzwischen weit über 600.000 Zeichen ein, mehr als dieses Buch enthält (vgl. http://seibert.biz/editwars).

Doch auch solche Erscheinungen sind im Unternehmenswiki weitgehend gegenstandslos. Zunächst müssen wir Wikipedia zugestehen, dass verbittert geführte Edit Wars die Ausnahme und nicht die Regel bilden: Ein absurdes Beispiel geistert durch die Medienlandschaft, während sich Tausende Artikel still, leise und ganz problemlos organisch weiterentwickeln. Im personalisierten Unternehmenswiki ist dieses Verhältnis aller Erfahrung nach noch viel deutlicher ausgeprägt.

Im Firmenwiki sind die Kollegen auf der Arbeit und agieren nicht privat, sie bewegen sich in einem ganz anderen Umfeld als ein starrsinniger Wikipedia-Autor an seinem heimischen Rechner – und sie sind nicht anonym. Grundsatzdiskussionen gibt es in jedem Unternehmen, aber sie werden auf einer ganz anderen Ebene ausgetragen.

Natürlich beobachten wir auch in Firmen Profilierungssucht und Rechthaberei, doch sind sich zwei Mitarbeiter einmal offenkundig uneinig, gilt im Unternehmen immer noch die Entscheidung des Vorgesetzten in Verbindung mit einem Appell, sich besser wieder auf die produktive Arbeit zu konzentrieren.

Auch sollte man fachliche Diskussionen nicht mit Editierkriegen verwechseln. Im Wiki ist es ausdrücklich erwünscht, dass Mitarbeiter sich per Kommentar auch ausführlich zum Thema austauschen und die Inhalte dadurch voranbringen und verbessern.

10.3 Fehler macht niemand absichtlich

Vandalismus und Edit Wars finden im Firmenwiki nicht statt. Fehler dagegen passieren jedem Mitarbeiter, natürlich auch im Wiki. Ein Rechtschreibfehler im Wiki ist jedoch per Klick behoben: Wer ein Dokument liest, kann es in der Regel auch editieren und einen Buchstabendreher in Sekundenschnelle korrigieren. Auch das ist Zusammenarbeit.

Bei einer Wiki-Seite mit vielen Fehlern oder auch mit offensichtlichen fachlichen Ungenauigkeiten sind ein Kommentar oder eine E-Mail an der Autor mit einer freundlichen Bitte, das Dokument bitte noch einmal durchzuarbeiten, die effizientesten Maßnahmen zur Qualitätssicherung. Und häufig erweist sich auch ein Hinweis an einen Dritten als sinnvoll, der mit seinem Input fachliche Unstimmigkeiten oft schnell beseitigen kann.

10.4 Restriktionen torpedieren die Mitarbeiteraktivierung

Eine inhaltliche Vorabkontrolle benötigt ein Firmenwiki in aller Regel nicht. Erstens ist ein solcher Freigabeprozess in vielen Unternehmen kaum praktikabel: Die Capitol AG hat einige Hundert Mitarbeiter, von denen der Großteil im Wiki arbeiten wird und soll.

„Überschlagen Sie mal", fordern wir Norman auf, „wie hoch der Aufwand wäre, wenn ein Mitarbeiter jeden Tag – sagen wir – 500 Änderungen kontrollieren und freigeben müsste. Mal ganz abgesehen von der inhaltlichen Qualitätssicherung, für die Sie jeweils Fachleute aus den einzelnen Bereichen hinzuziehen müssten. Kurzfristige und tagesaktuelle Freigaben dürften aussichtslos sein, oder?"

Eine vorgeschaltete Freigabe wäre also nicht nur erstens teuer und aufwändig, sondern zweitens auch kontraproduktiv für das gesamte Wiki-Projekt. „Für den internen Versand von E-Mails haben Sie schließlich auch keinen Freigabeprozess", werfen wir ein. Mit Restriktionen würde die Capitol AG das zarte Pflänzchen Mitarbeiteraktivierung, das gerade seine Blüte öffnet, massiv gefährden. Mitarbeiter sollen freiwillig ihr Know-how teilen, werden durch Beschränkungen aber daran gehindert.

„Wo landen wir, wenn alle Änderungen erst freigegeben werden müssen und dies womöglich längere Zeit dauert? Im schlimmsten Fall wieder da, wo wir angefangen haben: beim statischen Intranet, beim *One Administrator's Syndrome* und bei einer ausufernden Flut von E-Mails."

Wir können die Capitol AG nur dazu beglückwünschen, das Wiki ohne Restriktionen eingeführt zu haben, und warnen sie inständig davor, nachträglich vermeintliche inhaltliche Schutzmechanismen zu etablieren.

Unternehmen, die ihr Wiki von Beginn an mit solchen Beschränkungen betreiben und die eine unzureichende Partizipation der Mitarbeiter beklagen, empfehlen wir hingegen dringend: Reißen Sie so viele Hürden wie möglich ein, ehe es zu spät ist, und vertrauen Sie Ihren Mitarbeitern. Sie werden es rechtfertigen.

Am Ende unseres langen Gesprächs haben wir noch eine letzte Frage: „Wie systematisch haben Sie Ihre Mitarbeiter in Sachen Wiki-Nutzung eigentlich geschult?"

„Nun", antwortet Norman Netzaffin, „wir haben, wie schon bei Ihrem ersten Nach-Rollout-Besuch bei uns erwähnt, eine ausführliche Präsentation durchgeführt und zahlreichen Kollegen die vielen wichtigen Funktionen des Wikis gezeigt."

Wir sind der Meinung, dass weitere Schulungsmaßnahmen gewiss hilfreich sein könnten, um die Mitarbeiter der Capitol AG noch stärker zu aktivieren. Spontan sagt Norman zu, wir verabreden einen Termin für eine Wiki-Schulung und beenden schließlich unser langes Telefonat.

11 Schulungen: Kultur, nicht Funktionen vermitteln

Nina Nochniegemacht hat von Norman Netzaffin vor ein paar Tagen die „frohe Kunde" erhalten, dass sie in diesem neuen Wiki gerne als „Gärtnerin" arbeiten und vielleicht sogar ein kleines Team leiten kann – wenn sie mag.

„Okay, warum nicht, probieren können wir's", hat Nina spontan und etwas überrumpelt – und nicht unbedingt überzeugt – geantwortet. Nun kommt sie von der langen Schulung zum Thema Firmenwiki in der Capitol AG und braucht erst mal eine Pause.

11.1 Szenario 1

Nina sitzt in der Cafeteria der Capitol AG über einem Kaffee – und ist erst einmal bedient. Sie reibt sich die Schläfen. Was für ein Marathon!

„Sie wissen, dass wir im Unternehmen ein Firmenwiki eingeführt haben. Dieses System werden Sie jetzt von A bis Z kennenlernen, damit Sie vollumfänglich mit ihm arbeiten können." So der Einstieg.

Mit einigen Dutzend Kollegen hat Nina im großen Meeting-Raum gesessen und auf dem Projektor zugeschaut, wie anschließend einer der Technik-Freaks die neue Software erklärt hat, dieses Wiki, das jetzt alle nutzen sollen und mit dem Norman Netzaffin den Kollegen seit Wochen in den Ohren liegt.

Sie hat seitenlang in ihrem Notizblock mitgeschrieben, in ihren Aufzeichnungen ist die Rede von Rich Text, Markup-Code, Makros, Plugins, Bereichen, Baumstruktur, Tagging, RSS-Abonnements, internem Blogging, Widgets, Dashboards …

Im zweiten Teil der Schulung hat schließlich Marc Microsoft – offensichtlich lustlos – Teile des Admin-Bereichs vorgestellt, die Rechtestruktur durchgekaut und den Schutz von diesem und jenem erläutert.

Das war's dann. Und nach diesem Nachmittag ist Nina ziemlich erledigt, sie denkt sich: Toll, dieses Wiki scheint eine Menge zu können. Aber trotzdem: Was hat das alles jetzt gebracht? Sie nippt an ihrem Kaffee, blättert ein paar Minuten in ihren Notizen, ehe sie den Block kopfschüttelnd etwas unsanft in ihre Tasche stopft.

Das mit der Wiki-Nutzung kann ja heiter werden. Aber gut, es soll wohl freiwillig sein, hat sie gehört. Im Moment kann sie sich jedenfalls nicht vorstellen, dieses System zu nutzen.

Sie fragt sich insbesondere: Warum eigentlich? Das hat sie in der Schulung jedenfalls nicht erfahren. Vielmehr hat sie den Eindruck, es handele sich einfach um eine fixe Idee des Managements.

Das mit dem Wiki-Gardening wird erst recht ein Spaß! Ist das Intranet nicht schon kompliziert genug? Hätte sie nur nicht so leichtfertig zugesagt! In Gedanken formuliert sie schon die E-Mail: „Hallo Norman, ich habe das Gefühl, dass ich doch nicht die richtige Kollegin für diese Aufgabe bin …"

11.2   Szenario 2

Nina sitzt in der Cafeteria der Capitol AG über einem Kaffee – und schaut nachdenklich in die Ferne. *Darum* geht es also, denkt sie.

Interessant ist diese Schulung schon gewesen, anstrengend zwar, aber sie hat das Gefühl, mehr zu wissen. (Schon den Anfang fand sie nett, denn Marc Microsoft hat sie nirgends gesehen. Wenn der dabei ist, wird's immer kompliziert.)

Mit einigen Dutzend Kollegen hat Nina im großen Meeting-Raum gesessen, die Schulungsleiter haben sich vorgestellt und zum Einstieg trocken bemerkt: „Wir wissen, dass Norman Netzaffin und einige andere Kollegen Ihnen seit Wochen mit einem Thema auf die Nerven gehen: dem neuen Wiki der Capitol AG." Pause und leises Gelächter.

„Vielleicht sollten wir zunächst einmal fragen: Wissen Sie eigentlich, was ein Wiki ist und *warum* dieses System Ihren Kollegen so wichtig ist?" Pause, hier und da zaghaftes Kopfschütteln.

„Viele von Ihnen natürlich nicht, das ist völlig okay. Lassen Sie uns also über Zusammenarbeit sprechen."

Anschließend hat eine nett gemachte, ausführlich kommentierte Präsentation mit dem Titel *Wiki-Kultur und Wiki-Philosophie* stattgefunden. Nina erinnert sich: Es fing bei Wikipedia an (Ach so, das Internet-Lexikon heißt Wikipedia, weil die Software, die dafür verwendet wird, ein sogenanntes Wiki ist – das muss einem ja erst mal jemand sagen!), es ging anschließend um das Auffinden von Informationen in unserem Unternehmen, um das Teilen von Wissen und vor allem um bestimmte Veränderungen in der ganzen Firma, von denen alle etwas hätten – also nicht nur Norman, der ja offenbar ganz verrückt danach ist.

„Und das hier ist Ihr Wiki – es haben bestimmt noch nicht alle von Ihnen intensiv dort reingeschaut, oder?" Nach zwei Stunden haben Nina und ihre Kollegen das System im Rahmen dieser Schulung zum ersten Mal gesehen.

„Also: Hier klicken Sie, um eine Seite zu öffnen. Dann schreiben Sie Ihren Text hinein, fast so, als würden Sie in Word arbeiten. Und wenn Sie fertig sind, speichern Sie ab. Und jetzt können Sie Ihren Kollegen den Link schicken.

Diese können den Text lesen und vor allem auch ihrerseits an dieser Wiki-Seite weiterarbeiten. So einfach ist das."

Mehr bräuchten wir an dieser Stelle gar nicht zu wissen, hat Nina die Abschlussworte noch im Ohr. „Öffnen, bearbeiten, speichern. Das ist das Wichtigste. Wie Sie sonst noch mit dem Wiki arbeiten können, zeigen wir oder Ihre eigenen Wiki-erfahrenen Kollegen Ihnen ein anderes Mal, am besten in kleinen Gruppen. Oder Sie eignen es sich nach und nach durch die tägliche Arbeit selbst an – ja, Sie werden sehen, dass das funktioniert. Heute ging es jedenfalls nicht darum, wie Sie das Wiki im Einzelnen nutzen, sondern dass Sie verstehen, wozu es da ist."

 Video: http://seibert.biz/schulungen

Nina schlürft ihren Kaffee und rekapituliert: Ja, sie hat tatsächlich einigermaßen verstanden, worum es geht und was mit diesem neuen Wiki gemacht werden kann und soll und vor allem warum. Und mal sehen, was sie nachher an ihrem Rechner vorfinden wird: Die Schulungsleiter haben angekündigt, den Teilnehmern per E-Mail einen Link zu einer Wiki-Seite zu schicken, auf der viele weitere Informationen zu finden sind.

11.3   Tutorials und Anleitungen sind hilfreich

Wieder im Büro, findet Nina tatsächlich eine Mail mit einem Link vor. Per Klick öffnet sie im Capitol-Wiki eine Seite mit dem Titel *Anleitungen und Tutorials*. Etwas überrascht sieht sie Preview-Bildschirme von Videos, wie sie sie z. B. von YouTube kennt. (So was geht in unserem Wiki? Ist ja interessant.)

Nina überfliegt das Dokument, klickt auf ein paar Links und schaut sich schließlich einfach einen der kurzen kommentierten Screencasts an, die in die Seite eingebunden sind, also Bildschirmaufzeichnungen mit Off-Kommentar.

In nicht einmal 60 Sekunden hat sie sich noch einmal angesehen, wie sie im Wiki eine Seite editieren oder auch ein ganz neues Dokument anlegen kann. Sie scrollt nach unten und entdeckt weitere Video-Inhalte, die ihr auf den ersten Blick recht interessant erscheinen: Wie integriere ich Bilder in Wiki-Seiten? Wie erstelle ich eine Tabelle? Wie importiere ich ein Office-Dokument ins Wiki?

Nicht schlecht, dass diese Inhalte hier verfügbar sind, denkt Nina. Ja, das kann sie wahrscheinlich ganz gut gebrauchen.

Damit haben wir zwei wichtige Ziele erreicht: Auch wenn eines der Hauptargumente für Wikis die einfache Bedienung ist, können Schulungsvideos die Klick-Angst nehmen und dazu ermutigen, das System einfach mal auszuprobieren.

Nicht zu unterschätzen ist zudem der Wow-Effekt: Im Web sind Videos inzwischen zwar verbreitet, in Intranets gehören sie aber gewiss noch nicht zum Standard-Repertoire. Das werden Mitarbeiter zu honorieren wissen.

Und auch Nina Nochniegemacht hat gleich eine sehr wichtige Erfahrung im Capitol-Wiki gemacht: Diese Inhalte stehen ihr sofort, dauerhaft und zentral zur Verfügung.

Zur erfolgreichen Einführung eines Wikis gehört mehr als das Zur-Verfügung-Stellen einer geeigneten Plattform. Wenn Unternehmen es versäumen, den Mitarbeitern eine „Bedienungsanleitung" an die Hand zu geben und insbesondere das Wiki-Konzept in der Unternehmenskultur zu verankern, werden daraus Probleme im Hinblick auf die Akzeptanz resultieren.

Schulungsmaßnahmen sind unentbehrlich. Viele Unternehmen, die ein Wiki einführen, konzentrieren sich bei Schulungsmaßnahmen allerdings ausschließlich auf technologische Aspekte: Im Vordergrund stehen Funktionen statt Philosophie und Anwendung statt Steuerung bzw. Organisation. Selbst die beste Usability und das professionellste Design einer Wiki-Software bleiben wirkungslos, wenn die Mitarbeiter das Konzept nicht verstanden haben, für das ein Wiki steht.

12 Kommunikation kanalisieren

Nach einem weiteren Workshop, in dem Nina Nochniegemacht, die künftig Wiki-Gardening-Aufgaben übernehmen soll, nun auch das erste Handwerkszeug an die Hand gegeben worden ist, treffen wir uns mit ihr und Norman Netzaffin.

Nina Nochniegemacht sagt: „Ja, ich kann das machen und traue mir diese Gartenarbeit zu, wie Sie das nennen. Diese ersten Schulungen waren prima, die Materialien, die ich dazu erhalten habe, sind sehr brauchbar und praktisch. Und es ist offenbar viel einfacher, als ich gedacht habe. Gott sei Dank!"

Sie nimmt sich einen von den Keksen, die Norman auf den Tisch gestellt hat. „Aber trotzdem …" Nina stockt und wirft Norman einen Seitenblick zu. „Wie soll ich sagen? Nehmen Sie es mir nicht übel, doch irgendwie kommt mir das alles wie ein Fass ohne Boden vor, aus Sicht einer ganz normalen Mitarbeiterin. Dieses, jenes, dort ein System, hier eine Software, und nun zusätzlich ein Wiki. Wissen Sie, was ich meine?"

Sprechen wir also über die richtige Nutzung von Tools. Mittlerweile zeichnet sich die Kommunikationslandschaft in vielen Unternehmen durch eine Vielzahl von möglichen Kommunikationswegen aus, mit deren Hilfe Kommunikation kanalisiert und ihre Effizienz erhöht werden soll und kann. Neben der persönlichen Absprache vor Ort im Büro und per Telefon sowie der ebenfalls klassischen (und wie besprochen häufig missbrauchten) Kommunikation per E-Mail haben sich weitere Kanäle in vielen Unternehmen längst durchgesetzt: Instant Messaging, inzwischen auch interne Microblogs, Weblogs für die externe Kommunikation, Aufgabenmanagementsysteme. In der Capitol AG gibt es nun einen weiteren Kommunikationskanal: das Wiki.

Die Herausforderung besteht darin, tatsächlich auch eine Effizienzsteigerung der internen Kommunikation zu erreichen. Fragen wir also nach der Relevanz und der sinnvollen Nutzung der internen Kommunikationsmöglichkeiten. Es hat sich bewährt, hierbei grundsätzlich die Faktoren Dringlichkeit und Dauer der Relevanz von Informationen zu berücksichtigen. Zentrale Begriffe sind Push- und Pull-Kommunikation: Bei Meetings, bei Telefonaten, beim Instant Messaging und bei der E-Mail-Kommunikation haben Mitarbeiter eine Bringschuld (Push), man spricht Adressaten direkt an. Im Zusammenhang mit einem Microblog, dem Wiki und einem Corporate Blog besteht eine Holschuld (Pull), Informationen müssen aktiv gelesen werden.

Abbildung 15   Differenzierung zwischen internen Kommunikationsmöglichkeiten nach
                    Dauerhaftigkeit der Informationen und Hol- und Bringschuld

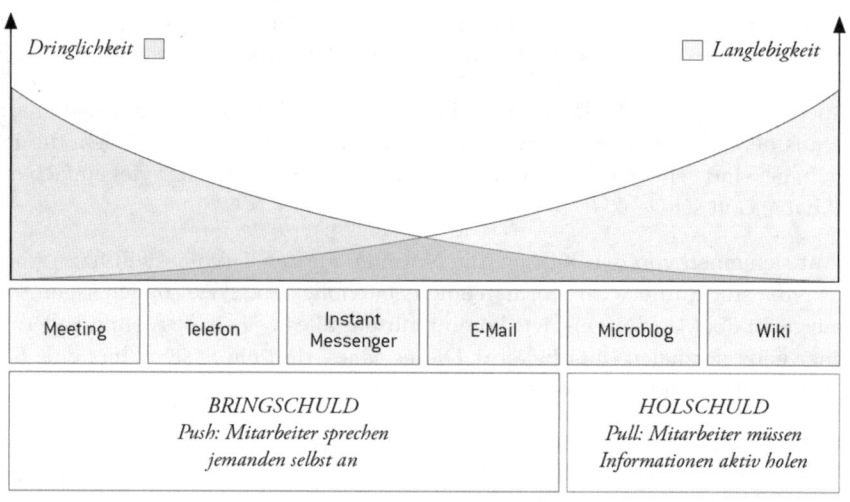

Norman unterbricht uns: „Gut und schön, aber grau ist alle Theorie. Lassen Sie uns nicht
ins Abstrakte abgleiten, damit möchte ich meinen Mitarbeitern nicht kommen. Ich habe
schon das Gefühl, dass einige Mitarbeiter sich von der Vielzahl von Tools etwas überfor-
dert fühlen und dann eben lieber ausgetretene Pfade nutzen und die neuen Systeme links
liegen lassen, ehe sie etwas falsch machen. Was soll ich einem Kollegen sagen, der mich
fragt, ob das Wiki nun andere Tools ersetzt oder ob wir jetzt keine E-Mails mehr schreiben
dürfen."

Gut, gehen wir es praktisch an.

12.1   Welche Informationen gehören in welchen
Kanal?

Um eine sinnvolle, effiziente Nutzung der vorhandenen Kanäle zu erreichen, sollte sich
jeder Mitarbeiter, der Kollegen Inhalte kommunizieren möchte, zunächst immer einige
Fragen stellen:

■   Welche Antwort sollte ich wo posten?

■   Muss bzw. darf ich meinen Kommunikationspartner jetzt wirklich damit stören?

- Wie dringend ist meine Nachricht eigentlich tatsächlich für die anderen?

- Wer sind die Adressaten? Wer muss, wer darf die Information lesen?

- Ist es eine Information mit kurzer Lebensdauer oder ist sie längerfristig relevant?

- Mit welchem Tool kann ich arbeiten, um welchen Kanal zu nutzen?

Gehen wir die einzelnen Kommunikationskanäle durch:

Telefon

Wenn eine Angelegenheit oder eine Anfrage höchste Priorität hat, sehr dringlich und eine persönliche Klärung unbedingt notwendig ist, sollte man zum Telefon greifen. Bei einem Telefonat wird der Adressat direkt angesprochen. Diese Form der Kommunikation hat für das Wissensmanagement keinen langfristigen Wert, da sie nicht dokumentiert wird.

Instant Messaging

Ähnlich wie beim Telefonanruf spricht man beim Instant Messaging jemanden direkt an bzw. stört ihn unmittelbar. Für das Instant Messaging sollte man sich bei Nachrichten entscheiden, die dringend und langfristig eher irrelevant sind und kurz und knapp gehalten werden können.

- „Schau Dir mal bitte diese Aufgabe an. Das Zwischenergebnis sollen wir morgen kommunizieren. Wie steht es damit?"

- „Im heute veröffentlichten News-Artikel wird die Grafik nicht dargestellt. Kannst Du das bitte rasch beheben?"

E-Mail

Nun kommen wir zur Frage, die Normans Kollege stellen könnte: Nein, das Wiki verdrängt die E-Mail nicht, es gibt trotz Wiki sinnvolle Anwendungsfälle für E-Mails. Auch bei der E-Mail-Nutzung sprechen wir den oder die Adressaten direkt an, die E-Mail ist – um doch den theoretischen Begriff heranzuziehen – ein Push-Medium.

Nachrichten, die per E-Mail übermittelt werden, haben eine geringere Dringlichkeit als solche, für die ein Telefonanruf oder Instant Messaging angebracht ist. Der Sender erwartet in der Regel eine Antwort innerhalb eines Zeitkorridors von zwei Stunden bis maximal zwei Tagen. E-Mails eignen sich für Informationen, die für einen beschränkten Nutzerkreis oder eine Einzelperson Relevanz haben, für Inhalte, die zwingend alle Mitarbeiter zur Kenntnis nehmen sollen, und auch für flüchtige Infos, die nur in diesem Augenblick wichtig sind.

Exemplarische Beispiele sind:

- „Ich habe ein Problem mit meinem Rechner, das (bei Gelegenheit) gelöst werden soll."

- „Im Projekt müssen unbedingt ab sofort alle Einbuchungen wie hier im Wiki beschrieben aussehen: <Wiki-Link>„

- „Eine wichtige Information zur Unternehmensstrategie findet Ihr im Wiki unter …"

- „Da ist ein Päckchen für Dich angekommen."

- „Anbei finden Sie das besprochene Angebot …"

Bei E-Mails, die ein konkretes Projekt betreffen, besteht nun aber immer das Problem, dass Beteiligten, die erst später dazustoßen, vorherige E-Mails und die darin enthaltenen Informationen nicht zur Verfügung stehen. Auch im Hinblick auf die Archivierung von Inhalten ist die E-Mail-Kommunikation (wie schon gezeigt) problematisch – letztlich ist jeder selbst dafür verantwortlich, was er mit der E-Mail macht.

Das Wiki soll die E-Mail nicht ablösen, sondern dient der systematischen Abbildung von Know-how und von Abläufen. Wir raten Norman, E-Mail-Diskussionen nicht zu unterbinden, aber ins Wiki zu lenken und so Kommunikation zu kanalisieren und ihre Effizienz zu erhöhen. Oft genügt es schon, per E-Mail darum zu bitten, eine Diskussion im Wiki weiterzuführen und zu dokumentieren. Auf einen per E-Mail zugestellten Bericht kann die knappe Antwort „Bitte ins Wiki stellen, vielen Dank!" lauten. Ja, es ist harte und mitunter frustrierende Arbeit, wieder und wieder auf das Wiki hinzuweisen, aber bei vielen Mitarbeitern höhlt steter Tropfen erfahrungsgemäß irgendwann den Stein.

Betrachten wir nun die Pull-Medien, um weiter System in die Kommunikation zu bringen.

Wir können uns vorstellen, dass ein Unternehmen wie die Capitol AG mit seinen größtenteils sehr innovationsfreundlichen Führungskräften früher oder später weitere Optimierungsmöglichkeiten der internen Kommunikation evaluieren wird. Deshalb sei hier zunächst auch ein interner Microblog am Rande erwähnt.

Microblog

Ein interner Microblog eignet sich einerseits für Nachrichten mit einem gewissen Informationsgehalt, der auch noch in der Zukunft gegeben ist. So empfiehlt sich die Nutzung des internen Microblogs für Nachrichten, die nicht unbedingt von allen Empfängern sofort gelesen werden müssen, zur Erfassung von Informationen, die längerfristig relevant sind und die schnell sowie unkompliziert veröffentlicht werden sollen, und für Informationen, die innerhalb des Unternehmens öffentlich sind.

Andererseits ist der Microblog auch die optimale Plattform für die bekannten (und für die meisten Empfänger irrelevanten und lästigen) An-alle-Informationen, die nach wie vor häufig per E-Mail kommuniziert werden und die nicht unmaßgeblich zur E-Mail-Flut in Unternehmen beitragen. Ein Vorzug von internen Microblogs besteht darin, dass Nachrichten archiviert werden und durchsuchbar sind. Auch im Pull-Medium Microblog besteht eine Holschuld.

Kurz gesagt, deckt ein Microblog den Anwendungsfall „Smalltalk über Projekte und Privates beim Mittagessen" digital ab.

12.2 Und welche Informationen gehören nun ins Firmenwiki?

„Nicht uninteressant", meint Norman und schreibt etwas auf. „Das Thema Microblogging können wir gerne ein anderes Mal auf die Agenda setzen. Was uns hier und jetzt interessiert: Welche Informationen stellen wir in unser Firmenwiki? Das ist das A und O. Ich will und muss den Kollegen sagen können: Ja, dafür ist das Wiki genau die richtige Stelle. Diese Infos sind im Wiki besser aufgehoben als in anderen Kommunikationskanälen."

Grundsätzlich lautet die Antwort: Informationen, die von vergleichsweise dauerhafter Relevanz sind, und Inhalte, die gemeinsam und dynamisch weiterentwickelt werden sollen, gehören ins Wiki. Was heißt das in der Wiki-Praxis?

12.3 Informationen für Mitarbeiter

Das Wiki soll Mitarbeiter entlasten und zu mehr Effizienz und Produktivität führen. Jede Information, die ein Mitarbeiter benötigt und die er zentral findet, ohne sich an einen Kollegen wenden zu müssen, leistet ihren Beitrag dazu:

- Mitarbeiterverzeichnis (Standort, Abteilung, Kontaktdaten, Telefonliste, Position, Aufgaben, Stellenbeschreibung, Zuständigkeiten ...)

- administrative Formulare (Urlaubsantrag, Dienstreise, Spesenerstattung, Hinweise bei technischen Problemen am Arbeitsplatz ...)

- grundsätzliche Informationen zur Belegschaft wie Organigramme, Organisationsstrukturen ...

- Unternehmens-News (GL-News, Unternehmenserfolge, Umsatzzahlen, Marktentwicklungen, Ziele, Neuigkeiten, Veranstaltungen ...)

- Anwesenheitslisten, Urlaubspläne, Krankmeldungen, Erreichbarkeit bei Abwesenheit ...

- Betriebsvereinbarungen, Betriebsrats- und Gewerkschaftsinformationen, Tarifinformationen ...

- Mitarbeiterzeitung, interner Newsletter ...

- Regelungen für Überstunden, Resturlaub, Zeiterfassung, Urlaubsvertretungen ...

- Informationen zu Aus- und Weiterbildung

- Shop-Angebote für Mitarbeiter, Sonderangebote, Personalkauf-News ...

- Dokumentation von Personalveränderungen, Infos für neue Kollegen, Geburtstage ...

- Bedienungsanleitungen für Telefonanlage etc., Notfallnummern

- Gesetzestexte, Rechtshilfe

- Beschaffungsanträge

- Schulungspräsentationen

- Schwarzes Brett

12.4   Informationen zu Prozessen

Ein funktionierendes, organisches Firmenwiki hat nicht nur das Potenzial, Mitarbeiter bei der täglichen Arbeit zu entlasten. Es hilft insbesondere auch dabei, Prozesse zu optimieren, Projekte schlanker und effizienter zu machen und die Kommunikation mit Kunden und Interessenten (wo angebracht und sinnvoll) zu automatisieren. Beispiele für Prozessinformationen im Wiki:

- allgemeine Bestimmungen zur Arbeitssicherheit, Sicherheitsmanagement, Notfall-management, Brandschutz, Richtlinien, Gesetze ...

- allgemeine Prozessinformationen

- Projekt-Checklisten, Kapazitätsplanung, Projektauswertungen, Teams ...

- Pflichtenhefte

- Kundeninformationen

- Lizenzen

- Vorgabedokumente

- Betriebsanweisungsdatenbank

- E-Mail-Vorlagen zur Beantwortung häufiger Kundenanfragen, Problemklärung ...

- Meeting-Organisation, Tagesordnungen, Meeting-Protokolle, Formulare ...

12.5   Informationen über das und vom Unternehmen

Mithilfe des Firmenwikis haben Beteiligte jederzeit einen Überblick über Marketing-Aktivitäten, die Außenwahrnehmung des Unternehmens, die Struktur des eigenen Unternehmens oder Konzerns usw. Das Wiki ermöglicht einerseits die zentrale Steuerung und

Auswertung der Außenkommunikation, andererseits sorgen Unternehmensinformationen im Wiki für Transparenz. Mögliche Wiki-Inhalte sind:

- Presseberichte, Pressespiegel

- Werbeaktivitäten, Außendarstellung, Kommunikationskanäle ...

- Bilder, Logos, Corporate Design, Corporate Identity ...

- Unternehmenspolitik (Ausrichtung, Ziele, Strategien, Mission, Richtlinien, Unternehmenspräsentationen ...)

- Kontakte und Angebote im Hinblick auf Partnerunternehmen, Kooperationen

- Abteilungsinformationen

- Informationen über die Geschäftsführung

12.6 Produkt- und Leistungsinformationen

Durch die Dokumentation der eigenen Produkte und Leistungen im Wiki sind Mitarbeiter und Unternehmensführung immer auf dem aktuellen Stand über Neuentwicklungen, das eigene Portfolio und die im Unternehmen vorhandenen (und fehlenden) Fähigkeiten. Diese Inhalte sind nicht zuletzt auch wichtig für die Kundenkommunikation sowie die Entwicklung von Marketing-Strategien und können zudem effizient für die Befüllung von Kommunikationskanälen wie dem Corporate Weblog oder Twitter genutzt werden:

- Produktinformationen (Neuigkeiten, Beschreibungen, Inhaltsstoffe, Preise, Sortimentslisten ...)

- Informationen über Dienstleistungen

- Markt- und Konkurrenzanalysen

- auszubauendes Unternehmens-Know-how, möglicher Ausbau des Leistungsportfolios bzw. Produktspektrums ...

Diese Listen mit möglichen Inhalten lassen sich fortführen und die angeführten Beispiele sind natürlich exemplarisch. Grundsätzlich empfiehlt es sich, alle weiterführende Informationen, Dokumentationen, Konzepte und Wissen, das dauerhaft relevant ist, ausnahmslos im Wiki abzubilden. So wird eine organisch wachsende Wissensbasis geschaffen, die Mitarbeiter entlastet und Prozesse vereinfacht und beschleunigt.

12.7   Verbotsschilder aufstellen!

„Versäumen Sie es in diesem Zusammenhang nicht, rechtzeitig Stoppschilder aufzustellen", ist unser Ratschlag. „Sobald Sie innovative Wege gefunden haben, um beispielsweise E-Mail und Papier durch einen kontrollierten und transparenten Wiki-Prozess zu ersetzen, wird es Sie ärgern, wenn trotzdem noch die ausgetretenen Pfade genutzt werden. Wenn Sie einen besseren Weg im Wiki haben, der erprobt und erfolgreich ist, sollten Sie beginnen, Stoppschilder und Absperrungen auf diesen ausgetretenen Pfaden anzubringen."

Ja, wir empfehlen sogar, dass die Unternehmensspitze untersagt, diese suboptimalen Prozesse weiter anzuwenden – beispielsweise einen Bericht allein im stillen Kämmerlein zu entwickeln und das Dokument dann per E-Mail durch das Unternehmen zu schicken. Zu diesen Anweisungen gehören aber inhaltliche Informationen, Begründungen und Diskurs. Häufig gibt es noch praktische und gute Gründe dafür, am Status quo festzuhalten. Diese müssen erfragt, analysiert und ausgeräumt werden. Hier empfehlen wir, es wie Fredmund Malik zu halten: Seien Sie sehr skeptisch, wenn die Veränderung von wichtigen Prozessen im Unternehmen ohne Diskussion hingenommen wird. Was nicht heftig diskutiert wurde, ist häufig entweder nicht wichtig oder nicht richtig durchdacht.

13   Bad Stories

Die Potenziale des Einsatzes von Firmenwikis entdecken immer mehr Unternehmen für sich. Die Einführung eines solchen kollaborativen Werkzeugs ist jedoch – wie auch unsere Capitol AG erfahren muss – selten ein Selbstläufer. In der Projektpraxis stellen sich einige Punkte regelmäßig als Hemmnisse heraus und drohen, Wiki-Projekte scheitern zu lassen. Fassen wir sie nachfolgend zusammen.

13.1   Mangelnde Mitarbeiteraktivierung

Die Entwicklung einer Strategie, potenzielle Teilnehmer zu aktivieren, ist ein fester Bestandteil eines professionell ablaufenden Wiki-Projekts und der wirklich kritische Faktor, mit dem das Projekt steht oder fällt. Die Mitarbeiteraktivierung muss der Dreh- und Angelpunkt der organisatorischen Bemühungen sein. Werden hier unentschlossene, ungeeignete oder auch gar keine Maßnahmen getroffen, verwaist das Wiki, zumal eine schlechte Beteiligung auf Dauer auch aktive Mitarbeiter demotiviert: Es ist kein Publikum vorhanden, es besteht kein Nutzungskontext, das Sammeln von Wissen wird als Selbstzweck wahrgenommen.

13.2   Keine Identifikation

Teilnehmer müssen sich mit einem Werkzeug identifizieren, um es aktiv und gerne zu nutzen. Die fehlende Identifikation ist einer der entscheidenden Misserfolgsfaktoren. Die Gründe hierfür sind vielfältig: Vor allem eine mangelhafte Integration oder ein Wiki im Standard-Layout beeinträchtigt massiv die Entwicklung einer Identifikation. Häufig ist Mitarbeitern auch der individuelle Nutzen des neuen Systems nicht klar. Manche Unternehmen räumen dem großflächigen Rollout des Wikis zudem sehr wenig Zeit und zu wenig Ressourcen ein: Wenn die Mitarbeiter des Unternehmens das neue System als fixe Idee der Geschäftsführung ohne persönlichen Nutzen ansehen, werden sie es nicht anwenden.

13.3   Software-Lösungen, die nicht die Unternehmensbedürfnisse abdecken

Mitunter werden Lösungen „von unten" und zunächst in einer einzelnen Abteilung implementiert. Wenn sich das System aber nicht an den Bedürfnissen des gesamten Unternehmens orientiert, wird die Ausweitung schwierig. Bestimmte Tools eignen sich für spezifische Bedürfnisse gut, erfüllen aber nicht immer die unternehmensweiten Anforderungen an Wiki-Software. Bereits in einer Abteilung vorhandene Lösungen sollten deshalb intensiv darauf geprüft werden, ob und inwieweit sie sich für einen flächendeckenden Rollout im Unternehmen eignen. Oft ist das nur bedingt der Fall.

13.4   Festhalten an der falschen Software

Wenn Unternehmen sich sehr früh für ein bestimmtes System entscheiden, stellt sich während des Prozesses der Etablierung und Anpassung unter Umständen heraus, dass das Software-Werkzeug nicht uneingeschränkt geeignet ist und nicht alle bestehenden Anforderungen erfüllt. Die Gründe dafür, dass hier keine Kursänderung stattfindet, sind vielfältig: Möglicherweise ist die Bedarfsermittlung nicht intensiv genug durchgeführt worden oder wurden potenzielle Lösungen nicht gründlich evaluiert. Wenn sich herausstellt, dass eine Software ungeeignet ist, scheuen Unternehmen womöglich auch die Mehrkosten, die durch ein Umschwenken entstehen würden (und bedenken dabei nicht, dass ein gescheitertes Projekt das Unternehmen letztlich noch teurer zu stehen käme und die Probleme, die das Tool beheben soll, nach wie vor bestünden).

Zudem spielen, wie die Projekterfahrung zeigt, persönliche Vorlieben und Ressentiments von Führungskräften für oder gegen eine Software manchmal ebenfalls eine Rolle, insbesondere dann, wenn diese an der Unternehmensrealität und den tatsächlichen Bedürfnissen vorbeigehen. In jedem Fall werden die Akzeptanz und die Nutzung des Wikis leiden.

13.5   Bürokratische Hürden und Vorbehalte

Bürokratie spielt in manchen großen Unternehmen erfahrungsgemäß eine unrühmliche Rolle. Zu bürokratiebedingtem Stillstand kommt es mitunter, wenn zu früh sämtliche Abteilungen im Unternehmen einbezogen werden und entscheidungsberechtigt sind. Vor allem in Konzernen droht die Gefahr, dass sich unterschiedliche Interessengruppen gegenüberstehen, die der jeweiligen Profilierung mehr Gewicht beimessen als der Lösung von Problemen mithilfe eines Wikis.

Solche bürokratischen Hemmnisse basieren nicht selten auf einer Kultur, Vorbehalte zu pflegen statt sie auszuräumen. In diesem Fall muss sich das Wiki-Projektteam intensiv darum bemühen, die Voraussetzungen für den beschriebenen Wandel der Kommunikationsgewohnheiten zu schaffen. Es muss davon überzeugen, dass es im Sinne des Unternehmens ist, relevante Informationen freizugeben statt selbst Banalitäten geheimzuhalten, und dass mit der Wiki-Einführung kein oft befürchteter Kontrollverlust einhergeht, sondern das System alle Voraussetzungen für eine aktive Kontrolle erfüllt.

13.6   Sicherheitsaktionismus

Im eben beschriebenen Zusammenhang betreiben manche Parteien im Unternehmen auch Sicherheitsaktionismus und argumentieren mit Security-Risiken gegen die Durchsetzung eines Wikis bzw. behindern seine Etablierung. In aller Regel betreiben diese Parteien gleichzeitig Selbsttäuschung im Hinblick auf den Status quo und lassen unberücksichtigt, dass vertrauliches Wissen in E-Mail-Anhängen, auf USB-Sticks und auf Notebooks mit Komplettinformationen weitaus problematischer ist als die zentrale Abbildung relevanten Know-hows in einem internen Wiki.

Hier muss dafür sensibilisiert werden, dass ein Wiki mit seiner Organisationsstruktur in Bereiche, der Möglichkeit zentraler Backups, der Revisionskontrolle und der fein justierbaren Zugangskontrolle höchsten Sicherheitsansprüchen genügt und dass zudem immer wieder befürchteter Vandalismus im Enterprise Wiki praktisch gegenstandslos ist.

13.7   Standard-Rollout

Moderne Wikis sind enorm flexible und hochgradig anpassbare Anwendungen, was viele Unternehmen bei der Einführung missachten und weshalb sie sich auf einen technologiezentrierten Standard-Rollout beschränken: Im Fokus stehen nicht Organisation und Steuerung, sondern ausschließlich technologische Aspekte.

In der Folge sehen sich Mitarbeiter einer Funktionsüberflutung und einer Vielzahl unbekannter Fachtermini gegenüber, es existieren keine unternehmensspezifischen Druck- und PDF-Layouts usw. Gerade für wenig technologieaffine Mitarbeiter ist ein so eingeführtes Out-of-the-Box-System eine Belastung.

13.8   Keine Schulungsressourcen und falsche Prioritäten bei der Schulung

Zur erfolgreichen Einführung eines Wikis gehört mehr als das Zur-Verfügung-Stellen einer geeigneten Plattform. Wenn Unternehmen es versäumen, den Mitarbeitern eine „Bedienungsanleitung" an die Hand zu geben und insbesondere das Wiki-Konzept in der Unternehmenskultur zu verankern, werden daraus Probleme im Hinblick auf die Akzeptanz resultieren.

Wie ausgeführt, sind deshalb die richtigen Schulungsmaßnahmen unentbehrlich, die sich zunächst eher weniger auf technologische Aspekte konzentrieren sollten. Wenn Funktionen statt Philosophie und Praxisrelevanz im Vordergrund stehen und den Mitarbeitern nicht kommuniziert wird, wofür das Wiki eigentlich steht, bleiben selbst die beste Usability und das professionellste Design häufig wirkungslos.

13.9   Nicht auffindbares Wissen

Ob das Wiki für einen Mitarbeiter einen Nutzen hat, entscheidet sich an der Frage, ob das System das im Unternehmen vorhandene Know-how systematisch abbildet oder ob es eine kaum überschaubare Datensammlung anbietet. Informationen müssen auch zu finden sein.

Einerseits liegt es am Unternehmen, dies bei der Wahl des Tools zu berücksichtigen (Gibt es eine Suchfunktion und wie gut sind die Ergebnisse? Wie ausgereift ist die Möglichkeit, Inhalte hierarchisch abzubilden? etc). Andererseits müssen die Nutzer des Systems verstehen, wie wichtig und sinnvoll es ist, Inhalt in Hierarchien abzulegen, Dokumente mit aussagefähigen Titeln zu versehen, Tags zu vergeben usw.

13.10   Fehlende Geduld

Erfahrungsgemäß kann es lange dauern, bis ein Wiki-Projekt zum Erfolg wird, bis sich Gewohnheiten ändern und bis Mitarbeiter neue, innovative Arbeitsmethoden annehmen. Es ist so gut wie unmöglich, einen konkreten Zeitkorridor zu benennen, in dem sich ein Wiki durchsetzt.

Allein der unternehmenskulturelle Wandel braucht Zeit. In diesem Zusammenhang ist vorrangig die Unternehmensleitung gefordert: Sie muss den richtigen Weg finden, die Mitarbeiter für ein neues System zu begeistern und sie zur Nutzung zu motivieren. Wissen Mitarbeiter nicht, wozu das Wiki konkret dient bzw. welche Prozesse es optimieren oder gar ersetzen und welche Probleme es lösen soll, gerät das Projekt wahrscheinlich in eine Sackgasse. Selbst auferlegte Deadlines sind in vielen Fällen schlechte Berater.

14 66 Anwendungsfälle für ein Firmenwiki

Wie kann das Wiki-System seinen Mehrwert und seinen Return on Investment nun entfalten? Wie kann die Capitol AG ihr Enterprise Wiki konkret einsetzen und welche Anwendungsmöglichkeiten bieten sich als sinnvoll, nützlich und effizienzsteigernd tatsächlich an? Sinnvolle Use-Cases sind gerade im Zusammenhang mit dem Rollout eminent wichtig. Mindestens 66 Anwendungsfälle sollten Norman Netzaffin, Ernst Entscheider, Marc Microsoft, Nina Nochniegemacht, Günter Gewerkschaft, Gustav Gabelstapler und alle anderen Mitarbeiter, die mit dem Wiki arbeiten, durchdenken und prüfen. Und vielleicht fällt irgendwann sogar Gerd Gebichnichther eine weitere sinnvolle Anwendungsmöglichkeit ein.

1. Gemeinsame Erfahrungswissensbasis

Anleitungen für das Vorgehen bei bestimmten, wiederkehrenden Herausforderungen im Unternehmen, die in keine Prozessdokumentation Einzug finden, werden im Wiki abgebildet: Wo findet man heraus, wie hoch der Resturlaub ist? Wo darf um das Unternehmensgebäude herum geparkt werden und wo nicht? Wie kommt man mit dem Auto und per ÖPNV ins Büro?

2. Gemeinsame Erstellung von Dokumenten im Unternehmen

Erfolgt die gemeinsame Erarbeitung z. B. von Angebotstexten für Kunden im Wiki, können alle beteiligten Mitarbeiter immer auf den aktuellen Stand zugreifen und brauchen keine Dateien herumzuschicken. Konzepte im Unternehmen können im Wiki von der Idee zur Umsetzungsvorbereitung vorangetrieben werden.

3. Ideen generieren und Informationen darüber teilen

Das nächste Brainstorming-Ergebnis, das im kleinen Kreis erzielt wird, veröffentlichen die Teilnehmer im Wiki und bitten ihre Kollegen per E-Mail darum, weitere Ideen in das Dokument einzutragen.

4. Qualitätsmanagement

Die Richtlinien und etablierten Verfahren, die häufig nur in Word-Dokumenten und ähnlichen Formaten verfügbar sind, werden gesammelt ins Wiki eingestellt, beschrieben, mit Stichwörtern getaggt und so besser auffindbar gemacht. Je nach Bedarf ist es mithilfe von Workflows möglich, Änderungen von Mitarbeitern erst nach Freigabe sichtbar zu machen und die Verbindlichkeit (z. B. für ISO-zertifizierte Prozesse) in einem kontrollierten Prozess sicherzustellen.

5. Handbücher

Bestehende Unterlagen und Handbücher können entweder „wie bestehend" übernommen und an Wiki-Dokumente anhängt oder direkt „wikifiziert" werden, um sie mit der Wiki-Technologie zu vernetzen und besser auffindbar und verlinkbar zu machen. Für den Export bieten sich die PDF- und Word-Export-Funktionen an.

   Video: http://seibert.biz/handbuecher

6. Tutorials und Anleitungen

Es ist unbedingt sinnvoll, Anleitungen zentral im Wiki zu dokumentieren. Alle Kollegen sollten Kommentare abgeben und Vorschläge machen, wie man die Abläufe noch weiter verbessern kann.

7. Dynamische FAQ

Fragen von Kunden dokumentieren die Projektbeteiligten im Wiki, sodass jeder Mitarbeiter über die zentrale Suchmaschine einfach und schnell darauf zugreifen kann. Auch die Antworten werden im Wiki hinterlegt, sodass der Support es leichter hat, kurzfristig und unkompliziert gute Antworten zu geben. Diese Support-Mitarbeiter erhalten Schreibrechte, damit sie jederzeit zusätzliche Informationen ergänzen können.

8. Projektmanagement und Organisation

Projektdokumentationen werden im Wiki zentral zugänglich gemacht. Hierzu können Absprachen und Abstimmungen mit Kunden, Zuständigkeitsdefinitionen, Projekt-Checklisten usw. gehören. Durch eigenständige Bereiche für jedes Projekt wird das Wiki zum virtuellen Projektraum.

9. Das Wiki als Intranet

Wikis können nicht nur statische Intranets auf Basis von HTML ablösen, sondern auch schwer und von nur wenigen Mitarbeitern zu bedienende Intranet-CMS, die unter dem *One Administrator's Syndrome* leiden.

10. Dokumente ablegen und verwalten

Ein Wiki erlaubt das zentrale Speichern von Dokumenten und bildet damit DMS-Funktionen ab. Es lässt sich als Netzlaufwerk in die Infrastruktur einbetten und ermöglicht die Versionierung über „externe" Dateiformate.

   Video: http://seibert.buz/dms

11. Diskussionen vom Medium E-Mail in ein Wiki verlagern

Werden Abstimmungsrunden und Diskussionen ins Wiki gelenkt, sind die Inhalte nicht nur aktuell und zentral dokumentiert, auch das E-Mail-Aufkommen nimmt ab.

 Video: http://seibert.biz/emailintegration

12. Interne Nachrichten

Interne Newsletter, Veranstaltungshinweise, die Vorstellung neuer Mitarbeiter – das Wiki eignet sich zur Abbildung zahlloser interner Informationen, die aktuell und schnell per Klick abrufbar sind.

13. CEO-Blog

Manager wie Ernst Entscheider können ihre wertvollen Erfahrungen und Erkenntnisse aus dem Tagesgeschäft mit allen Mitarbeitern im Wiki teilen, wenn man ihnen erklärt, wie einfach es ist, einen Blog im Wiki einzurichten und zu betreiben.

14. Mitarbeiter-, Projekt- und Abteilungs-Blogs

Kollegen wie Abteilungsleiter Norman Netzaffin und im Grunde allen Mitarbeitern eröffnet das Wiki die Möglichkeit, in ihren persönlichen Bereichen im Wiki oder in Projektbereichen zu bloggen. Dafür sollten eine Richtlinie aufgestellt und Beispiele erarbeitet werden.

 Video: http://seibert.biz/blogs

15. News-Monitoring

Wenn die Websites von Mitbewerbern des eigenen Unternehmens RSS-Feed-Abos anbieten, sind diese in eine Wiki-Seite integrierbar, sodass man auf einen Blick alle aktuellen Nachrichten der Konkurrenz einsehen kann. Für interne Auswertungen der Aktivitäten der Mitbewerber eignen sich anschauliche Wiki-Charts.

16. Konkurrenz-Beobachtung und Wettbewerbsanalyse

Das Wiki ist der richtige Ort, um Informationen über die direkten Mitbewerber systematisch zu organisieren, zu analysieren und im Rahmen von Berichten auszuwerten.

17. Blog- und News-Roll

Über RSS-Feeds lassen sich natürlich nicht nur im Web publizierte Neuigkeiten der Wettbewerber ins Wiki integrieren, sondern auch für das Unternehmen und seine Geschäftsfelder relevante Blogs und News-Seiten. Hier können sich Mitarbeiter tagesaktuell einen Überblick über wichtige Meinungen und Fachartikel verschaffen.

18. Berichtswesen sowohl für interne als auch externe Zielgruppen

Statistiken, Auswertungen und Zahlen, die für alle Mitarbeiter oder bestimmte Abteilungen interessant und relevant sind, sollten als Berichte im Wiki abgelegt werden. So entsteht eine (nach und nach um zusätzliche Interpretationen zu erweiternde) Historie von Berichten. Auf diese Weise kann es auch gelingen, Mitarbeiter, die Berichte erstellen, davon zu überzeugen, ihre Ergebnisse künftig nicht mehr als PDF-, Word-, PowerPoint- oder Excel-Dokument, sondern im Wiki auszuliefern und damit zu noch mehr Transparenz und Interaktivität beizutragen. Selbst wenn proprietäre Formate zum Einsatz kommen, sollten Berichte möglichst im Wiki abgelegt und per Link kommuniziert werden: Die Diskussion findet mittels Kommentaren zentral im Wiki statt, wodurch das E-Mail-Aufkommen sinkt.

19. Teile der öffentlichen Internet-Seiten gemeinsam erstellen

Das Wiki bietet sich an, um die Erweiterung oder den Relaunch der Unternehmens-Website inhaltlich vorzubereiten und die Texte gemeinsam abzustimmen, wobei andere Mitarbeiter stets die Gelegenheit haben, ihre Vorschläge einzubringen. Erst wenn von verschiedenen Kollegen Feedback eingegangen ist, werden die Informationen auf der Website wie gewohnt über das CMS aktualisiert.

20. Das Wiki als Extranet

Ein Extranet auf Wiki-Basis eignet sich dafür, Kunden, Lieferanten und/oder Partnern (in durch Rechte voneinander getrennten Bereichen) Informationen über die gemeinsame Zusammenarbeit und Projekte zur Verfügung zu stellen. Dabei ist es sinnvoll, die externen Partner aktiv dazu aufzurufen, die Informationen einzusehen und auch selbst an ihrer Erweiterung mitzuwirken.

21. Ideenmanagement

Wird das Wiki als Plattform zur Sammlung und Bewertung von Ideen genutzt, kann es insbesondere dann seine Stärken voll ausspielen, wenn es vielen Mitarbeitern zugänglich ist und diese die Möglichkeit haben, die Ideen zu kommentieren, zu ergänzen und selbst zu bewerten. So profitiert das Unternehmen vom Wissen, der Kritik und der Kreativität aller Mitarbeiter.

22. Pressespiegel

Die Capitol AG betreibt wie viele Unternehmen im Internet ein regelmäßiges, systematisches Monitoring im Hinblick auf Presseberichte, die die eigene Firma betreffen. Ein im Wiki gepflegter Pressespiegel erleichtert die Diskussion und Abstimmung und ggf. auch die schnelle, gemeinsame Entwicklung geeigneter Maßnahmen sowie kurzfristige Reaktionen z. B. auf kritische Berichterstattung.

23. Dokumentation der IT-Infrastruktur

Im Wiki kann ein (geschützter) Bereich dazu dienen, die Konfiguration von Rechnern, Servern und der IT-Netzwerk-Topografie sowohl grafisch als auch in Form von Daten (IP-Adressen, Systemkonfiguration, Hardware-Ausstattung, Service-Verträge, Support-Tickets, Herausforderungen etc.) übersichtlich darzustellen. Diese Informationen lassen sich auch mit Fremdsystemen (ITIL-Applikationen) verbinden, wodurch etwa per SQL weitere Informationen aus Drittsystemen abgefragt und zentral verfügbar gemacht werden.

24. Mitarbeiterliste (Name, Position, Kontaktdaten)

Eine Visualisierung von Mitarbeitern mit Bild, allgemeinen Informationen, Sprachkenntnissen und weiteren geschäftsrelevanten Fähigkeiten (Skill-Management) kann allen Mitarbeitern dabei helfen, schneller und einfacher Experten im Unternehmen zu finden. Diesen Bereich können die Mitarbeiter auch nutzen, um sich selbst, ihre Aufgabenbereiche und ihre Ergebnisse darzustellen.

25. Expertendatenbank

Die Kenntnisse von Mitarbeitern sind auch über sogenannte Metadaten strukturiert erfassbar, sodass man über Auswertungen z. B. nach einem Kollegen suchen kann, der Kenntnisse im Vertrieb von Produkt XY hat und gleichzeitig sowohl Englisch als auch Spanisch spricht. Die Mitarbeiter können die sie selbst betreffenden Infos dann selbstständig pflegen.

 Video: http://seibert.biz/gelbeseiten

26. Auswertungsplattform (Business Intelligence)

Wenn man damit begonnen hat, Berichte im Wiki zu sammeln, ist es nicht mehr schwer, das Wiki zu einer Auswertungsplattform zu erweitern. Hier können kritische Erfolgsfaktoren (KEF) mit Variablen (KPIs) in einem Management-Dashboard zusammengefasst werden. Über eine Drill-down-Option kann man von diesen zusammenfassenden Informationen dann herunter in weitere Detailebenen springen.

 Video: http://seibert.biz/charts

27. Videoportal

In immer mehr Unternehmen kursiert Bewegtbild in Form von Video-Anleitungen oder internen Screencasts. Ein Videoportal im Wiki ermöglicht allen Mitarbeitern den direkten Zugriff auf die Inhalte. Auch für die Ablage von Aufzeichnungen interner Schulungen, Desktop-Sharing-Sitzungen oder der eigenen Werbespots eignet sich das Firmenwiki.

 Video: http://seibert.biz/widgets

28. Verwaltung der Fachbibliothek

In vielen Unternehmen stehen Mitarbeitern Fachbücher, Zeitschriften und andere Weiter-bildungsunterlagen zur Verfügung. Diese Fachbibliothek kann im Wiki gepflegt werden: Im Wiki steht, welche Materialien überhaupt vorhanden sind und wer zurzeit welche Fachmedien ausgeliehen hat.

29. Verwaltung der Entleihe technischer Geräte

Ebenso wie die Ausgabe von Weiterbildungsmaterialien lässt sich der interne Verleih von technischen Geräten wie Beamern, Notebooks, Web'n'Walk-Sticks usw. sehr gut im Wiki dokumentieren und zentral verwalten.

30. Event-Planung

Wenn intern oder extern eine Veranstaltung ansteht, ist das Wiki bei der Vorbereitung und Durchführung hilfreich: Terminabstimmung, Teilnahmezu- und -absagen, zu erledigende Aufgaben in Form von Checklisten usw. lassen sich ausgezeichnet im Wiki organisieren. Durch die Abonnementsfunktionen und die Versionierung bleiben die Organisatoren immer auf dem Laufenden und verlieren nie die Kontrolle über die Planungsdokumente.

31. Protokolle und Meeting-Organisation

Bei der Meeting-Vorbereitung erstellt ein Teilnehmer eine Wiki-Seite mit der Agenda und schickt den Link per E-Mail an die betreffenden Kollegen. So können an zentraler Stelle (und ggf. in einem geschützten Umfeld) sämtliche für das Meeting wichtigen Informa-tionen und Dateien effizient gesammelt werden. Jeder kann sich vorab informieren und zu einem effizienten Meeting beitragen. So sparen alle Meeting-Teilnehmer wertvolle Zeit. Dank der guten und abgestimmten Agenda ist das Meeting möglichst konzentriert und es werden Abschweifungen vermieden. Während des Meetings hält ein Teilnehmer ebenfalls im Wiki To-dos und Beschlüsse fest, sodass unmittelbar nach der Besprechung bereits ein Protokoll verfügbar ist. Nach dem Meeting können alle ohne Verzug weiterarbeiten. Zu-dem sind die Meeting-Inhalte dokumentiert und für andere Mitarbeiter mit Zugriffsberech-tigung abrufbar.

So können sich auch die Kollegen, die nicht am Meeting teilnehmen konnten, schnell auf den aktuellen Stand bringen und die diskutierten Punkte systematisch durchgehen.

 Video: http://seibert.biz/meetings

32. Schwarzes Brett für Ankündigungen von Mitarbeitern und Managern

Ein Wiki kann ein Schwarzes Brett (und mögliche Veröffentlichungspflichten) ersetzen und digital abbilden. So spart man sich lange Wege zu den bisherigen Informationstafeln und Aushängen und kann diese ggf. sogar gleich kommentieren bzw. direkt auf diese reagieren.

33. Ausdrückliche Sammlung von Wissen ausscheidender Mitarbeiter

Stehen Mitarbeiter wie Azubis, angehende Ruheständler, Werksstudenten oder Kollegen, die den Arbeitgeber wechseln, vor dem Abschied aus dem Unternehmen, sollten diese ausdrücklich dazu aufgerufen werden, ihr Wissen im Wiki zu sammeln und zur Verfügung zu stellen.

34. E-Mail-Vorlagen für die Kundenkommunikation

Die Kommunikation mit Interessenten und Kunden kann mithilfe eines Wikis in Teilen standardisiert werden, wenn im Wiki wichtige E-Mail-Vorlagen vorgehalten werden.

35. Internes Unternehmenslexikon mit einem Glossar und Erläuterungen

Das, was Wikipedia für die Welt ist, kann das Firmenwiki für die Mitarbeiter sein: ein Ort, an dem alle Fachbegriffe und Abkürzungen im Unternehmen gesammelt und erklärt werden. Der Anwendungsfall Lexikon ist auch im Unternehmen sinnvoll.

36. Interne Links und Bookmarks sammeln und systematisch pflegen

Link-Sammlungen und Bookmarks dienen der Orientierung im Zusammenhang mit komplexen Themen und sind für neue Mitarbeiter in der Einarbeitungsphase nützlich. Portal- und Verteilerseiten im Wiki helfen dabei, schnell und einfach in neue Themen einzusteigen.

 Video: http://seibert.biz/bookmarking

37. Dokumentation von Projekt- und internen Dienstleistungen

Wichtige Informationen über Projekte und interne Dienstleistungen im Wiki erhöhen die Transparenz sowie die Auffindbarkeit relevanter Daten und sind für künftige Projekte hilfreich.

Zu diesen Informationen gehören beispielsweise Grundlagen für Führungskräfte (z. B. eine Checkliste für Projektmanager), Projektinformationen, Kundendaten, Ziele, Budgets, Termine sowie Links in andere Systeme, die solche Informationen vorhalten, Verlaufsdokumentationen zu Projekten, Abschlussberichte, Maßnahmen für Folgehandlungen und Lessons Learned im Projektanschluss etc.

38. Portal für Unfallverhütung und Sicherheit

Allgemeine Bestimmungen zur Arbeitssicherheit, zum Sicherheitsmanagement, zum Notfallmanagement und zum Brandschutz gehören zentral und jederzeit abrufbar ins Firmenwiki. Wichtige Informationen wie Evakuierungspläne, Erste-Hilfe-Tipps oder gesetzliche Vorschriften, die im Wiki stets präsent sind, können helfen, Unfälle zu vermeiden und im Notfall Schlimmeres zu verhindern.

39. Aufgabenmanagement

Makros für das Anlegen einfacher Aufgabenlisten und v. a. Plugins ermöglichen ein einfaches Aufgabenmanagement im Wiki. Insbesondere Wiki-spezifische Aufgaben lassen sich so gezielt und bequem organisieren.

40. Vertragsverwaltung

Die Personalabteilung speichert ihre Verträge im Wiki. Sie sind für den gewünschten Personenkreis zugänglich und können aus dem Wiki als Dokument mithilfe von Plugins in komplett formatierte Office-Dateien exportiert werden. Verträge lassen sich verschicken, ohne jeweils Word-Dokumente verändern zu müssen. Weiterhin bietet sich das Wiki zur Pflege z. B. von Service-Level-Agreements an.

41. Dokumentenerzeugung über Plugins

Ausgereifte Plugins für professionelle Wiki-Systeme bieten die Möglichkeit, Wiki-Seiten in Office-Dokumente zu überführen, die über formatierte Vorlagen an die individuellen Vorstellungen angepasst wurden. Ein solches Dokument hat eine professionell gestaltete Titelseite, ein Inhaltsverzeichnis, ist sauber gegliedert und kann sofort an Kunden oder Partner versendet werden.

 Video: http://seibert.biz/export

42. Gemeinsames Arbeiten an Inhalten über verteilte Standorte

Anstatt Dokumente per E-Mail zur gemeinsamen Bearbeitung im Team oder über verteilte Standorte hinweg zu versenden und dadurch ggf. viele Versionen eines Dokuments zu erzeugen, erarbeitet das Team die Inhalte im Wiki. Jeder Beteiligte hat dadurch zu jedem Zeitpunkt Zugriff auf den aktuellen Stand.

43. Meinungsbilder und Abstimmungen

Die Kommentarfunktion, die in jede Wiki-Seite integriert ist, oder praktische Plugins wie Survey-Erweiterungen ermöglichen schnelle und unkomplizierte Abstimmungen und Diskussionen.

44. Schaltungspläne für Blog-Artikel, Tweets usw.

Statusinformationen zu Artikeln und Informationen, die im Corporate Weblog, im öffentlichen Microblog, als Tweets oder als Facebook-Statusmeldungen erscheinen sollen, können Redakteure im Wiki verwalten und planen. Aus Schaltungsplänen wird einerseits schnell ersichtlich, wann Handlungsbedarf besteht und neue Inhalte zu erstellen sind, andererseits kann bei Ausfall eines Redakteurs ein Vertreter die Veröffentlichung laut Plan ohne Reibungsverluste übernehmen.

45. Unternehmenswerte, Ziele und Vision

Durch Meinung und Diskussion bleiben Werte und Ziele des Unternehmens „in Bewegung" und werden immer wieder reflektiert, wenn sie im Wiki abgebildet sind.

46. Bestelllisten

Wünsche für die Bestellung von Fachbüchern und anderen Medien lassen sich zentral im Wiki viel effizienter verwalten, als wenn jeder Wunsch einem Bearbeiter per E-Mail zugetragen wird. Im Wiki haben alle Mitarbeiter einen Überblick über schon getätigte und geplante Anschaffungen.

47. Schaffung von Schnittstellen zu anderen Systemen

Die bereits umfangreichen Standardfunktionen eines Wikis können nicht nur durch Plugins, sondern auch durch die Entwicklung von Schnittstellen zu anderen Systemen erweitert werden. So lassen sich Inhalte aus Drittsystemen automatisiert im Wiki erfassen und dokumentieren. Diese Informationen stehen stets aktuell zur Verfügung.

48. Einbindung von Kalendern

Die Einbindung der Kalender relevanter Mitarbeiter ist z. B. sinnvoll für eine effiziente Urlaubsplanung, für die Organisation von Meetings, für die Planung von Kundenterminen usw.

 Video: http://seibert.biz/kalender

49. Abbildung von Organigrammen und Zuständigkeiten

Im Wiki lassen sich Unternehmenshierarchien transparent machen. Die Dokumentation von Zuständigkeiten und Ansprechpartnern verringert Suchzeiten und sorgt für kurze Wege.

50. Zentrales Ablegen von Schulungsunterlagen und -inhalten

Wenn intern Schulungen stattfinden, können selten alle interessierten Mitarbeiter teilnehmen. Stehen die Inhalte, Präsentationen und ggf. sogar Video-Aufzeichnungen im Wiki bereit, haben alle Kollegen die Möglichkeit, auch nachträglich von diesem Wissen zu profitieren.

51. Infosammlung für neue Mitarbeiter

Ein Wiki ist bei der Einarbeitung neuer Mitarbeiter Gold wert. Hier findet der neue Kollege alle Informationen, die er in den ersten Tagen benötigt. Persönliche Einführungen durch einzelne Mitarbeiter können weitgehend entfallen. Das spart Zeit und trägt dazu bei, dass der neue Kollege schneller produktiv einsetzbar ist.

52. Essensplan der Kantine

Per Klick kann jeder Mitarbeiter im Wiki auf den Speiseplan zugreifen, Wünsche äußern und ggf. seine Teilnahme am Mittagessen zu- oder absagen.

53. Sammelstelle für immer wieder benötigte und zu erweiternde Texte

Im Wiki lassen sich Texte, die ständig benötigt werden und für die häufiger Aktualisierungsbedarf besteht, ausgezeichnet pflegen: Angebote, Produktbeschreibungen, Stellenanzeigen, Pressemeldungen, Antworten an Bewerber, AGB etc.

54. Festhalten des Bewerbungsverfahrens

Das Wiki eignet sich sehr gut für die Dokumentation von Recruitment-Prozessen und deren Standardisierung: Bewerbungseingänge, Prüfung der Unterlagen, Kommentare der Geschäftsführung oder Abteilungsleitung zu einzelnen Bewerbungen, Kommunikation mit den Interessenten, allgemeine Briefvorlagen usw.

55. „Die eine Seite" für alle Mitarbeiter

Das Wiki kann der zentrale Startpunkt für jeden Mitarbeiter in den Arbeitstag sein. Hier gibt es morgens die ersten relevanten Informationen für alle Mitarbeiter sowie wichtige Neuigkeiten aus angeschlossenen internen und externen Systemen.

Video: http://seibert.biz/bereichsstartseite

56. Übersicht von Geschäftsentwicklungen für interne Mitarbeiter

Informationen über neu gewonnene Kunden, abgeschlossene Projekte, aus Projekten gezogene Lehren, Änderungen usw. im Wiki schaffen Transparenz, Identifikation und tragen maßgeblich zu einer wichtigen Kultur der Offenheit bei.

57. Dokumentation und Verwaltung von Marketing-Aktivitäten und Berichten

Im Wiki können alle Marketingmaßnahmen dokumentiert und zentral ausgewertet werden. So wird die klassische „Pressemappe" ersetzt, wie sie z. B. heute noch in Behörden gang und gäbe ist. Auch der Import von Adwords-Aktivitäten mit grafischer Abbildung einzelner Kampagnen ist sinnvoll.

58. Normen und Vorschriften

Verhaltensregeln und Richtlinien sollten für alle zugänglich im Wiki stehen: Nach welchen Kriterien werden Passwörter ausgewählt? Gibt es grundsätzlich oder für bestimmte Anlässe einen Dress-Code? Wie sind Abwesenheitsbenachrichtigungen zu formulieren? Wie sollen Mitarbeiter sich am Telefon melden? Welches interne System wird für welche Zwecke genutzt?

59. Betriebsratsinformationen

Mitarbeitervertreter Günter Gewerkschaft kann das Wiki gezielt nutzen, um die eigenen Inhalte zugänglich zu machen: Betriebsvereinbarungen, Betriebsrats- und Gewerkschaftsinformationen, Tarifinformationen, anstehende Verhandlungen und Entscheidungen usf.

60. Personalkaufportal

Viele Unternehmen gewähren Mitarbeitern Sonderkonditionen auf die eigenen Produkte. Hier bietet sich ein Personalkaufportal im Wiki an, in dem interessierte Kollegen auf Shopping-Angebote, Hinweise auf Sonderaktionen, Rabattinfos, News etc. zugreifen können.

61. Sammelstelle für Informationen aus einzelnen Niederlassungen

Das Wiki ermöglicht einen zentralen Überblick über die Entwicklungen, Erfolge und Herausforderungen der einzelnen Niederlassungen oder Filialen des Unternehmens, wenn auf einer Portalseite monatliche Absatzzahlen, Schätzungen, Umsätze, Ausgaben usw. dokumentiert werden.

62. Kapazitätsplanung

Eine zentrale, transparente Kapazitätsplanung im Firmenwiki erleichtert die Abstimmung signifikant und hilft, Interessenkonflikte zu vermeiden. Projektmanager können benötigte Kapazitäten im Wiki priorisieren und beantragen, die Auslastung von Abteilungen wird laufend dokumentiert.

63. Häufig benötigte Formulare

Formulare für Urlaubsantrag, Spesenabrechnung, Dienstwagenübernahme usw. im Wiki verringern den administrativen Aufwand.

64. Wiki-Hilfe

Wer täglich im Wiki arbeiten soll, muss wissen, wie es funktioniert. Ein eigener Bereich mit Tipps und Tricks, in dem Mitarbeiter wie Nina Nochniegemacht rasch Hilfestellungen zur Wiki-Nutzung finden, unterstützt das autodidaktische Lernen und entlastet auch Wiki-Champions wie Norman.

65. Tippspiel und andere Nebensächlichkeiten

Das Firmenwiki kann auch einfach mal nur Spaß machen. Das WM-Tippspiel, eine Sammlung mit Links zu kuriosen Inhalten, Stilblüten aus der Unternehmenskommunikation – auch für diese Inhalte eignet sich das Wiki bestens. Und ein zentraler Fun-Bereich spart auch noch Spaß-E-Mails ein, die vorher oft über den An-alle-Verteiler gegangen sind.

66. Der nächste Anwendungsfall bitte!

Unternehmen wie die Capitol AG sehen sich immer wieder neuen Herausforderungen gegenüber. Aber auch Firmenwikis entwickeln sich dynamisch, professionelle Systeme werden ständig um neue Funktionen erweitert. Viele Mitarbeiter werden durch die tägliche Arbeit nach und nach ein Gespür dafür bekommen, was mit dem Wiki möglich ist und wie neue Herausforderungen im Tagesgeschäft mithilfe des Wikis gelöst werden können.

15 Schluss: Eine gute Nachricht

In den letzten Tagen und Wochen hat Norman Netzaffin gesehen, dass ihm und seiner kleinen *Inner-Circle*-Mannschaft noch viel Arbeit und Anstrengung bevorsteht.

„Für Sie heißt es: Ziehen Sie sich um. Hängen Sie das Sakko in den Schrank, nehmen Sie die Krawatte ab, tauschen Sie die Anzughose gegen eine bequeme alte Jeans und krempeln Sie die Ärmel hoch."

Ein professionell betriebenes Firmenwiki, das von den Mitarbeitern angenommen wird, ist ein Segen für jedes Unternehmen, und die Zugewinne an Effizienz und Produktivität sind echte Wettbewerbsvorteile.

Ein Selbstläufer ist die Etablierung jedoch keineswegs, sondern ein mitunter langwieriger Prozess, währenddessen aktuelle Maßnahmen stets hinterfragt und oft auch revidiert werden müssen. Der Identifikation und der konsequenten Behebung von Hindernissen kommt dabei die größte Bedeutung zu. Auch ein System, das zunächst schleppend oder gar nicht in die Gänge kommt, kann zu einem Erfolg werden, wenn man erkannte Hemmschwellen nachträglich beseitigt.

Dazu muss die Bereitschaft zum Schwitzen vorhanden sein: Das ist die beste Option, die man immer selbst beeinflussen kann. Wer sich darauf einstellt, sich anzustrengen, zieht andere Kleidung an und ist einfach besser vorbereitet.

Und so, wie Normen und sein Team es angegangen sind, ist es unserer Erfahrung nach absolut richtig, trotz der zwischenzeitlichen Ernüchterung. *Just do it*: Planung ist super, Ergebnisse zählen! Der Begriff Wiki kommt aus dem Hawaiischen und bedeutet schnell. Und so ist ein Wiki auch.

Unternehmen müssen mit ihrem Wiki arbeiten, um zu verstehen, wie es funktioniert. In einem Betrieb, der seit mehr als drei Monaten plant, ein Wiki zu nutzen, und es immer noch nicht wirklich tut, ist etwas schiefgelaufen. Sicherlich müssen konzeptionelle Vorbereitungen getroffen werden, aber das geht bei einer Wiki-Einführung nicht von A bis Z. Das ist auch gar nicht Sinn der Sache: Ein Wiki ist etwas Organisches, das wächst und eine Eigendynamik entwickelt.

„Sie kennen den Unterschied zwischen iterativen und sequenziellen Vorgehensmodellen", sprechen wir Norman nochmals auf die agilen und die klassischen Vorgehensweisen in der Projektplanung an. „Der Wasserfall startet mit viel Getöse. Und danach geht alles den Bach runter. Sie können bei einer Wiki-Einführung nicht jede noch so spezifische Anforderung im Vorfeld fest definieren, damit vergaloppieren Sie sich höchstwahrscheinlich. Darüber haben wir ja schon an unserem Wiki-Stammtisch debattiert. Machen Sie wie bisher viele kleine Schritte, sehen Sie, was funktioniert und was nicht gut klappt, überprüfen Sie immer wieder die Wirksamkeit jeder Maßnahme. Ein Firmenwiki ist nie ‚fertig', Sie müssen immer daran arbeiten. Das passt auch: Hemdsärmelig, dreckig, unfertig, so sind Wikis stark."

Bevor wir gehen, bringt Norman ein letztes Thema auf den Tisch: „Während des gesamten Beratungsprojekts haben wir über ein Mittel so gut wie gar nicht gesprochen: Zwang. Was ist eigentlich, wenn wir die Leute zwingen? Immerhin sind es Mitarbeiter, die die Anweisungen von Vorgesetzten zu befolgen haben."

Damit spricht Norman einen besonders erfolgskritischen Faktor an, nämlich den *Verzicht auf Zwang*. Die Projekterfahrung lehrt: Verantwortliche sollten insbesondere diejenigen Mitarbeiter, die dem Wiki und den damit einhergehenden Veränderungen skeptisch gegenüberstehen, niemals mit suboptimalen Lösungen und Kompromissen nerven.

Das Wiki sollte nur dort verbindlich sein, wo erfolgreiche und effiziente Prozesse etabliert worden sind. Werden solche Prozesse im Wiki abgebildet, ist es inakzeptabel, wenn Mitarbeiter auf alte, suboptimale Prozesse wie z. B. die Zettelwirtschaft oder gar den Verzicht auf jegliche Dokumentation zurückgreifen. Gleichzeitig bringt eine Anweisung wie „Wissen und Dokumentation sind künftig im Wiki abzuspeichern!" so gut wie gar nichts.

Die Wiki-Nutzung per Dekret hilft bei der Mitarbeiteraktivierung wenig, sondern sorgt unserer Erfahrung nach vielmehr für Frustration bei den Mitarbeitern. So fördern Unternehmen unbeabsichtigt Blockaden und Abwehrhaltungen. Diese sind kaum „sichtbar", bilden aber eine umso größere Gefahr für den Wiki-Erfolg.

Auch zunächst kritische Kollegen sollen ihr Wissen irgendwann gerne und freiwillig teilen. Druck und Zwang bewirken hier das Gegenteil und einmal entwickelte Abwehrreaktionen lassen sich später nur sehr schwer überwinden. Ein erfolgreiches Wiki ändert Verhaltensweisen und Rituale. Zwang ist da nicht hilfreich. Erdrückende Erfolge schon.

Der hohe Return on Investment eines etablierten Firmenwikis entschädigt für die vielfältigen Anstrengungen, die Unternehmensführung und Projektteam im Zuge der Wiki-Einführung zu leisten haben. Also: Ran! Schwitzen!

 Video: http://seibert.biz/zwang

Norman reicht uns die Hand und dankt uns herzlich für die Unterstützung. Zum Abschied erzählt er uns: „Spätestens seit heute Morgen bin ich mehr als zuversichtlich, dass das Wiki der Capitol AG sich richtig erfolgreich durchsetzen wird. Betriebsrat Günter Gewerkschaft hat in seinem Wiki-Bereich eine neue umfangreiche Seite mit Infos für Arbeitnehmer eingerichtet. Es hat keine halbe Stunde gedauert, bis Gerd Gebichnichther sich dazu geäußert hat: Er sei nicht damit einverstanden, dass solche Informationen im Wiki hinterlegt werden. Typisch, na klar", lacht Norman. „Und nun die gute Nachricht: Wissen Sie, wie er diese Meinung kommuniziert hat? Direkt auf der Wiki-Seite als Kommentar."

Ja, wir sind ebenfalls der Meinung, dass das eine ziemlich gute Nachricht ist.

Sachregister

Abgrenzung 88, 155

Administration 46 f., 68, 81, 91 f., 96 f.,
105 f., 108, 124, 126, 225, 227, 244

Agenda 41, 44 f., 54, 72, 120, 162 f., 205,
235, 248

Anwendungsfall 10, 52, 61, 67, 80 f.,
93 f., 102, 126, 128 f., 130, 142 f., 152, 154-
156, 164 f. 166, 177, 179 f., 182 f., 185 f.,
193, 198, 201, 217, 233, 235, 243, 249, 254

Aufgabenmanagement 94, 100, 184 f.,
231, 250

Auswertung 14, 52, 69-71, 94, 138, 184,
193, 236 f., 245-247, 250, 253

Bericht 38 f., 52, 64, 72, 94, 128, 184, 197,
234, 237 f., 245-247, 250, 253

Betriebsrat 9, 13, 54, 70, 128-141, 193,
235, 253, 256

Blog 64, 70, 94, 102, 117, 197, 217, 223,
227, 231, 237, 245 f., 251

Browser 34, 46, 70, 77 f., 81 f., 101 f., 218,
220

Budget 12, 27, 47, 52 f., 95, 107, 120, 142,
144, 162, 176-178, 180, 198, 222, 250

Business Intelligence 83, 139, 247

Chart 52, 69, 94, 96, 101, 245, 247

Community 7, 95, 124, 144, 148, 151,
165 f., 223 f.

Content-Management-System 77, 183,
190, 244, 246

Corporate Design 70, 96, 158 f., 162, 237

Customer Relationship Management
85, 87, 90, 183

Dashboard 100, 192, 197, 203 f., 227, 247

Datenbank 70, 72, 77-79, 96, 99, 110, 236,
247

Dokumentenmanagementsystem 46,
87, 89, 183, 244

Early Adopters 57 f., 130

Early Majority 57 f.

Editor 71, 77 f., 96, 157

Effektivität 5, 69, 71, 90, 107, 135, 152,
160, 166, 189, 198

Effizienz 6, 28, 37, 40, 43-45, 48, 50, 52,
54, 62 f., 64 f., 67, 70-72, 88, 90, 107, 127,
136, 152-155, 160 f., 165, 167, 172, 176,
182, 189, 192, 206, 213, 225, 231 f., 234-
237, 243, 248, 251, 255 f.

E-Mail 5 f., 11, 28, 31, 33-36, 37-40, 41 f.,
43-46, 48-50, 52, 55, 65 f., 67, 69, 71 f., 79,
87, 90, 98, 100, 105 f., 134, 142, 148, 154,
174, 179, 183-185, 189, 195, 197, 199, 204-
206, 212-214, 216 f., 225, 228 f., 231-234,
236, 238, 241, 243, 245 f., 248-251, 254

E-Mail-Anhang 37-40, 41, 43, 45, 48, 50,
72, 77, 99 f., 183 f., 205, 212, 214, 241

Enterprise 2.0 57-59, 95, 132-134

Export 69, 102, 160, 162, 244, 250

Extranet 30, 39, 50-52, 71, 246

Facebook 136, 251

gewerbliche Mitarbeiter 10, 14, 216-218

Hardware 77-79, 81, 247

Import 77-79, 81, 247

Informationsarchitektur 149 f.

Infrastruktur 70, 81 f., 84, 87 f., 90, 94, 96, 109, 115, 126, 180, 244, 247

Innovator 57 f.

interner Newsletter 70, 128, 217, 235, 245

internes Marketing 104, 129, 134 f., 148, 180, 195-197

Intranet 5, 13-15, 27-32, 41, 43, 46 f., 54 f., 64, 68, 71, 80, 87 f., 91, 132, 153, 158, 174, 183, 189 f., 195, 207, 211, 217, 225, 228, 230, 244

IT 9 f., 12, 28 46, 55, 64, 66, 70, 78 f., 81-83, 84 f., 87, 90-92, 94, 96, 104, 106-111, 121, 126, 163, 180, 189, 193, 247

Kollaboration 39, 52, 54 f., 59, 62, 65, 91, 94, 102, 123, 179, 239

Kommunikationskanal 13, 33, 231-235, 237, 240

kulturelle Aspekte 6 f., 29-31, 58 f., 80, 115 f., 144, 162, 178, 242, 256

Kundenintegration 52, 71

Laggards 58 f.

LDAP 70, 80

Makro 106, 174, 227, 250

Management 54, 57 f., 67, 108, 123, 132-136, 138, 140, 153, 158, 160 f., 228, 237, 256

Markup-Code 77 f., 94, 174, 227

Meeting 5, 33, 41, 43-46, 54, 65, 72, 87, 131, 167, 193, 196, 205 f., 210, 217, 231, 236, 248 f., 251

Metadaten 100, 247

Microblog 231, 234 f., 251

Mitarbeiteraktivierung 6, 96, 134, 138, 158, 172, 189 f., 192, 195, 202 f., 225, 239, 256

MS Excel 48, 98, 148, 246

MS PowerPoint 48, 98, 148, 246

MS Word 43 f., 48, 71, 78, 98, 148, 160, 162, 189, 212-214, 228, 243 f., 246, 250

Nutzungsfreude 65, 71, 160

Oberfläche 78 f., 99, 126, 157, 159, 162

Office 42, 69, 71, 98 f., 102, 229, 250

Open Source 7, 62, 78, 94 f.

organisatorische Aspekte 6 f., 56, 80, 115 f., 123, 126 f., 149, 157, 178, 219, 230, 239, 241

PDF-Datei 43, 98, 102, 160, 162, 189, 241, 244, 246

Performanz 70, 96, 109, 111, 115

Persona 9-15, 205-208, 216

Pilotgruppe 14, 121 f., 126, 127-131, 137, 142, 144, 163, 179, 191

Pilotprojekt 119-122, 127, 129-131, 142, 162 f., 179

Plugin 72, 80, 85, 91, 94 f., 97, 98-101, 102, 105, 121, 124, 167, 172, 174, 180, 185, 227, 250 f.

Präsentation 11, 17, 54, 66, 79, 85, 92, 94, 98, 128, 132, 163, 182, 189, 195, 216, 226, 228, 236, 237, 252

Produktivität 5-7, 33-36, 37, 39 f., 41, 43 f., 45, 50, 54, 59, 64 f., 67-69, 161, 163, 176 f., 182, 203 f., 206, 235, 252, 255

Projektmanagement 41, 48-52, 71, 131, 168, 184, 192 f., 244, 250, 253

Rechtevergabe 28, 31, 39, 46, 52, 54 f., 70, 84, 96, 105, 139, 145 f., 152 f., 155, 180, 183, 218, 227, 244, 246, 248

Redundanz 6, 65, 85, 89 f., 172, 184, 214, 219

Return on Investment 58 f., 63 f., 173, 243, 256

Rich-Text-Editor 71, 77 f., 96

Rollout 6, 14, 96, 116, 119-122, 128 f., 140, 179 f., 182, 186, 195, 226, 239-241, 243

RSS 31, 38, 51, 55, 65, 71, 102, 197, 227, 245 f.

Schnittstelle 80, 83, 184, 251

Schulung 46, 62, 69, 120, 129, 167, 174, 177, 190, 195, 199, 206, 217, 226, 227-230, 231, 236, 241, 248, 252

Server 78 f., 82, 85, 87, 99, 247

Sicherheit 39, 81, 85, 90 f., 105 f., 109, 111, 126, 145, 241

Single-Sign-on 70, 80, 82 f., 195

Social Media 57-60, 80, 133 f., 136

Software-Lizenz 85, 95, 111, 236

Stabilität 70, 90, 97 f., 109, 111, 119

Steuerungskreis 21, 141, 144, 151

Strategie 7, 12, 14, 92, 133-135, 147, 155, 182, 185, 190 f., 200, 203, 208, 210, 234, 237, 239

Strong Backing from the Top 92 f., 123, 132-135, 137, 140, 147, 209

Strukturierung 100, 128, 149 f., 172 f., 184, 193, 220-222, 247

Studie 57-65, 72, 80, 117, 132-134, 189-191, 203, 210

Tabelle 48, 96, 98, 101, 189, 197, 229

technologische Aspekte 6f., 37, 57-59, 77 f., 80 f., 94, 96 f., 115 f., 123, 130, 136, 155, 177, 230, 241

Text 34, 48-52, 71, 98, 157, 174, 212-215, 229, 243, 246, 252

Transparenz 6, 34, 54 f., 59, 62-64, 67, 71, 89, 146, 152 f., 155, 167, 184, 216, 222, 237, 246, 249, 252 f.

Twitter 67, 99, 136, 179, 197, 237, 251

Unternehmenskultur 30, 32, 58 f., 67, 116, 139, 144 f., 230, 240-242, 253

Unternehmenspolitik 7, 17, 29-32, 81, 85, 87 f., 90, 92 f., 124 f., 134, 140, 152, 195, 208, 210 f., 237

Update 68, 85, 97, 109-112, 172

Usability 34, 37, 62, 71, 96, 116, 122, 159-161, 230, 241

Vandalismus 56, 223-225, 241

Verschlagwortung 99 f., 102, 172, 220-222, 227, 242 f.

Video 14, 91, 99, 129, 136, 229 f., 248

WebDAV 71, 99

Website 48 f., 87, 149 f., 158, 162, 245 f.

Widget 91, 99, 227, 248

Wiki-Bereich 30, 43, 50, 52, 54 f., 68 f., 71, 77, 94, 96, 99 f., 105, 141, 145 f., 150, 152, 162, 180, 192, 197, 218, 227, 241, 244-247, 254, 256

Wiki-Champion 115, 118, 120, 178, 180, 210 f., 254

Wiki-Charta 105, 126, 151, 152-156

Wiki-Design 70, 96, 157-162, 230, 241

Wiki-Gärtner 165, 171-175, 198, 222, 227 f., 231

Wiki-Gegner 10, 124, 128, 137, 205, 116, 207-211

Wikipedia 11, 13, 31 f., 56, 71, 77, 83 f., 118, 136, 200, 223 f., 228, 249

Wiki-Philosophie 6, 29-31, 54 f., 59, 85, 124, 174, 205, 228, 230, 241

Wiki-Prophet 123-125, 127, 136 f., 184, 186

Wiki-Software 7, 62, 80-83, 91, 94-97, 98-101, 105, 111, 122, 157-159, 165, 221, 230, 239

Wiki-Zweifler 78, 132, 142, 207-209

Wissensmanagement 37, 47, 54, 62, 64, 66, 142, 159, 180, 189, 196, 233

Workshop 80, 91-94, 120, 129, 186, 192-194, 203, 231

Zusammenarbeit 12, 39, 48, 50, 52, 62-65, 67 f., 81, 92, 94, 107, 152, 155, 184, 225, 228, 246

Die Autoren

Martin Seibert, Jahrgang 1979, gehört zu den Experten für Unternehmenskommunikation und Enterprise 2.0 in Deutschland. Er veröffentlicht regelmäßig Fachartikel in Web- und Print-Publikationen und tritt auf nationalen und internationalen Fachtagungen als Redner auf. Seinem 1996 gegründeten Unternehmen //SEIBERT/MEDIA GmbH mit ca. 60 Mitarbeitern steht er als geschäftsführender Gesellschafter vor. Der Diplom-Kaufmann lebt mit seiner Familie in Wiesbaden.

Sebastian Preuss, Jahrgang 1978, ist Gesellschafter von //SEIBERT/MEDIA und für das operative Geschäft des Unternehmens verantwortlich. Er hat Publizistik, Politik und Rechtswissenschaften an der Johannes Gutenberg-Universität in Mainz studiert. Seine fachlichen Themenschwerpunkte sind User Experience, Agile Development und Unternehmenskommunikation. Er lebt in Wiesbaden.

Matthias Rauer, Jahrgang 1976, ist Autor, betreut den Weblog von //SEIBERT/MEDIA und leitet die Redaktion des Unternehmens. Seine Tätigkeitsschwerpunkte liegen in den Bereichen Text und PR. Abseits davon entfaltet er auch privat schriftstellerische Bemühungen und ist zudem als leidenschaftlicher Musiker seit vielen Jahren als Gitarrist aktiv. Er lebt mit seiner Partnerin in Potsdam.

Dank

Wir danken Claudia Delang für die Erstellung der Infografiken, Marion Fiedler und Karolin Kutter für den Satz, Thorsten Brüggemann für die Qualitätssicherung unserer Blog-Artikel, Sabine Bernatz für das Lektorat sowie Maria Akhavan-Hezavei vom Verlag für das regelmäßige Feedback und die Geduld.

„Wandel durch Vernetzung" – ein Change-Management-Verfahren mit nachhaltigem Erfolg

Dieses Buch bietet einen praktikablen Wegweiser, der jede Organisation gekonnt durch die besonderen Herausforderungen des Wandels führt. Das ausgeklügelte Change-Management-Verfahren setzt letztlich die faszinierende Produktivkraft von Partizipation frei und verhilft damit nachhaltigen Veränderungen zum Durchbruch.

Dominik Petersen
Den Wandel verändern
Change-Management anders gesehen
2011. 348 S. Geb. EUR 39,95
ISBN 978-3-8349-2672-2

Mit den zwölf wichtigsten Instrumenten zum Erfolg

Matthias Collin stellt seine praxiserprobte Methodik aus sechs erfolgreichen Turnarounds vor. Er berichtet dabei nicht aus der Sicht eines Beraters oder angestellten Managers, sondern aus der des risikotragenden und eigenverantwortlich handelnden Unternehmers. Das optimale Zusammenspiel von Organisation und Personal ist neben der kaufmännisch analytischen Arbeit ein wichtiger Eckpfeiler seiner Strategie. In 12 Kapiteln werden praxisnah und anwendungsorientiert einfache Tools zur nachhaltigen Ergebnisverbesserung vorgestellt.

Matthias Collin
In zwölf Schritten einfach besser werden
Praxisleitfaden zur Unternehmensoptimierung
2010. 160 S. Geb.
EUR 34,95
ISBN 978-3-8349-2119-2

Nachhaltige Konzepte und Lösungen für moderne Büro- und Wissensarbeit

Zahlreiche Beispiele aus der Praxis zeigen auf, welche Konzepte bereits heute erfolgreich in Unternehmen eingesetzt werden und mit welchen zukünftigen Entwicklungen zu rechnen ist.

Dieter Spath / Wilhelm Bauer / Stefan Rief (Hrsg.)
Green Office
Ökonomische und ökologische Potenziale nachhaltiger Arbeits- und Bürogestaltung
2010. 368 S. mit 129 Abb. Geb.
EUR 49,95
ISBN 978-3-8349-2390-5

Änderungen vorbehalten. Stand: Februar 2011.
Erhältlich im Buchhandel oder beim Verlag

Gabler Verlag . Abraham-Lincoln-Str. 46 . 65189 Wiesbaden . www.gabler.de

GABLER

Kommunikation und Management

↗

Unternehmensziele wertorientiert erreichen – illustriert durch aktuelle Unternehmensbeispiele

Im Kräftefeld von Unternehmenszielen, Identität und Reputation besitzt die Unternehmenskommunikation Hebelwirkung. Die Autoren zeigen auf, wie identitätsorientierte Kommunikation funktioniert. Sie integrieren verschiedene Modelle aus den Disziplinen Marketing, Branding, Corporate Identity und Unternehmensführung. Ihr konkretes Modell ermöglicht es, die komplexen Aufgaben der strategischen Kommunikation vereinfacht zu beschreiben und ganzheitlich zu lösen.

Markus Niederhäuser /
Nicole Rosenberger
Unternehmenspolitik, Identität und Kommunikation
Modell – Prozesse – Fallbeispiele
2011. 208 S. Br. EUR 39,95
ISBN 978-3-8349-2201-4

Praxisorientierte Anleitung zum Ausbau Ihrer Meta-Fähigkeiten

Management Skills sind Schlüsselqualifikationen, die neben der reinen Fachkompetenz nachhaltige Wettbewerbsvorteile darstellen und so zu beruflichem und privatem Erfolg führen. Die Autoren zeigen auf, wie Sie effektiv kommunizieren, aussagekräftig präsentieren und beziehungsorientiert interagieren.

Ingo Kett / Gerhard Schewe
Management Skills
Beziehungen nutzen, Probleme lösen, effektiv kommunizieren
2010. XVI, 208 S. mit 99 Abb.
Geb. EUR 39,90
ISBN 978-3-8349-1880-2

Auftreten, Kommunizieren und Wirken bestimmen Ihren Erfolg

Einzigartigkeit lässt sich systematisch entwickeln und authentisch kommunizieren. Mit diesem Buch definiert Michael Moesslang Authentizität neu. In „Professionelle Authentizität" fordert der bekannte Keynote-Speaker und Trainer seine Leser auf, sich zu entscheiden: „Wollen Sie ein Kieselstein bleiben oder ein Juwel werden?" Das „Juwelen-Potenzial" Schritt für Schritt zu erschließen, hat sich Moesslang zur Aufgabe gemacht. In zwölf Kapiteln zeigt er praxisnah auf, wie jeder seine Facetten zum Glänzen bringen kann.

Michael Moesslang
Professionelle Authentizität
Warum ein Juwel glänzt und Kiesel grau sind
2010. 304 S. Br. EUR 29,95
ISBN 978-3-8349-2022-5

Änderungen vorbehalten. Stand: Februar 2011.
Erhältlich im Buchhandel oder beim Verlag
Gabler Verlag . Abraham-Lincoln-Str. 46 . 65189 Wiesbaden . www.gabler.de

GABLER

Kommunikation im Unternehmen

↗

Gesellschaftliche Verantwortung wirkungsvoll umsetzen

Stärker als je zuvor ist die Öffentlichkeit daran interessiert zu erfahren, wie führende Unternehmen in Deutschland mit der Wahrnehmung ihrer gesellschaftlichen Verantwortung umgehen. Das Buch beschreibt die Entwicklung des CSR-Gedankens von seinen Anfängen bis zur Gegenwart und gibt einen Ausblick auf zukünftige Entwicklungen. Im Mittelpunkt stehen 7 wesentliche CSR-Kernthemen. (Best-)Praxisbeispiele aus den Unternehmen illustrieren anschaulich Lösungsansätze und Erfolgskonzepte.

Arnd Hardtke /
Annette Kleinfeld (Hrsg.)
Gesellschaftliche Verantwortung von Unternehmen
Von der Idee der Corporate Social Responsibility zur erfolgreichen Umsetzung
2010. 388 S. Br.
EUR 49,95
ISBN 978-3-8349-0806-3

Strategien und Tipps für mehr Glaubwürdigkeit

Das Spannungsfeld zwischen dem Gewinnstreben und der Moral ist die zentrale Herausforderung der modernen Unternehmens- und Markenkommunikation. Besonders vor dem Hintergrund der aktuellen Bemühungen von Unternehmen, gesellschaftlichen Ansprüchen durch eine verantwortliche Unternehmensführung gerecht zu werden, gewinnt dieser Aspekt an Bedeutung. Dieses Buch gibt einen umfassenden Überblick über die Kommunikation verantwortlicher Unternehmensführung und liefert viele praktische und wissenschaftlich fundierte Tipps zur Umsetzung.

Bernd Lorenz Walter
Verantwortliche Unternehmensführung überzeugend kommunizieren
Strategien für mehr Transparenz und Glaubwürdigkeit
2010. 204 S. Br.
EUR 39,95
ISBN 978-3-8349-2435-3

Veränderung effektiv steuern

Mit praxisbezogenen Tools und Methoden bieten die Autoren Führungskräften auf allen Ebenen konkrete Unterstützung, um dynamische Veränderungen wirkungsvoll zu verankern.

Norbert Homma / Rafael Bauschke
Unternehmenskultur und Führung
Den Wandel gestalten -
Methoden, Prozesse, Tools
2010. 192 S. Br.
EUR 39,95
ISBN 978-3-8349-1546-7

Änderungen vorbehalten. Stand: Februar 2011.
Erhältlich im Buchhandel oder beim Verlag

Gabler Verlag . Abraham-Lincoln-Str. 46 . 65189 Wiesbaden . www.gabler.de